DIE LAUNISCHE SONNE

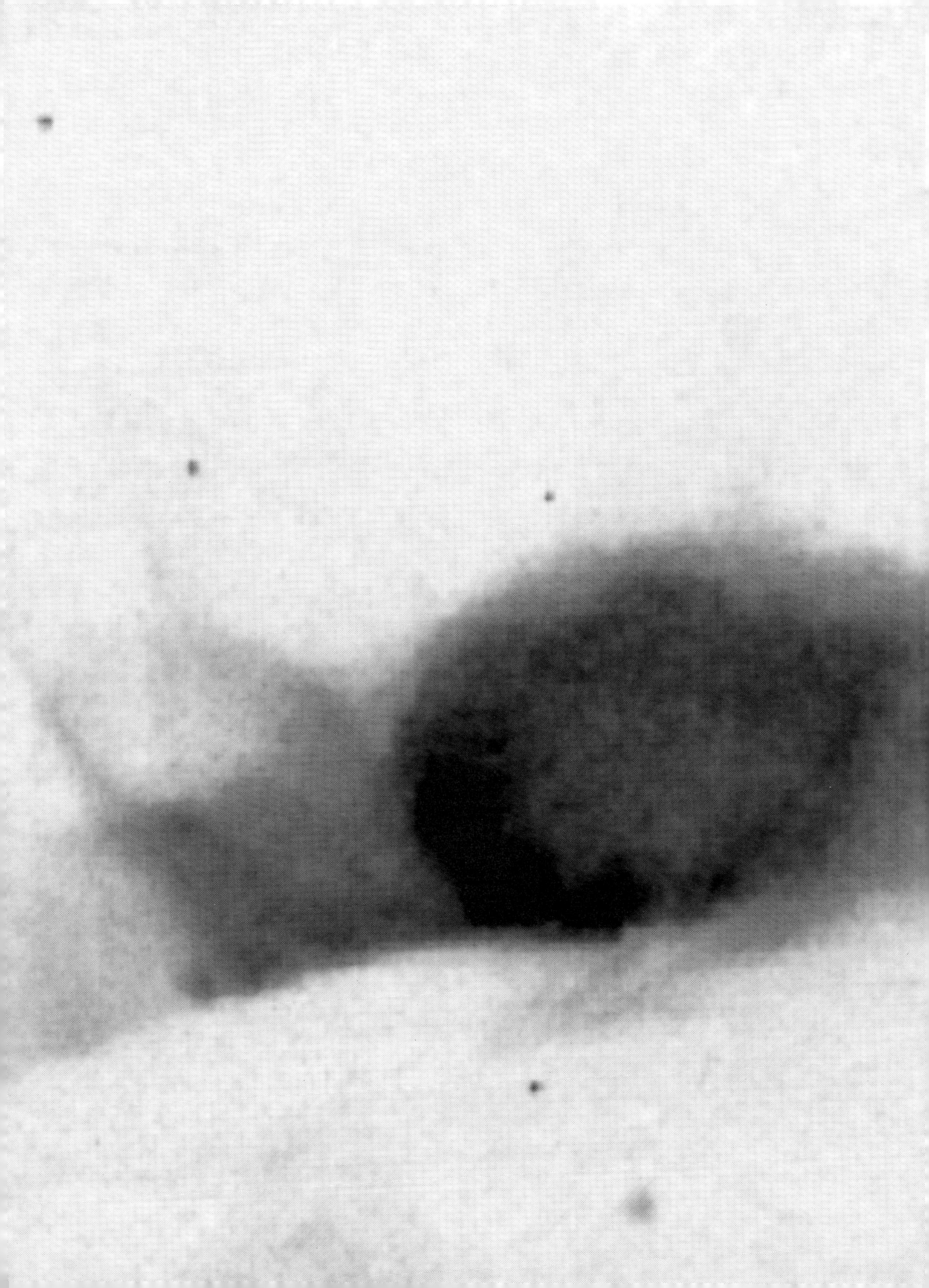

Die Launische Sonne

WIDERLEGT KLIMATHEORIEN

Nigel Calder

DR. BÖTTIGER VERLAGS-GMBH
WIESBADEN

Titel der Originalausgabe:
Nigel Calder: The Manic Sun - Weather Theories Confounded
ISBN 1-899044-11-6

1. Auflage 1997 bei Pilkington Press Ltd.
Yelvertoft Manor, Yelvertoft
Northamptonshire NN6 6LF, UK

Aus dem Englischen übersetzt von Helmut Böttiger

Deutsche Ausgabe 1997:
Dr. Böttiger Verlags-GmbH
Otto von Guericke Ring 3
D-65205 Wiesbaden

ISBN 3-925725-31-8

Gestaltung und Satz:
A.H. Jolly (Editorial) Ltd.
Yelvertoft Manor, Yelvertoft
Northamptonshire NN6 6LF

Druck: Jarrold Book Printing
Thetford, Norfolk UK

INHALTSVERZEICHNIS

Vorwort des Verfassers *7*

1. Blasen aufblähen *9*

2. Klimaänderungen *29*

3. Zwischen Manie und Depression *47*

4. Das Tennisspiel der kosmischen Strahlung *59*

5. Magnetische Sprengbomben *75*

6. Wolken heizen sich auf *89*

7. Welcher Südpol? *105*

8. Die Nebelkammer *119*

9. Kosmische Strahlen und Wolkendecke *137*

10. Unendliche Gewalten *151*

11. Die Stärke des Schutzschilds *163*

12. Der Gnadenstoß *175*

Rückblick: Was lief falsch? *195*

Weiterführende Literatur *208*

Index *209*

Niemand wollte zugeben, daß er nichts sehen konnte. Dies würde ihm ja
die Qualifikation für seinen Posten absprechen, oder ihn dumm erscheinen lassen.

Hans Christian Andersen
Des Kaisers neue Kleider

VORWORT DES VERFASSERS

Der Gegenstand des Buches ist umstritten. Gewöhnlich würde ich die Namen wenigstens einiger der vielen Wissenschaftler in gut einem Dutzend Ländern erwähnen, die mir mit oder ohne ihr Wissen in den letzten vier Jahren geholfen haben, die Informationen für dieses Buch zu finden. Im vorliegenden Fall könnte das aber einige in Schwierigkeiten bringen oder dem Verdacht aussetzen, sie könnten meine Ansichten teilen, was ja nicht der Fall sein muß.

Die Dänen haben schon genug Schwierigkeiten. Aus freien Stücken habe ich sie im Strudel der wissenschaftlichen Streitigkeiten aufgesucht, um ihnen beizustehen. Eigil Friis-Christensen, Henrik Svensmark und Knud Lassen aus Kopenhagen nahmen sich die Zeit, mir die Fortschritte ihrer Arbeit zu erläutern und persönliche und wissenschaftliche Aspekte der Angelegenheit zu klären. Ich bin ihnen sehr verpflichtet, aber sie sind für das vorliegende Ergebnis nicht verantwortlich. Niemand ist das außer mir.

Als unabhängiger Wissenschaftsautor habe ich mit Bedacht jeden Kontakt mit Umweltschützern und politischen oder wirtschaftlichen Interessenvertretern beiderseits der Front im Streit um die Klimaerwärmung gemieden. Nur der Wissenschaft bin ich verbunden und beziehe mich auf die Natur, die ihr Urteil in Beobachtungs- und Versuchsergebnissen spricht.

Besonderen Dank schulde ich dem Verlag Pilkington Press, der mein Urteil in einer kritischen Situation unterstützt und das Buch zügig herausgebracht hat. Als das Buch fertiggestellt wurde, stand die explosive Wiederherstellung der wissenschaftlichen Erkenntnis noch aus. Aber Vorsicht, Ihr Kritiker! Eure Reaktionen können Material für die Wirkgeschichte der dänischen Entdeckung in einer nächsten Ausgabe liefern.

Nigel Calder

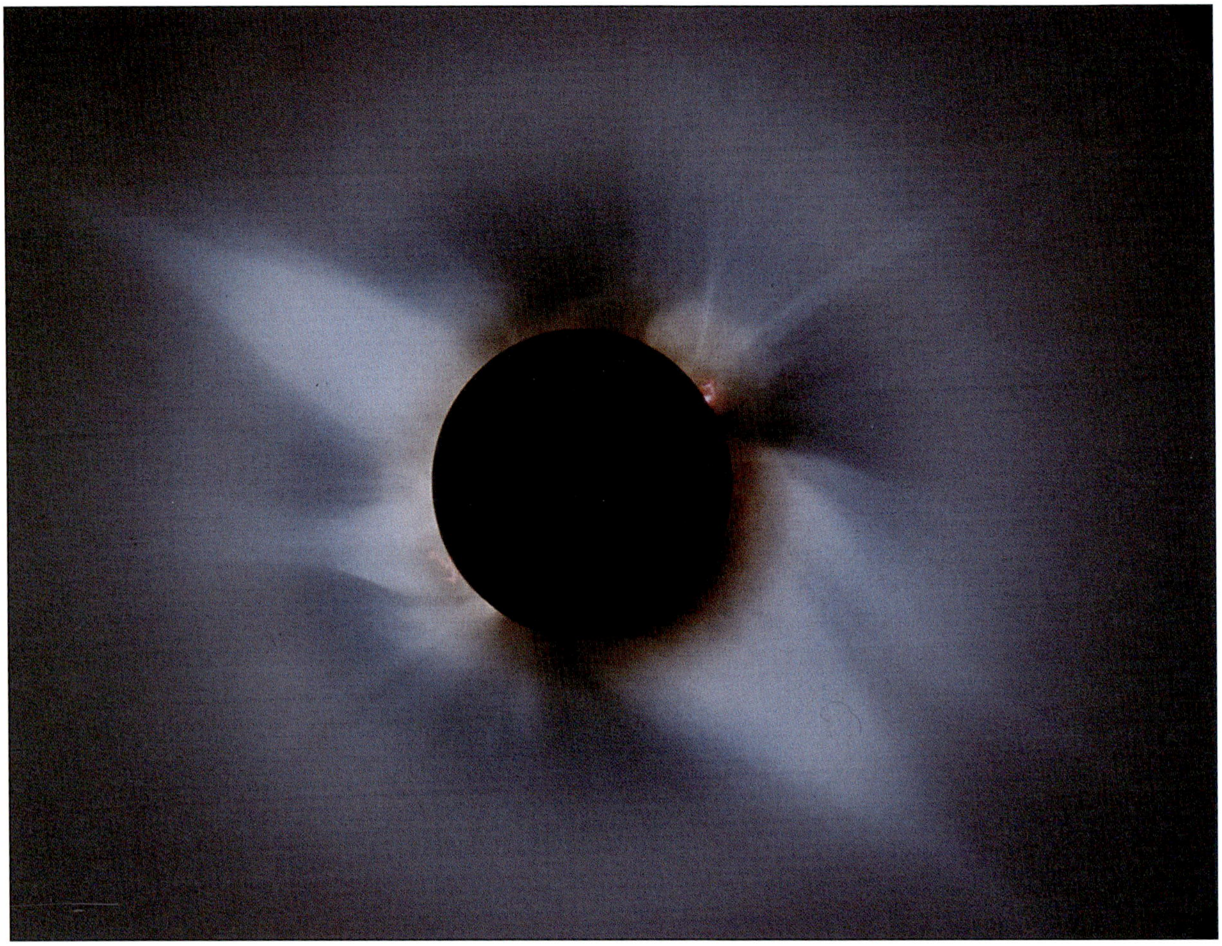

Totale Sonnenfinsternis vom 11. Juli 1991 am Mauna Kea auf Hawaii. Wenn der Mond die Sonne wie ein Filter abdeckt, werden blasse Strukturen der in großen Flammen von der aufgewühlten Sonne ausströmenden Gase erkennbar. Sie nehmen im verdrehten Magnetfeld der Sonne Form an. Die Sonnenpole sind im Sinn des Uhrzeigers etwas gegen die Vertikalachse geneigt.

Paris Institut d' Astrophysique/CNRS. Serge Koutchmy

Kapitel I

BLASEN AUFBLÄHEN

Hans Christian Ørsted gelangte während einer öffentlichen Vorlesung zur Unsterblichkeit. 1820 hielten Physiker Elektrizität und Magnetismus für zwei ganz verschiedene Erscheinungen. Da kam Ørsted während einer Vorlesung der seltsame Gedanke: Wie ein dünner Draht aufleuchtet und sich erwärmt, wenn ihn elektrischer Strom durchfließt, könnte er ja auch Magnetismus aussenden. Auf seinem Tisch im Vorlesungssaal in Kopenhagen zeigte eine Kompaßnadel wie üblich nach Norden, geradewegs auf Hamlets Schloß Elsinore hin.

Ørsted hielt zu Demonstrationszwecken einen leuchtenden Glühfaden in der Hand. Einer plötzlichen Eingebung folgend, hielt er ihn über den Kompaß. Die Nadel schlug aus und versuchte sich senkrecht zum Draht zu stellen. In diesem unvorhergesehenen Augenblick verwarf die Natur eine wissenschaftliche Feststellung und vereinte die beiden kosmischen Kräfte zum Elektromagnetismus. An den Physiker Ørsted erinnert nun die Maßeinheit für die magnetische Feldstärke, ein Mondkrater und ein dänischer Satellit, der das Magnetfeld der Erde mißt.

Die Physik schreitet voran, wenn sie frühere Annahmen überholt. Aber zu allen Zeiten gibt es Physiker, die glauben, ihre Erkenntnisse seien so herausragend, daß sie durch nichts überholt werden können. Wie in dem Märchen *Des Kaisers neue Kleider* des unsterblichen dänischen Schriftstellers Hans Christian Andersen soll wahr sein, was gerade in Mode ist.

Solche Trägheit überrascht. Denn an der Schnittkante zu einer neuen Entdekkung denkt man nicht so. Wenn immer die gebrechlichen Zweibeiner dieses kleinen Planeten versuchen, sich auf das unendlich überraschende Universum einen Reim zu machen, starren sie mit leuchtend aufgerissenen Augen auf verwirrende Beobachtungen, und ihnen sträuben sich bei all den verrückten Ideen, mit denen man bisher das Universum zu erklären versuchte, die Haare. Im Fall der Sonne gerieten Erklärungsversuche schon oft in Konflikt mit offenbarter Weisheit. Die Himmelsleuchte ist bei weitem die großartigste Sehenswürdigkeit, die wir kennen. Wenn immer das menschliche Auge, das sich nach ihren Strahlen richtet, direkt in sie starrt, wird es unreparierbar zerstört. Auch die Blätter der Pflanzen sind auf die Wellenlänge des Sonnenlichts abgestimmt. Aber sie halten ihren sengenden Strahlen stand und nutzen ihre Energie zum Wachstum. Dadurch ernähren sie alle Lebewesen unabhängig davon, wie viele Beine sie haben.

Die Sonne spielt endlos Verstecken. Auf der einen Seite des Horizonts taucht sie auf, um an der anderen wieder zu verschwinden. Im Spiel mit dem Wasser der Erde bildet sie Wolken, die ihr strahlendes Antlitz verhüllen. So vielfältig und spannend ist das Spiel mit dem Wetter, daß in den regenreichen Gegenden, wo die meisten Pflanzen und Menschen leben, die Frage, ob die Sonne zu scheinen geruht, ein immer erfolgversprechendes Gesprächsthema bildet.

Aufregend ist auch ihr Versteckspiel mit dem Mond. Während einer Sonnenfinsternis verstummen die Vögel, verkriechen sich die Bienen in ihren Stöcken und

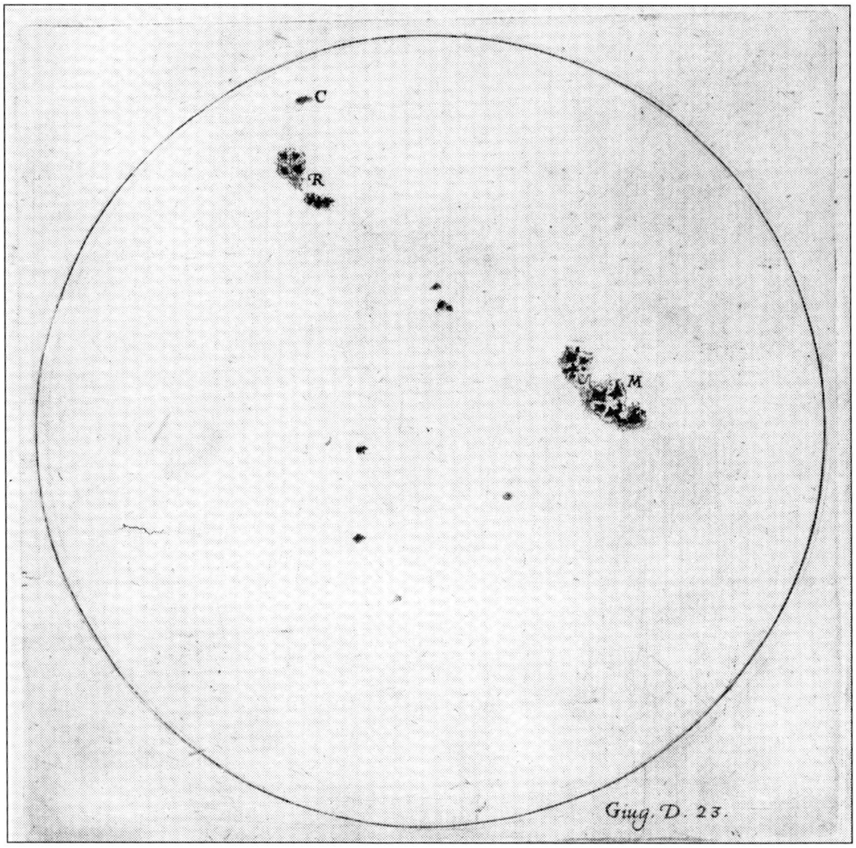

Galileis Sonnenflecken. Auf seinen Zeichnungen erkennt man ganz richtig den grauen Hof um die ausgeprägten Flecken. Vor der Erfindung des Fernrohrs glaubten die Astronomen im Westen, die Sonne sei befleckt.

Aus: Galileo, Istoria e Dimostrazione delle Macchie Solari 1613, S. 79. Royal Astronomical Society, London

schauen die Menschen verängstigt zu ihr auf. Bei einer totalen Sonnenfinsternis erkennt man sogar ihre Atmosphäre. Leuchtende Strahlenbündel reichen weit in das All hinaus. Hat sich der Mond wie eine Pupille in ihre Mitte geschoben, sieht die Sonne wie das Auge Gottes aus. Aufgrund solcher seltenen Erscheinungen legten Künstler einen Heiligenschein um das Haupt ihrer Götter. Und lange bevor die Wissenschaftler um die Existenz des Sonnenwindes wußten, hatten Kinder ihn auf ihren Bildern in Form von Sonnenstrahlen gemalt.

Die große Leuchte sollte die Erde wie ein Schäferhund einmal am Tag umkreisen. Weil Galileo Galilei dem widersprach und behauptete, daß die Erde sich dreht und einmal im Jahr die Sonne umkreist, wurde der Begründer der modernen Physik zum Widerruf gezwungen und verlebte seine letzten acht Jahre unter Hausarrest. Kirchenfunktionäre erkannten in ihm eine schlimmere Bedrohung ihrer anerkannten Lehren als in den Lehren Luthers und Calvins zusammengenommen. Natürlich hatten sie recht.

Dunkle Flecken auf dem Antlitz der Sonne lösten Tumulte aus. Mit seinem verbesserten astronomischen Fernrohr beobachtete Galilei beachtliche Gruppen von Sonnenflecken, die in zwei Wochen langsam von einer Seite der sichtbaren Sonnenscheibe zur anderen wanderten. Das zeigte ihm, daß sich auch die Sonne um eine Achse dreht. Zuvor hatte er schon Jupiter Monde und Phasen der Venus entdeckt. Damit bestätigte er Kopernikus' Hypothese. Die Beobachtung der Sonnenflecken im Jahr 1613 überzeugten ihn, daß sich die Erde um die Sonne bewegt.

Sonnenflecken ließen die Menschen vier Jahrhunderte lang nachdenklich und aufgeregt zur Sonne aufblicken.

Eine seltsame Ruhe der Sonnenaktivität Ende des 17. Jahrhunderts ließ Giovanni Cassini 1671 in Paris klagen: "Seit gut 20 Jahren haben die Astronomen keine nennenswerten Sonnenflecken mehr gesehen". Dies blieb so bis Anfang des 18. Jahrhunderts. Dann kehrten die Sonnenflecken wieder und mit ihnen die Spekulationen über sie.

An diesem Sport beteiligte sich auch William Herschel. Er war schon um die Achtzig und der berühmteste Astronom seiner Zeit, als Ørsted den Elektromagnetismus entdeckte. Auf der Flucht hatte der Musiker Herschel in England Arbeit gefunden. In seiner Freizeit baute er riesige Fernrohre und entdeckte damit den Planeten Uranus, den er fälschlich für einen Kometen hielt. Dann machte er die Astronomie zu seinem Beruf und ließ sich in England in Slough nieder. Von ihm stammt die erste Karte der Milchstraße. Auch von der Sonne hatte er eigene Vorstellungen.

Herschel stellte sich Licht wie eine leuchtende Flüssigkeit vor. Diese ballt sich zu Kometen zusammen und fällt auf die Sonne. Dort bilden sich aus dem festen Kern der Kometen leuchtende Wolken. Sonnenflecken hielt er für Löcher in dieser Wolkendecke, durch die man auf die Sonnenoberfläche schauen kann, wo möglicherweise Sonnenbewohner leben. Das Wetter auf der Sonne, das sich in den Flecken zeigt, würde auch das Wetter auf der Erde beeinflussen. Herschel beobachtete nämlich immer dann längere Wachstumsperioden in England, wenn es auf der Sonne viele Flecken gab.

"Höhere Weizenpreise deuten möglicherweise", schrieb Herschel 1801, "vorübergehende Knappheiten oder Rückgänge bei der Vegetation an. Sie treten im allgemeinen dann auf, wenn auf der Sonne jene Erscheinungen fehlen, von denen wir annehmen, daß es sich um Symptome einer vermehrten Licht- und Wärmeemission handelt".

Herschels Nachfolger widerlegten seine Theorie über die Zusammensetzung der Sonne und ihre Bewohnbarkeit, behielten aber die Erkenntnis bei, daß die Sonnenflecken Wetter und Klima beeinflussen. Andere wollten lieber von einer anderen Frucht des Musikergehirns naschen. Herschel hatte nämlich als erster unsichtbare Strahlen entdeckt.

Im Sonnenspektrum, dem künstlichen Regenbogen, maß Herschel den Wärmegehalt der verschiedenen Farben. Sein Thermometer reagierte sogar auf schwarzes Licht neben der roten Seite des Spektrums. So entdeckte er die Infrarotstrahlung. Damit löste er im 19. Jahrhundert eine Mode unter Forschern aus. Sie stießen auf einen breiten Bogen unsichtbarer Strahlung, der von langwelligen Radiowellen bis zu sehr kurzwelligen Gammastrahlen reicht.

Die Infrarotstrahlung regte Herschels Nachfolger zu Spekulationen über die Erdtemperatur an. Die Strahlung konnte Wärme vom Planet in den kosmischen Raum übertragen. Schon fünf Jahre nach Herschels Tod sprachen Leute über den Treibhauseffekt. Danach sollen Gase und Dämpfe der Atmosphäre einige der austretenden Strahlen abfangen und die Erdatmosphäre erwärmen.

Mit seinen Bemerkungen über die Sonnenflecken und ihren Einfluß auf das Wetter und mit der Entdeckung der Infrarotstrahlung regte Herschel zwei Klimatheorien an. Sie schlossen einander zwar nicht aus, aber zweihundert Jahre später wollten einflußreiche Experten so tun, als wäre das der Fall. Die mißliche Konkurrenz zwischen den Theorien in den neunziger Jahren ist Gegenstand dieses Buches: Sonne oder Treibhauseffekt.

Ehe wir zu unserer eigentlichen Geschichte kommen, soll ein weiteres Beispiel Wissenschaftler Mäßigung lehren. William Thomson aus Glasgow war einer der begabtesten Männer im Victorianischen England. Er war in der Physik zu Hause

Sonnenanbetung im 20. Jahrhundert. Millionen Leute wallfahren alljährlich zu den Sonnenstränden z.B. von Gran Canaria und setzen sich gefährlichen Sonnenstrahlen aus. Ihre Vorfahren waren sich über die Bedeutung der Sonne für das menschliche Überleben zumeist mehr bewußt und verehrten sie als Gottheit.

Ecoscene

und Mitverfasser des Standardlehrbuches. Daher erachtete er es als seine Pflicht, allgemein bekannt zu machen, daß Charles Darwin das Alter der Erde mächtig übertrieb. Darwin und die Geologen brauchten hunderte von Millionen Jahren, um all die Ablagerungen und die Evolution, die sie sahen, zu erklären.

Aber, sagte Thomson, die Sonne konnte unmöglich so lange geschienen haben. Chemische Energie konnte man vergessen. Bestünde die Sonne aus glühender Kohle und Sauerstoff, würde sie nur an die 100 Jahre brennen. Es gab nur eine mögliche Wärmequelle der Sonne, die langsame Verdichtung der Gase unter Einwirkung der Schwerkraft. Nach Thomsons Berechnungen konnte diese Energiequelle die Sonne etwa 20 Millionen Jahre heiß halten. Keine Wortklaubereien hatte Thomson losgetreten, sondern einen regelrechten Krieg. Er hielt Darwin die letzten zwanzig Jahre seines Lebens in Atem und zog sich nach seinem Tode noch bis in die 1890er Jahre unerbittlich hin. Eine ähnliche Verantwortung empfand Thomson gegenüber so albernen Leuten, die Flugapparate bauen wollten. Auch das erklärte er für unmöglich. Das seltsame System feudaler Ehrungen in seiner Heimat machte Thomson 1892 zum Lord Kelvin. Als Präsident der Royal Society von London wollte er die Wissenschaften zusammenhalten. Weshalb sollten sich sture Biologen und Geologen nicht in gutem Glauben den Verlautbarungen des Spitzenphysikers über die Sonne fügen?

Doch dann entdeckte Henri Becquerel in Paris 1896 etwas, von dem Lord Kelvins Philosophie nicht einmal zu träumen wagte. Beim Versuch, Röntgenstrahlen in der Sonnenstrahlung nachzuweisen, stieß Becquerel auf die Kernenergie. Nichts Dramatisches, nur die Belichtung von Filmmaterial durch Uransalze führte zu dieser Entdeckung und veränderte das Universum der Physik. Studien über den radioaktiven Zerfall bewiesen, daß sich Darwin tatsächlich im Alter der Erde geirrt hatte. Er hatte es drastisch unterschätzt.

Die schamlose Sonne wagte es, länger zu brennen, als es ihr Lord Kelvin erlaubte. Erst die Entdeckung der Kernenergie befreite sie und alle anderen Sterne von seinem miesen Verbot. In nur 40 Jahren fanden Physiker heraus, daß die Sonne ihre gewaltigen Energiereserven aus der Verschmelzung von Wasserstoff zu Helium gewinnt. Damals herrschte dauernd Krieg; daher entwickelten die Menschen Atombomben und zwängten Sonnenfeuer in Wasserstoffbomben, um sie auf ihre Städte zu werfen.

Während des Kalten Kriegs gerieten die Gegner wenigstens einmal um Haaresbreite in die Nähe eines thermonuklearen Schlagabtauschs. Inzwischen ist das eine Bündnis mit der Berliner Mauer 1989 in sich zusammengebrochen. In eben diesem Jahr beginnt unsere Geschichte. Die Nationen atmeten auf und richteten ihren Sinn auf nützlichere Dinge, wie zum Beispiel die Sorge um den Umweltschutz. Aber auch Umweltschutz ist in erster Linie eine Sache der Physik.

Nächste Seite oben: Sonnenverehrung im 20. Jahrhundert auf wissenschaftliche Art. Um die Radiostrahlung der Sonne aufzufangen, wurde in Japan das Nobeyama Observatorium mit dem Radioheliograph errichtet. 48 Antennenschüsseln empfangen genaue Bilder.

NRO, Japan

unten: Eine Sonneneruption, vom Radioheliograph aufgezeichnet. Energiereiche Elektronen senden Radiowellen aus, die sich im Magnetfeld der Sonne verquirlen. Auf dem Bild folgen sie den Magnetlinien der Sonne über 700.000 Kilometer (rechts die Gesamtdarstellung). Die Übertragung der Wellen ändert sich von Minute zu Minute (Ausschnitte links). Die schwachen Signale werden rot, die stärksten gelb und weiß dargestellt.

NRO, Japan

Die Sonne summt, wenn sie in ihrem Kern Wasserstoff zu Helium verschmilzt. Ihr gasförmiges Innere hält günstigerweise die Gammastrahlung zurück. Nur die turbulente äußere Schicht strahlt sichtbares Licht in großer Menge ab und versorgt so alle Kreatur, wenn man von den Ökonomen einmal absieht, mit Nahrung in Hülle und Fülle. Raumfahrzeuge fangen diese Energie in Sonnenzellen auf, wenn sie die strahlende Sonne vor dem schwarzen Hintergrund des Universums erleben.

Die Sonne ist gewaltig. Man kann eine Million Erden auf ihrer sichtbaren Scheibe anordnen. Aber ihre Macht reicht viel weiter. Sonnenmaterie durchdringt den weiten Raum, in dem die Planetenfamilie kreist. Dieser Sonnenwind besteht aus geladenen Teilchen. Er streicht über die Planeten hinweg und läßt sie Tag und

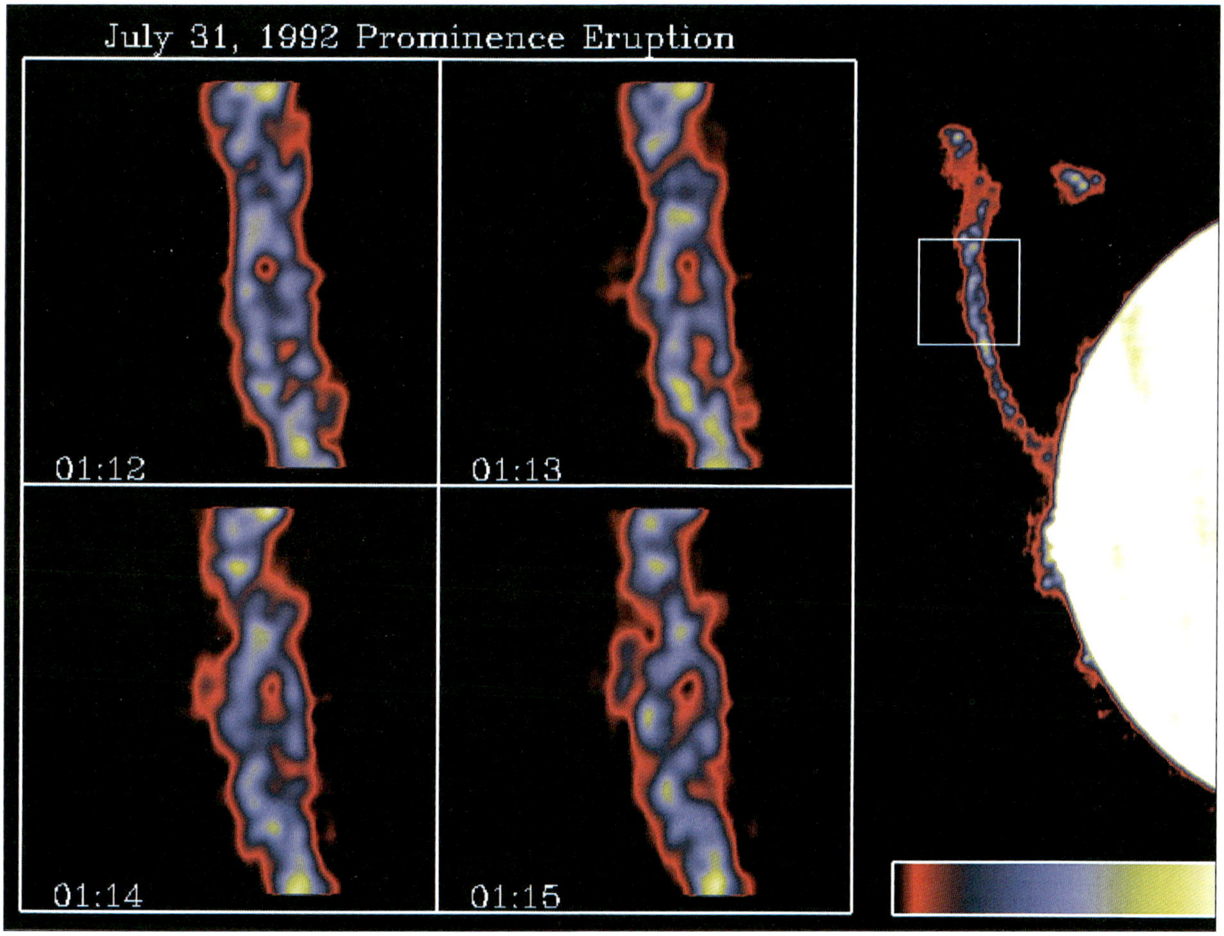
July 31, 1992 Prominence Eruption
01:12
01:13
01:14
01:15

Nacht wie Cole Porter Fans wimmern. Für theatralische Sonnenaufgänge sorgt nur die Erddrehung.

Da sich der Planet dreht, weckt die Sonne morgens in jedem Dorf die Vögel, überstrahlt die Straßenbeleuchtung der Städte und heilt Alpträume durch den Gedanken ans Frühstück. Das Tageslicht malt alle Farben frisch. Die Pflanzen öffnen schweigend ihre Poren, um Kohlendioxid aufzunehmen, und beginnen tagsüber zu wachsen, indem sie energiereiche Photonen auflecken. Der Ort des Sonnenaufgangs sagte Bauern und Priestern die Jahreszeit an. Und wenn über Neugeborenen die Sonne aufgeht, beginnen sie zu sehen.

Das ist ein tägliches Wunder. Nur im Erdschatten entdecken Satelliten das Licht, das aus den wohlhabenden Städten der Erde aufstrahlt, als wollten sie mit den Sternen wetteifern. Den Sonnenschein, der über Millionen von Jahren in Kohle, Öl und Gas gespeichert wurde, verbraucht die Industrie weniger Generationen. Als elektrischer Strom entwertet diese Energie das Sonnenlicht, das Stadtbewohnern kaum mehr bedeutet, als daß es aufgehört hat zu regnen oder daß nun die Klimaanlage mehr belastet wird. Je nach Jahreszeit unterstützt die Sonne Reisegesellschaften und liefert UV-Strahlung für Körperbräune oder Hautkrebs. Auch die Pendler richten sich nach durchschnittlichen Sonnenumläufen, die sie sich am Armband darstellen lassen.

Im Land der aufgehenden Sonne umgeben seit zweitausend Jahren heilige Felsen den Schrein der Sonnengöttin Amaterasu. Shinto Priester verehren sie noch immer als den Spender von Licht und Leben und als Herrin der Welt. Rot leuchtet die Sonne auf jeder Flagge Japans. 1989 bauten japanische Physiker ganz neue Sonnentempel und schossen neuartige Gebetsmühlen in den Raum.

In Stollen tief unter Kamioka betreiben sie unterirdische Sonnenvermessung. Sie entdeckten dort Neutrinos, geisterhafte Teilchen aus den Kernreaktionen im Inneren der Sonne. Aber es gab nicht genug Neutrinos, wie amerikanische Physiker vor zwanzig Jahren feststellten. Irgend etwas stimmte mit der Theorie über die Kernreaktionen auf der Sonne und der Teilchenphysik nicht. Spaßvögel fragten: „Brennt die Sonne überhaupt noch?"

Radiowellen, die sich durch die Sonnenatmosphäre nach außen ausbreiteten, berichteten 1989 von Umwälzungen auf der Sonne. Die 48 Empfängerschüsseln des neuen Radioheliograph in Nobeyama zeichneten sie auf. Die Astronomen gaben die Bilder der langwelligen Sonnenstrahlung an Kollegen vom Satelliten Solar-A weiter. Der wurde gerade gebaut und sollte die Sonne anhand der Röntgenstrahlen untersuchen. Der Satellit wurde mit Geräten aus den USA und England ausgerüstet und sollte die gewaltigsten Ereignisse auf der Sonne, - die Protuberanzen - untersuchen. Das sind elektromagnetische Explosionen in der Stärke von Millionen von Wasserstoffbomben.

Dem Satelliten Solar-A folgte der japanische Satellit Geotail, der im Erdschatten weit in den Raum vordrang. Dort, sozusagen im Kielwasser des Sonnenwindes, zog sich das Magnetfeld der Erde wie der Schweif eines Kometen in die Länge. Wenn es auf der Sonne besonders stürmisch zugeht, schießt ein eiförmiges, unsichtbares Etwas, Plasmoid genannt, den Magnetschweif entlang und reißt Teile des Erdmagnetfelds mit sich. Doch das Feld baut sich jeweils rasch wieder auf, nachdem es wie ein gedehnter Gummifaden in Richtung Erde zurückgeschnellt ist. Bei solchen Ereignissen dringen Partikel des Sonnenwindes in die Atmosphäre der Polarregionen ein und erzeugen das sogenannte Polarlicht. Der Satellit Geotail gesellte sich zu einer ganzen Flotte von Raumfahrzeugen aus Rußland, Europa und den Vereinigten Staaten, die das Sonnenverhalten erklären wollen. Er sollte erforschen, warum die Erde derartige magnetische Eier legt.

Im Kalten Krieg schuf die Zusammenarbeit bei den Raumfahrtprogrammen wechselseitiges Vertrauen und half mit, den nuklearen Schlagabtausch zu vermeiden. Nachdem eine multinationale Flottille von Raumfahrzeugen 1986 den Komet Halley besucht hatte, sollte ein anderer Schwarm von Raumfahrzeugen des Programms „Physik der Sonne-Erde-Interaktion“ die Einwirkungen der Sonne auf die Erde untersuchen. Bei den Verzögerungen des Projekts, den wachsenden Haushaltsproblemen und dem Zerfall der Sowjetunion war es schon ein Glück, daß in den neunziger Jahren noch einige Solarmissionen dem Satellit Geotail folgten.

Solarphysik befaßt sich mit der sichtbaren Sonne und ihrer Atmosphäre, die Physik der Sonne-Erde-Wechselwirkung mit dem Sonnenwind und seinen Auswirkungen auf die Erde. Sie bilden eine kleine Welt für sich. Obwohl die Sonne unser nächster Stern ist, schauen Astronomen lieber nach Schwarzen Löchern und Dunkler Materie aus und Raumwissenschaftler erforschen lieber andere Planeten.

Geologen halten es für nützlicher, die offensichtlichen Dinge des Systems Erde wie Gestein, Gewässer, Eis, Luft und Überbleibsel von Lebewesen zu untersuchen, statt im Umfeld der Erde den unsichtbaren Kampf zwischen Sonnenwind und Erdmagnetfeld zu erkunden. Außer wenigen Fachleuten hat kaum jemand zur Kenntnis genommen, daß die Sonne die Erde mit dem Sonnenwind einschließt.

Noch in den vierziger Jahren glaubten Astronomen, der interstellare Wind blase Gas in die Sonne hinein. 1951 stellte Ludwig Biermann in Göttingen die Theorie richtig und behauptete, der Wind wehe von der Sonne weg. Er leitete die Existenz eines solchen Windes aus geladenen Teilchen im interstellaren Raum von der Beobachtung ab, daß der gasförmige Schweif der Kometen immer wie eine Windfahne von der Sonne weg weist.

Eugene Parker aus Chicago hatte die Idee, aus der Sonnenatmosphäre würden ständig Gase ausströmen und so ihren Magnetismus wie eine Kaugummiblase aufblähen. Die Umdrehung der Sonne würde dieses Magnetfeld spiralförmig verzwirbeln. Als Raumfahrzeuge in den sechziger Jahren auf ihrem Weg zu anderen Planeten immer weiter in den Raum vordrangen, verließen sie den unsichtbaren Schutzschild des Erdmagnetismus. Auf der Sonnenseite, wo der Sonnenwind heranwehte, lag dieser Schild gewöhnlich 70.000 km über der Erdoberfläche. Der Sonnenwind besteht, wie es Parker angekündigt hatte, aus einer Menge elektrisch geladener Teilchen mit jeweils einem eigenen Magnetfeld.

Die späteren Pioneer- und Voyager-Missionen der NASA ließen sich vom Sonnenwind in die ferneren Bereiche des Sonnensystems treiben. Zwischen 1974 und 1984 arbeiteten sich die beiden deutsch-amerikanischen Sonden Helios I und II in die Sonnennähe vor. Ihre Ergebnisse warfen mehr Fragen auf, als sie Antworten gaben. Niemand konnte sagen, was den Sonnenwind antrieb und seine Geschwindigkeit je nach Sonnenregion, aus der er stammte, wechseln ließ. Klar war nur: Das Reich der Sonne erstreckt sich weit über den Bereich der Planetenbahnen hinaus.

Der heiße Atem der Sonne bildet eine riesige Blase, die Heliosphäre. Irgendwo an ihrer äußeren Grenze trifft der von der Sonne ausströmende Wind auf das dünne Gas anderer Sterne, das den Druck des Sonnenwindes ausgleicht. Die Entfernung dieser Grenze läßt sich mit ungefähr 15 Milliarden Kilometer nur sehr vage angeben und beträgt etwa das Hundertfache des Abstands der Erde von der Sonne.

Dagegen kreist der äußerste größere Planet, der Neptun, nur im Abstand von 4,5 Mrd. Kilometer um die Sonne.

Die Sonnenblase im interstellaren Raum, mit Namen Heliosphäre. Sie entsteht durch den Sonnenwind, der von der Sonne her weht. Diesen Wind gleicht der Druck dünner interstellarer Gase, die von anderen Sternen stammen, in einer Region aus, die weit außerhalb der Planetenbahnen liegt. Störungen innerhalb der Heliosphäre beeinflussen die Erde.

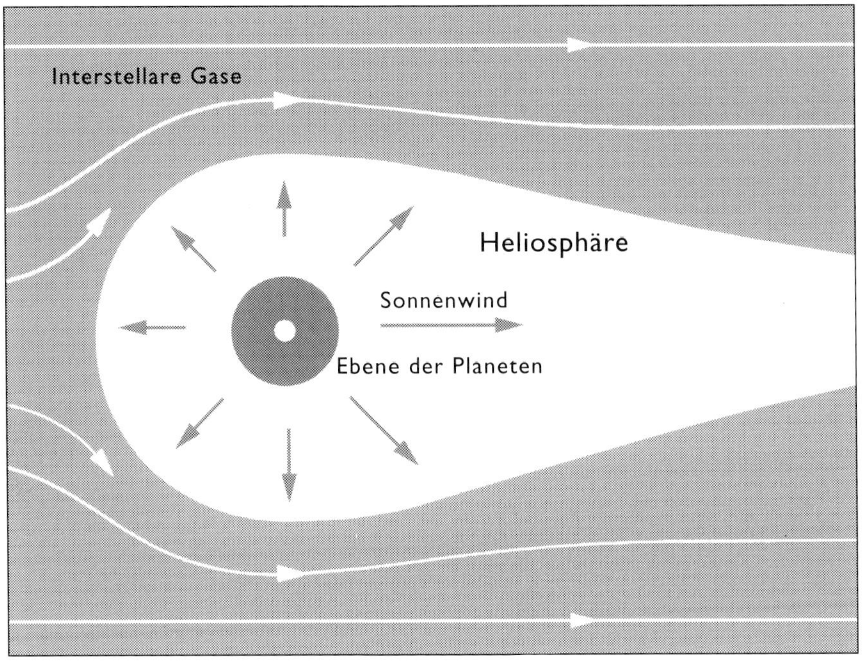

Die amerikanische Raumsonde Voyager 2 erreichte im August 1989 den Neptun. Zusammen mit Voyager 1 und den früheren Pioneer Sonden, die alle über die Planetenbahnen hinaus vordrangen, beobachtete die Sonde Voyager 2 den stürmischen Sonnenwind so lange, bis ihre Energieversorgung zur Neige ging. Keines der weitreichenden Raumschiffe entdeckte das Ende der Heliosphäre.

Näher zu Hause untersuchten andere Raumsonden der USA und der Sowjets das Zusammenspiel zwischen Erde und Sonnenwind. Sein Gerangel mit dem Erdmagnetismus lieferte eine Reihe anderer, oft verwirrender Entdeckungen. Der erste US Satellit überhaupt, Explorer 1, hatte einen Geigerzähler an Bord. Er wurde von Teilchen aus einem unerwarteten Strahlengürtel um die Erde bombardiert. Ihre Quelle war noch unbekannt.

Das Schutzschild des Erdmagnetismus lenkt den Sonnenwind ab. Der gleitet um das Magnetfeld der Erde herum und umschließt so die sogenannte Magnetsphäre. Auf der Sonnenseite bildet sie einen eng anliegenden Schild um die Erde, der sich im Abwind ausweitet. An den Magnetpolen der Erde dringt der Sonnenwind allerdings bis zur Erdatmosphäre ein. Frühe europäische Sonden hatten die Magnetsphäre untersucht und entdeckt, daß Teilchen des Sonnenwindes auch durch die Hintertür, den Schweif der Magnetsphäre, in die Atmosphäre gelangen, wo sie am polaren Himmel Polarlichter entzünden. Andere Teilchen drängten sich an den Polen durch Beulen in der Magnetsphäre.

Wegen des Verdachts, die Sonnenteilchen könnten in den magnetischen Schutzschild der Erde Löcher schlagen, untersuchten eine Reihe von Satelliten in den siebziger Jahren das Magnetfeld der Erde, sowie die Feldstärke und Wellenlänge der eindringenden Teilchen. Wissenschaftler wollten herausfinden, warum Teilchen, die in das Magnetfeld einbrechen, über mehr Energie verfügen als die normalen Teilchen des Sonnenwinds. Doch die Natur führte die Physiker an der Nase herum, so daß sie nur quälend langsam vorankamen.

Ständige Richtungsänderungen im Magnetfeld des Sonnenwindes verwirren

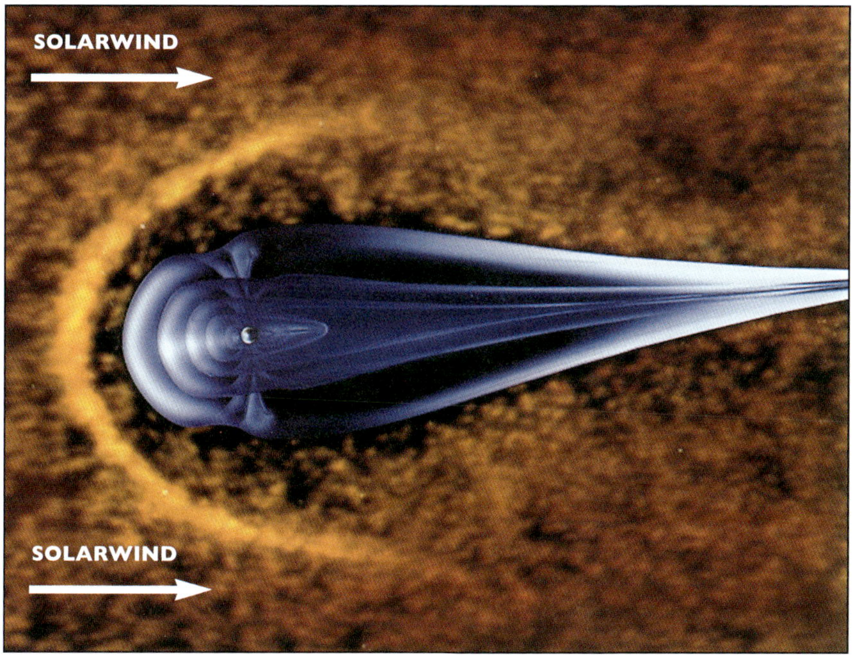

Die Erdblase in der Heliospäre mit Namen Magnetsphäre. Sie bildet sich durch das Magnetfeld der Erde, das die Erde vor dem größten Teil des Sonnenwindes schützt. Dieser drückt das Magnetfeld der Erde auf der ihm zugekehrten Seite ein und dehnt es auf der abgekehrten Seite wie den Schweif eines Kometen aus. Über den Polen ist das Magnetfeld der Erde deutlich eingedellt.
ESA und 4.2.2.2 Videographic Design.

das Bild. Der Sonnenwind kann nämlich von der nördlichen oder südlichen Halbkugel der Sonne stammen. Auch die Neigungswinkel der Magnetfelder im Sonnenwind ändern sich mit weitreichenden Folgen für die Erde. Die Magnetlinien des Sonnenwindes können manchmal parallel zu denen des Erdmagnetfeldes verlaufen und manchmal entgegengesetzt. Die Auswirkungen auf die Erde scheinen am größten zu sein, wenn die Magnetlinien verwirbelt sind.

Die Magnetsphäre der Erde erweist sich als eine verhältnismäßig kleine Blase der Ruhe innerhalb der von gewaltigen Stürmen gerüttelten Heliosphäre. Trotzdem erscheint die Sonne den meisten, selbst den Umweltwissenschaftlern, am Himmel als ein ruhiger Ball mit einem Pokergesicht, kaum größer als eine Erbse auf Armes Länge. Noch lieferten die Raumsonden nicht genug Informationen, um sagen zu können, wie sehr die Sonne flackert.

Die Raumfahrt kam in ihr zwanzigstes Jahr, als die NASA Sonden mit Monitoren ausrüstete, welche auch die Leuchtkraft der Sonne untersuchten. Die erste dieser Sonden war Nimbus 7 im Jahr 1978, ihr folgte 1980 Solar Max. Die US Behörde zur Beobachtung von Ozean und Atmosphäre führte bald auch auf ihren regulären Wettersatelliten Instrumente zur Untersuchung der Sonne mit. Sie maßen, wieviel sichtbares Licht die Sonne ausstrahlte. Das war vom Erdboden aus nicht mit ausreichender Genauigkeit möglich. Andere Sensoren maßen die Pulse der Röntgenstrahlung und zählten die Teilchen, die von Eruptionen auf der Sonne stammten.

Um 1989 hatten die Lichtmessungen ergeben, daß sich der Sonnenschein ändert, allerdings nicht so auffällig wie bei jenen pulsierenden Sonnen, deren Helligkeit im Rhythmus von etwa einem Monat an- und abschwillt. Die Sonne ändert sich in einem Zyklus von etwa 11 Jahren, in dem sich Sonnenflecken zeigen und wieder verschwinden. Sie ändert dabei ihre Lichtabgabe um etwa ein Tausendstel. Wenn sich Sonnenflecken über die sichtbare Scheibe schieben, flackert die Helligkeit um einige Promille im Laufe einer Woche.

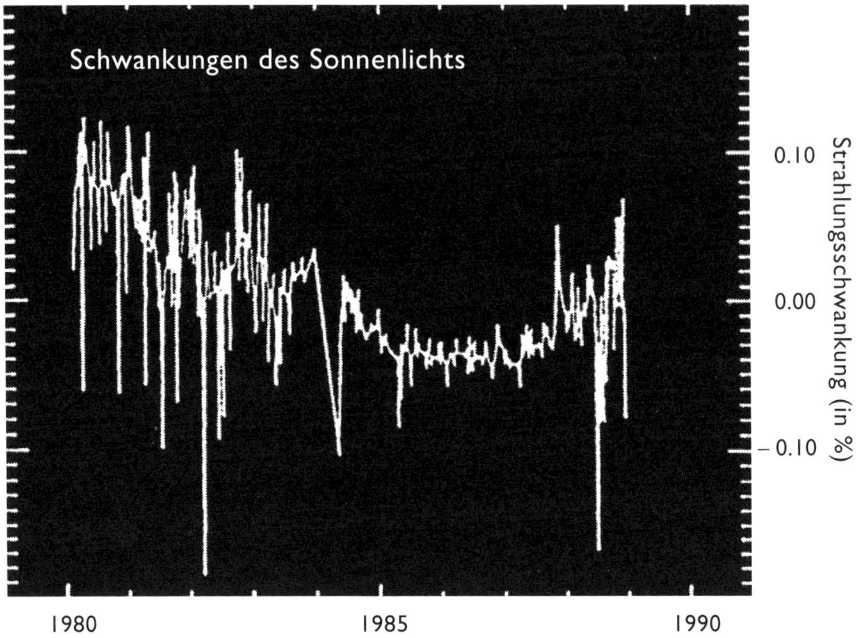

Die Sonne ist ein pulsierender Stern. Die Sonde Solar Max maß im Laufe von 9 Jahren Schwankungen der Lichthelligkeit von rund 0,1 %. Der durchschnittliche Lichtaustritt war 1986 bei der geringsten Zahl von Sonnenflecken am niedrigsten.
R.C. Willson und H.S. Hudson, 1991

Seltsamerweise scheint die Sonne am hellsten, wenn sie mit dunklen Flecken überzogen ist. Ein Geflecht von Aktivitäten, die man auf ihrer Oberfläche nur vage erkennen kann und Fakulae nannte, überboten die Dunkelheit der Flecken.

Die offiziellen Klimatologen übernahmen die Zahl 0,1 % für die Schwankungen der Sonnenhelligkeit. Sie liebten diese Zahl. Sie waren nämlich international mit dem Nachweis beschäftigt, daß das in der Erdatmosphäre angereicherte Kohlendioxid die von der Erde abgestrahlte Wärme einfängt und damit das Klima aufheizt, und nannten das den zusätzlichen Treibhauseffekt. Physiker baten sie, bei der Betrachtung des Klimas und seiner Änderungen die Sonnenschwankungen zu berücksichtigen. Nun stand die geringe Schwankungsbreite der Sonnenhelligkeit fest und erwies sich neben dem, was vermehrtes Kohlendioxid in der Atmosphäre anstellen konnte, als unbedeutend gering - jedenfalls in der Lesart der regierungsamtlichen Hypothesen.

Was „regierungsamtlich“ in diesem Zusammenhang heißt, müßte näher definiert werden. Jedenfalls waren hohe Regierungsbeamte beteiligt. Die Angelegenheit ging vom Amt für Meteorologie in Bracknell, in England aus und wurde von dort aus gesteuert. Die Hypothese lautet: Kohlendioxyd, das beim Verbrennen fossiler Energieträger und beim Roden der Wälder frei wird, wird die Erde in Zukunft um einige Grad erwärmen. Andere klimarelevante Gase, wie Methan oder FCKWs, werden den Prozeß beschleunigen. Eine solche katastrophale Entwicklung hatte es in der bisherigen Geschichte noch nicht gegeben. Daher muß die Menschheit ihre bisherige Lebensart unbedingt ändern.

Sonnenphysiker sind nicht weniger als offizielle Klimatologen daran interessiert, ihren Enkeln die Welt sicher zu erhalten. Sie hielten aber die Annahme für verfrüht, die Satelliten hätten in nur einem Sonnenzyklus alle möglichen Strahlungsänderungen der Sonne erfaßt. Sie schlugen vor, andere Möglichkeiten zu erwägen, wie die Sonne die Erde beeinflussen könne, etwa durch den Sonnenwind, die Polarlichter und dergleichen. Sie ließen es aber furchtbar unbestimmt, auf welche Weise das geschehen könne.

Physiker, welche die Wechselwirkung zwischen Sonne und Erde untersuchen,

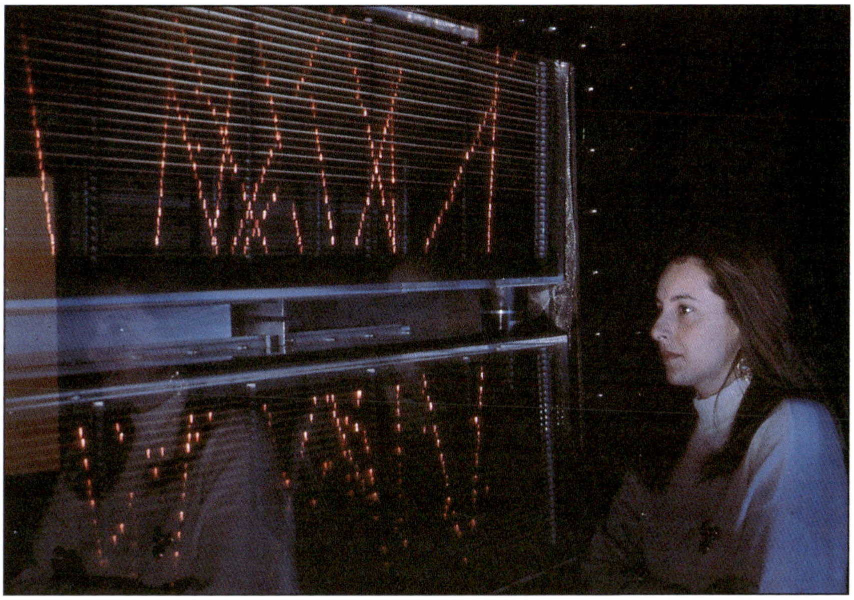 

treiben eine sehr spezielle Wissenschaft, in der nur sie selbst sich auskennen. Sie überziehen die Himmelskarte mit allerlei Zahlen, die jeweils bestimmte Teilchenstrahlungen oder magnetische Strömungen, die sich wie Schlangen dahinwinden, markieren sollen. Polarlichter geben ihnen einen ersten Anhalt, den sie sich anhand der Vorgänge in einer Fernsehröhre klarmachen. Doch die Ereignisse zwischen Sonne und Erde halten sich nicht an ordentliche Theorien. Sie sind verworren und vermischen Ursache und Wirkung.

Wichtige Hinweise gab die kosmische Strahlung. Sie entsteht, wenn in der Milchstraße Sterne explodieren, und bombardiert die Erde ständig mit Teilchen von enormer Energie. Die Entdeckung der kosmischen Strahlung ist eine andere knifflige Geschichte am Beginn des 20. Jahrhunderts. Physiker wußten, daß sich die statische, elektrische Ladung eines Gerätes nach einer Weile wieder verflüchtigt. Nach Entdeckung der Radioaktivität erklärten sie sich die Entladungen damit, daß die Luft geladene Teilchen enthält. Um 1910 stellten Physiker ihre Elektroskope auf hohe Türme und Berge. Ja, sie ließen sie sogar mit Ballonen aufsteigen, um sie vor der radioaktiven Strahlung der Erde zu schützen. Dabei stellten sie zu ihrer Verwunderung fest, daß die Entladung um so schneller erfolgte, je höher sie mit den Geräten hinaufgelangten. Viktor Hess aus Österreich bekam für die Entdeckung der kosmischen Strahlen den Nobelpreis. Er hatte zu diesem Zweck die ersten Versuche mit hochsteigenden Ballonen unternommen.

Es dauerte fast ein halbes Jahrhundert, die kosmische Strahlung angemessen zu beschreiben. Dabei entdeckte man auch die sogenannte Antimaterie. Ursprünglich trifft die kosmische Strahlung in Form relativ schwerer Teilchen auf die äußere Erdatmosphäre. Es handelt sich um Atomkerne, die ihre Elektronenhülle abgestreift hatten und daher positiv geladen waren. Sie stammen von explodierenden Sternen und führen eine entsprechend hohe Energie mit. Die meisten sind Wasserstoffatome oder Protonen, aber auch Kerne anderer chemischer Elemente sind darunter. Das Magnetfeld der Erde stößt die kosmische Strahlung ab. Daher ist sie an den Polen stärker als am Äquator, wo nur die schnellsten Teilchen einschlagen können.

Wo immer diese Teilchen auf Luft treffen, entsteht beim Zusammenprall mit

Links: kosmische Strahlen, sichtbar gemacht. Unaufhörlich regnen auf uns kosmische Teilchen von explodierten Sternen herab. Niemand nimmt sie wahr, wenn sie nicht durch spezielle Apparaturen sichtbar gemacht werden, wie hier in der Funkenkammer des europäischen Instituts für Teilchenphysik.

CERN, Genf

Rechts: Ein natürliches Fernsehbild. Wenn energiereiche Elektronen in die Polarluft geraten, entsteht Polarlicht genauso, wie wenn Elektronen auf die Innenwand der Fernsehröhre treffen. Die Gestalt der Polarlichter stammt von unbekannten Ereignissen im fernen Raum, die den Sonnenwind verwirbeln und seine Teilchen beschleunigen.

Nach Norbert Rosing und Silvestris/FLPA

Sauerstoff- oder Stickstoffatomen Mord und Totschlag. Ein einziges Teilchen kann beim Durchschießen der Atmosphäre eine Million oder mehr Sekundärteilchen erzeugen. Die schweren Kerne der kosmischen Strahlung zerbrechen beim Aufprall in ihre Bestandteile, nämlich in geladene Protonen und ungeladene Neutronen. Das gleiche geschieht mit den getroffenen Atomen der Luft. Die frei gewordenen Neutronen und Protonen behalten die Energie, die sich beim Aufprall auf sie übertragen hat. Die Zusammenstöße führen zu einer Art nuklearer Kaskade.

Auch andere Kernteilchen, wie Myonen und Pionen, entstehen beim Zusammenprall. Die neutralen Pionen lösen dabei andere Kaskaden aus. Zunächst bilden sich Paare von Elektronen und Antielektronen oder Positronen. Wenn nun ein Positron als nächstes auf ein Elektron trifft, vernichten sich beide Teilchen gegenseitig in einem Puff von Gammastrahlung. Diese kann ihrerseits wieder Elektronen und Positronen hervorbringen. Das setzt sich durch die Atmosphäre hindurch fort.

Uns Menschen durchdringt ständig kosmische Strahlung. Wir können heilfroh sein, daß sie zuvor soviel Energie verloren hat, wie neue Teilchen entstanden sind. Die Atmosphäre bildet auf diese Weise einen Schild, um die Lebewesen vor der Gewalt explodierender Sterne zu schützen. In gemäßigten Zonen enthält die kosmische Strahlung, wenn sie sich dem Erdboden nähert, weniger Energie als die natürliche Radioaktivität des Gesteins. Ebenso dankbar sollten wir der Sonne sein. Denn der Sonnenwind bremst die kosmische Strahlung ab, bevor sie auf die Erdatmosphäre trifft.

Seit 1936 untersucht Scott Forbush in Washington DC, wie die schwankende Sonnenaktivität auf die kosmische Strahlung wirkt. Dazu wurden überall in der Welt entsprechende Sensoren aufgestellt. Schon 1937 bemerkte er, daß nach größeren Eruptionen auf der Sonne die kosmische Strahlung abnimmt. Solche Ereignisse nennt man seitdem Forbush Minderungen. Bis 1957 hatte er die Zu- und Abnahme der kosmischen Strahlung über den Zeitraum von zwei Sonnenzyklen verfolgt. Sie verhielt sich umgekehrt wie die Sonnenflecken, das heißt: je mehr Flecken desto weniger kosmische Strahlung und umgekehrt.

Nach der Entdeckung des Sonnenwindes ließen sich diese Schwankungen erklären. Ein starker Sonnenwind stört die kosmische Strahlung auf dem Weg zur Erde. 1960 entdeckte die Raumsonde Pioneer 5 zum ersten Mal eine Schockwelle im Sonnenwind, die zu einer deutlichen Verminderung der kosmischen Strahlung auf der Erde führte.

Solche Schockwellen wurden für die Raumphysik bald zur Regel. Mit ihrer Hilfe konnte man auf der Erde aus den Änderungen der kosmischen Strahlung auf Zustände und Vorgänge in der Heliosphäre schließen. Noch war kaum jemandem aufgefallen, daß sich die kosmische Strahlung noch auf andere Weise in der physischen Umgebung der Erde bemerkbar machte. Nichts desto trotz deuteten ihre Schwankungen auf endlose Schwankungen in der Sonne und im Sonnenwind hin. Sie sollten nach Ansicht mancher Physiker weitere überraschende Auswirkungen auf die Erde haben.

März 1989 ähnelte die Sonne einem Mops mit gesprenkelter Schärpe. Sie näherte sich dem Maximum des 22. Sonnenzyklus. (Die Zählung der Zyklen beginnt im Jahr 1755). Vor sich hin summend schlenderte die Sonne einher. Mächtige Magnetfelder nestelten an ihrer von der Erde abgewandten Seite und bildeten eine riesige Rosette von Sonnenflecken. Für die Fachleute traten diese Sonnenflecken freilich viel zu weit nördlich auf. Aber das war eben Pech für ihre Theorie.

Die langsame Drehung der Sonne ließ am 6. März die Gruppe der Sonnenflekken als dunkle Region auf der linken Seite in Erscheinung treten. Riesige Eruptionen detonierten dort wie Feuerwerk zum chinesischen Neujahrsfest. Zwölf Tage hintereinander gingen nahezu jeden Tag eine große und zwischendurch mehrere kleine Eruptionen hoch. Inzwischen wanderte die Gruppe der Sonnenflecken über die sichtbare Sonnenscheibe hinweg.

Außer den Satelliten und den Wissenschaftlern merkten zuerst die Radiohörer etwas von den Sonnenereignissen. Röntgenstrahlen aus der Sonne hatten nämlich den Wellenspiegel am Himmel, die Ionosphäre zerrüttet. An vielen Plätzen versagten die Kurzwellenprogramme. Während man lokale VHF-Rufe über Kontinente hinweg empfangen konnte, versagten die Navigationsfunkgeräte ihren Dienst.

Der größte Ausbruch ereignete sich am 9. März. Die Beobachtungsstation der NASA in Boulder, Colorado gab Magnetsturmwarnung. Die Heliosphäre geriet in Aufruhr. In Böen fegte der Sonnenwind am Planeten vorbei. In die große Blase der Heliosphäre jagte die Sonne Materie in Form kleiner, sich selbst rasch ausdehnender Blasen. Am 13. März, noch am Tag der Eruption, erreichte eine solche Materieblase die Magnetsphäre der Erde und drückte sie wie eine Plastikflasche ein.

Das Durcheinander im Magnetfeld der Erde an diesem und am nächsten Tag gilt als der größte Magnetsturm der letzten 120 Jahre, seitdem es regelmäßig beobachtet wird. Die Kompaßnadeln schwankten hin und her und Magnetmeßgeräte schlugen über die Meßskala hinweg aus. Die magnetischen Wechselfelder induzierten in jedem länglichen Stück Metall, auf die sie trafen, wie zum Beispiel in Kabeln, Röhren und Stromleitungen, elektrische Ströme.

In mehreren Teilen Schwedens brach die Stromversorgung gleichzeitig zusammen. In Kanada lösten Netzüberlastungen die Schutzschalter in Kraftwerken aus und schalteten sie automatisch ab. Im größten Teil der Provinz Quebec, auch in den Städten Montreal und Quebec, fiel am 13. März neun Stunden lang der Strom aus. Während die Ingenieure aus den Federn geholt wurden, um Quebec wieder in Gang zu bekommen, nahmen die kosmischen Röntgenstrahlen rasch ab.

An diesem Tag ergaben Messungen in Bodennähe eine große Forbush Minderung der kosmischen Strahlung um 10 % . Der gewaltige atomare Sonnensturm fegte die Röntgenstrahlen weg und hinderte sie daran, die Erde zu erreichen. Das Hindernis bestand noch, als die Böe schon am Mars vorbeifegte. Gut eine Woche nach dem Sturm wurden noch immer zu niedrige Strahlenwerte gemessen.

Am 13. März war die Magnetsphäre der Erde am schwächsten. Auf der Sonnenseite stürzte der Schutzschild gegen den Sonnenwind für einige Stunden von 70.000 km Höhe auf 30.000 km hinunter und lag unter der geostationären Umlaufbahn der Kommunikationssatelliten, auf der sie über bestimmten Orten der Erde trudeln. Dadurch waren diese voll dem Sonnenwind und den energiereichen Partikeln von der Sonne ausgesetzt. Auch die Wettersatelliten in diesen Zonen berichteten ausführlich über ihr Unbehagen mit der Situation.

Die Satelliten zitterten und bibberten wie Adelsfräulein im Wolkenbruch. Nie zuvor hatten sie ihre Kontrolleure so in Atem gehalten. Die Kommunikationsvögel verlangten in den zwei Tagen mehr Aufmerksamkeit als sonst in einem Jahr. In wenigen Tagen sollte es noch schlimmer kommen. Zwar hatte sich der Schutzschild gegen den Sonnenwind wieder aufgerichtet, aber energiereiche Teilchen zerstörten trotzdem einen japanischen Kommunikationssatelliten und beschädigten einige andere schwer.

Satelliten auf einer niedrigeren Umlaufbahn hatten andere Probleme. Die äußere Atmosphäre heizte sich unter dem Ansturm der Teilchen auf und drohte zahlreichen Satelliten ein vorzeitiges Ende an. Solar Max verlor an Höhe, „als wäre er gegen eine Backsteinwand gerast", sagte ein Sprecher und fürchtete, daß er noch vor Jahresende wie ein Meteorit in der Atmosphäre verglühen könnte.

Aber man mußte gar nicht Satelliten betreiben oder in Montreal um den morgendlichen Kaffee gebracht worden sein, um zu bemerken, daß die Sonne so ihre Tricks hatte. Die Teilchen aus der Sonne schlugen Löcher in den Schutzschild der Erde und trafen auf die äußere Atmosphäre. Sie erzeugten dabei fabelhafte Polarlichter. Diese treten normalerweise nur in der Nähe der Magnetpole auf. Jetzt hängten die Polarlichter ihre bunten Fahnen über den Vereinigten Staaten und Europa auf, also weit südlicher ihres sonstigen Schauplatzes. Sogar im tropischen Australien konnte man noch die Polarlichter der Antarktis sehen.

Die Dänen erlebten Polarlichter wie nie zuvor in ihrem Leben. Die Wettervorhersage des Dänischen Meteorologischen Instituts in Kopenhagen machte auf Initiative der dort beschäftigten Physiker die Bevölkerung darauf aufmerksam. Chef der Forschungsgruppe für die Physik der Sonne-Erde-Beziehung war Knud Lassen, ein Fachmann auf dem Gebiet der Nordlichter. Die Beobachtung des Magnetismus fiel in den Arbeitsbereich von Eigil Friis-Christensen. Der hatte am frühen Morgen des 13. März erlebt, wie die Magnetometer der Forschungsstation Brorfelde verrückt spielten.

Friis-Christensen war enttäuscht, weil bei ihm die Fernmeßergebnisse der zahlreichen Magnetmeßstationen Grönlands nicht eingegangen waren. Als man ihm dann von ungewöhnlich ausgeprägten Sonnenflecken berichtete, wurde ihm klar, daß er es mit einem außergewöhnlichen Magnetsturm zu tun hatte. Der Hinweis, daß man herrliche Polarlichter erwarten könne, stammte von ihm.

Den gleichen Hinweis gab er auch einem Lehrer in Sönderborg, der schon lange Nordlichter photographieren wollte. Auf seinen Bildern kann man nun erkennen, wie die Flammen der Sonne an der Luft über Dänemark leckten. Breite, rote Strähnen liefen am Horizont weiß aus. Es erglühten die Farben der dänischen Fahne, als die Teilchen von der Sonne auf die Sauerstoffatome trafen. Das war nicht nur ein herrliches Schauspiel, sondern besonders willkommen in einer Zeit, als das Publikum den Nutzen der Physik der Sonne-Erde-Interaktion für die Meteorologie in Frage stellte.

„Jetzt habe ich euch in der Hand", schien die Sonne zu sagen, „und ihr wißt nicht, welches Unheil ich über Euch bringen kann".

Nach Berechnungen der Klimamodelle sollte sich der Treibhauseffekt durch Kohlendioxid besonders auf der Arktis auswirken. Über dem arktischen Ozean sollte, falls sich der CO_2-Gehalt der Atmosphäre - wie angenommen - verdoppelt, die Temperatur je nach Modell, das man benutzte, im Winter zwischen 8 bis 20 ° ansteigen. Im Sommer würden laut Klimavorhersagen schmelzendes Eis und der kalte Ozean die Effekte etwas abmildern. In Grönland sollte es zum Beispiel nur zwischen zwei und sechs Grad wärmer werden.

Es wäre taktlos, bei einem Besuch in Grönland, jenem gewaltigen Eisgebirge, das wie eine Zunge in den Nordatlantik hinausreicht, von Klimaerwärmung zu sprechen. Politisch gehört Grönland, wie Jütland oder Lolland, zu Dänemark. Seine wenigen tausend Einwohner drängen sich wie Robben auf der Sandbank in dem schmalen Streifen Land um den gewaltigen Eisschild zusammen. Ein Seitenarm des Golfstroms dringt bis zur Davis See vor und wärmt die Westküste Grönlands etwas. Dort kriechen mächtige Gletscher unaufhaltsam in das Meer und die Eisberge, die dort kalben, warten auf eine neue Titanic oder drohen den Golfstrom zu unterkühlen.

Selbst im nachtlosen arktischen Sommer klettert das Thermometer selten über Null und Schneestürme drohen hier zu jeder Jahreszeit. Seit 60 Jahren sinken hier die Durchschnittstemperaturen unaufhörlich weiter ab. Die zunehmende Kälte hat

Nordlicht über Dänemark. Der Aufruhr in der Sonne verursachte im März 1989 gewaltige Magnetstürme und ausgeprägte Polarlichter. Studenten nahmen dieses Bild am 24. März nach Mitternacht mit einer normalen Haushaltskamera auf. Vergleiche mit Aufnahmen in Deutschland ergaben, daß die Polarlichter in einer Entfernung von nur 350 km aufgetreten waren und ihr unterer roter Rand, der für niedrige Polarlichter typisch ist, bis in die Höhe von 300 km herabreichte.

EUC Syd und Amtsgymnasium in Sönderborg. Mogens Winther

den Kabeljau wieder vertrieben, der sich in wärmeren Jahrzehnten bis in die Davis See vorgewagt und in den warmen fünfziger Jahren eine Zeit lang die wenigen Robben ersetzt hatte.

Als die Klimatologen Mitte der siebziger Jahre noch vor der kommenden Eiszeit warnten, benutzten ihre Medienleute Bilder aus Grönland, um den Leuten zu zeigen, wie es dann in Chicago oder Berlin aussehen würde.

Grönland schien sich für Sonnenbeobachtungen nicht sonderlich zu eignen. Sonnenteleskope, die der Sonne direkt ins Gesicht schauen wollen, sollten wohl besser an sonnigeren Plätzen, wie zum Beispiel auf den Kanarischen Inseln oder im Südwesten der Vereinigten Staaten, aufgestellt werden. Trotzdem beobachten Forscher von hier und anderen Polarregionen aus die Sonnenausbrüche, deren

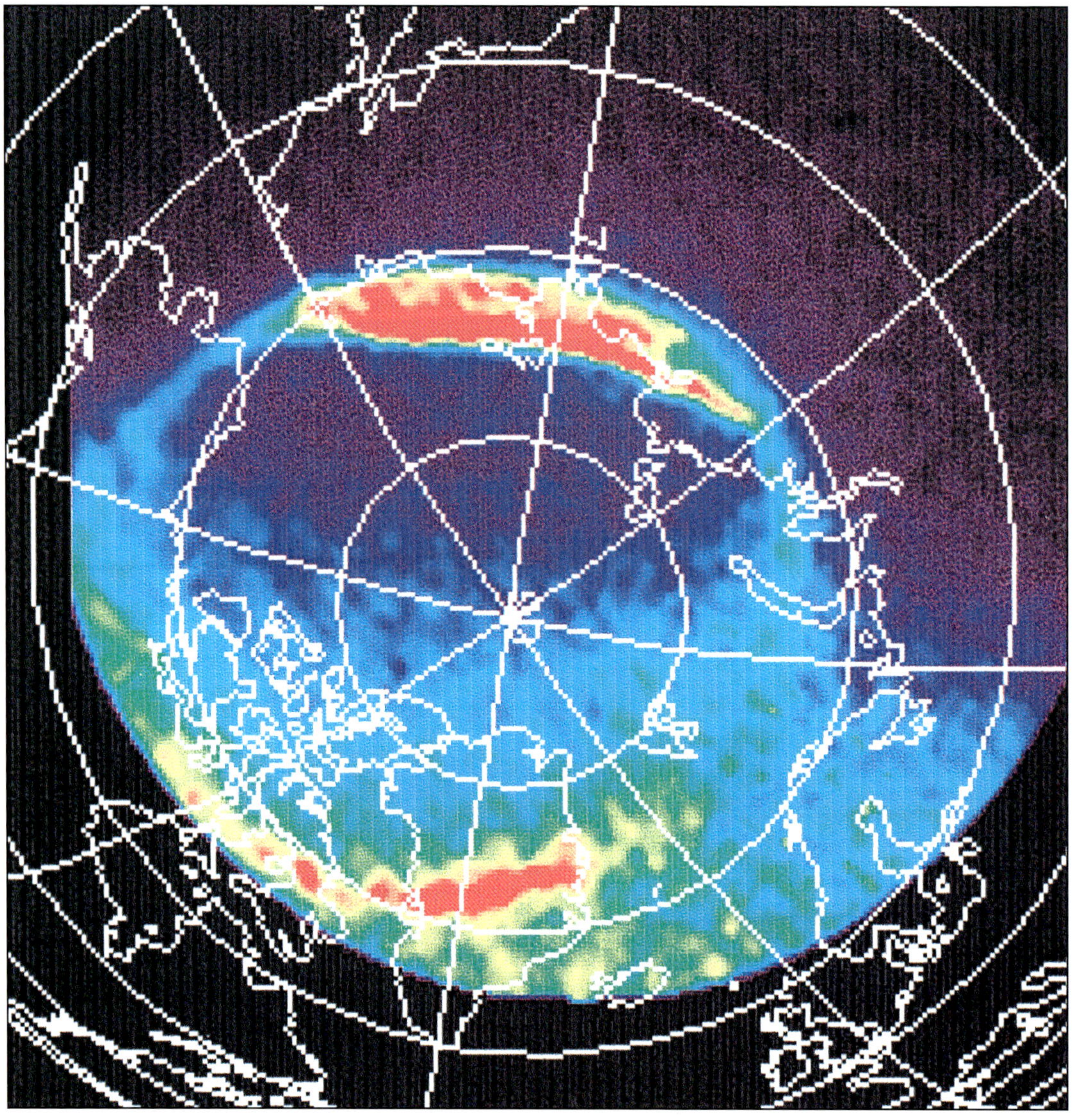

Das Oval des Nordlichts vom Weltraum aus gesehen. Wenn die einströmenden Teilchen auf Stickstoffmoleküle treffen, bildet das freigesetzte UV-Licht fast einen Kreis um den nördlichen Magnetpol. Der Satellit Polar der NASA nahm dieses Bild am 9. April 1996 in einer Höhe von über 50.000 km auf. Die rote Färbung zeigt die stärkste UV-Strahlung an. Die Tagesseite befindet sich zu diesem Zeitpunkt am unteren Rand des Bildes, wo die rot-grüne Tönung auf das Sonnenlicht zurückgeht. Polar erzielte die besten Bilder von Polarlichtern, die je auf der Tagesseite, die sich in diesem Fall über ganz Grönland erstreckt, aufgenommen worden sind. Auf der Nachtseite (der obere Teil des Bildes) reicht das Nordlicht als Folge eines sogenannten Substurms bis zum Pol.

Polar/NASA und UVI Gruppe

Flammen bis an die Erde heranreichen. Sonnenteilchen drehen sich wie glückliche Tänzer im Lichtglanz der dunklen, langen Polarnacht. Wenn Böen des Sonnenwindes auf die Erdatmosphäre treffen, schlagen die Magnetnadeln aus. Das Magnetfeld der Erde plagt sich mit unterschiedlichem Erfolg, den Magnetschirm der Erde aufrecht zu erhalten, der den Planet vor den Teilchen aus der Sonne schützt. In Grönland messen die Geräte Änderungen des Magnetfelds als Folge der elektrischen Ströme, die in der oberen Atmosphäre und in der Magnetsphäre fließen, jener kleinen Blase im Weltraum, über die unsere Erde verfügt.

Der Einfluß der Sonne auf den Erdmagnetismus wurde schon in einem der frühesten globalen Wissenschaftsprogramme bemerkt. 1836 überredete der deutsche Geograph Alexander von Humboldt mit Unterstützung der Royal Society in London die britische Regierung, in ihren entlegenen Kolonien Stationen zum Messen des Erdmagnetismus zu errichten und zu diesem Zweck auch eine Expedition in die Antarktis zu schicken. Als Eduard Sabine 1852 die dabei gewonnenen Ergebnisse durchging, fand er die Annahme bestätigt, daß die plötzlichen Änderungen des Magnetfeldes, die Magnetstürme also, außerhalb der Erdkruste entstehen. Sie machen sich immer dann besonders häufig und heftig bemerkbar, wenn besonders viele Sonnenflecken zu sehen sind.

Die Idee, daß elektrische Ströme in der oberen Atmosphäre die raschen Änderungen des Magnetfeldes hervorrufen, entstand schon 1882 und stammte von Balfour Stewart. Das war zufällig im Internationalen Polar-Jahr, als Grönland zum ersten Mal Ort systematischer Magnetfeldbeobachtungen wurde. Die Eisinsel bot sich für diesen Zweck wegen der ovalen Nordlichtzone um den Magnetpol an, die von Kanada aus bis mitten nach Grönland hineinreicht.

1989 überzogen Grönlands Eisschild zahlreiche, zum Teil bemannte, zum Teil automatisch arbeitende Meßstationen. Sie waren mit Magnetmeßgeräten und modernen Kameras ausgestattet, um die Polarlichter zu fotographieren. Die Physiker verglichen ihre Meßergebnisse emsig mit denen der Radarmeßstationen in anderen Gegenden der Polarregion, welche die obere Atmosphäre abtasteten, und mit den Ergebnissen der Satelliten, die Sonnenwind und Magnetsphäre unmittelbar beobachteten. Im Internationalen Geophysikalischen Jahr 1957/58 beschloß man im Westen und Osten, in der Physik der Sonne-Erde-Interaktion verstärkt zusammenzuarbeiten. Die Zusammenarbeit überstand den gesamten Kalten Krieg, obwohl die Arktis die kürzeste Route für den nuklearen Schlagabtausch der Großmächte war und die NATO in Grönland ihre großen Radaranlagen und die Bomberflotte stationiert hielt.

Die Beobachtungsstationen auf Grönland unterstehen dem Dänischen Meteorologischen Institut. Es war in dem viel milderen Klima Kopenhagens an der Straße nach Elsinore in einem modernen Glasbau untergebracht. Dort betrieben die Physiker Knud Lassen und Eigil Friis-Christensen neben ihrer vielen Arbeit so etwas wie ein Hobby. Von Berufs wegen gehen sie Fragen nach wie etwa: Welcher Zusammenhang besteht zwischen Polarlicht und elektrischen Strömen in der Atmosphäre? Nebenher diskutieren sie, wenn ihnen die Arbeit dafür Zeit läßt, ausführlich, wie die sich ständig ändernde Sonne das Klima der Erde beeinflußt.

Lassen hat die bärbeißige Persönlichkeit und die weitschauenden Augen eines alten Grönländers. Jung spezialisierte er sich auf die Untersuchung der Polarlichter und verbrachte zehn Jahre auf der wichtigsten Untersuchungsstation in Godhavn. Dort gewöhnte er sich an die unerbittliche Polarnacht des arktischen Winters. Im Alter von 70 Jahren trat er im Juni 1991 seinen Ruhestand an. Nun übernahm sein Schüler Friis-Christensen einen Teil seines Verantwortungsbereichs als Chef der neu gegründeten Abteilung Physik der Sonne-Erde-Beziehung.

Friis-Christensen war gerade 46 Jahre alt, hatte braunes Haar und das offene Gesicht eines Wikingers. Er hatte sich auf Magnetismus spezialisiert und bei Versuchen Erfahrung gesammelt, mit Raketen und Satelliten das Magnetfeld der Erde zu erkunden. Auch er kannte Grönland gut.

1972 sollte Friis-Christensen in Grönland einige Magnetometer einrichten, die elektrische Ströme hoch oben in der Atmosphäre aufzeichnen sollten. Da behinderten Eisschollen die Schiffahrt um Grönland. Um zur nördlichsten Beobachtungsstation weit oben an der Davis See zu gelangen, mußte er auf ein medizinisches Versorgungsschiff umsteigen. Als er ein andermal über Funk die Normalzeit einer Station einrichten wollte, störten Sonneneinwirkungen auf die Ionosphäre die Funkübertragung. Dann fand er, als er einen Magnetometer nach dem Magnetfeld der Erde justieren wollte, nach einer halben Stunde Arbeit heraus, daß sich die Skala um einige Grad verschoben hatte, weil gerade ein Magnetsturm tobte. Beide, Lassen und Friis-Christensen, teilen mit den Seefahrern die mehr oder weniger feindselige Vertrautheit mit dem Wetter, die den Stadtmenschen in gemäßigten Zonen fehlt. Hinzu kommt eine langjährige Berufserfahrung mit den Aktivitäten der Sonne. Schon unter seinem Vorgänger mußte Lassen die Untersuchungen der Sonne-Erde-Interaktion rechtfertigen. Daraus ergab sich ein langer, immer wieder unterbrochener Austausch mit Friis-Christensen über die Frage, welchen Anteil die Änderungen der Sonnenstrahlung an den Klimaveränderungen des 20. Jahrhunderts haben.

In den siebziger Jahren hatte Friis-Christensen zu diesem Thema eine Reihe von Seminaren veranstaltet. 1987 besuchte er die USA und lernte dort jüngere Studien zu diesem Thema kennen. Sie regten ihn zu weiterer Arbeit an. Er stieß dabei auf zwei Meteorologen, die noch zu behaupten wagten, die Sonne beeinflusse das Wetter, nämlich Karin Labitzke in Berlin und Harry van Loon in Colorado. Sie hatten Wettermuster über dem Nordatlantik untersucht und herausgefunden, daß sie sich im Takt mit dem Auftauchen von Sonnenflecken ändern. Auch Ballonmessungen der oberen Atmosphäre zeigten, daß sich dort die Temperatur mit den Sonnenzyklen ändert. Die größten Schwankungen treten dabei am unteren Rand der Stratosphäre auf. Lassen beschäftigte aufgrund seiner Erfahrungen mit der Davis See die Frage, ob es zwischen den von der Sonne hervorgerufenen Polarlichtern und der Ausdehnung des Eises in der Davis See einen Zusammenhang gibt. Das Leben in Grönland wird sehr nachdrücklich von der Eisbewegung im Nordatlantik bestimmt. Die Eisschollen fließen an der Ostküste Grönlands entlang bis zur Südspitze und gelangen von dort mit der warmen Strömung aus dem Nordatlantik in die Davis See.

In wärmeren Jahren schafft es das Eis nicht um das Kap Farewell herum. In kalten Wintern dringt es bis nördlich von Godhaab und noch weiter vor und macht das Leben für die Seeleute an der Küste beschwerlich, bis es im Sommer allmählich wieder abschmilzt.

Im Mittelalter hatte eine sich plötzlich bildende, undurchdringliche Eisbarriere die Wikinger auf ihren Entdeckungsfahrten in Grönland gefangengesetzt. Die wettergefestigten Grönländer überlebten, aber die Familien der Wikinger gingen zugrunde. Die gewaltigen Unterschiede der Eisbildung von Jahr zu Jahr und zwischen den Jahrzehnten ermutigten Lassen und Friis-Christensen, die Ausdehnung des Eises als Hinweis auf Klimaänderungen zu nutzen. Logbücher der Schiffe und Hafennotizen berichten über Ausdehnung und Dauer der Eisflächen in der Davis See. Seit 1821werden solche Informationen gewissenhaft gesammelt. Seit den siebziger Jahren stellen Satelliten Eisbeobachtungen zur Verfügung.

Eisschollen im Atlantik.
Sonneneinflüsse ändern von Jahr zu Jahr die Ausdehnung des Eises im hohen Norden um mehrere Millionen Quadratkilometer, was sich nachhaltig auf das Leben der Bewohner auswirkt.
John Noble/Wilderness

Die ältesten Berichte über Veränderungen auf der Sonne beziehen sich auf die Zahl der Sonnenflecken. Sie erreichen im Gesicht der Sonne alle elf Jahre einen Höhepunkt, um danach wieder abzuklingen. Wie Generationen von Forschern vor ihnen, stolperten die beiden Physiker über eine holprige Landschaft verschlungener Kurven. Ihr Ziel war es, das Auf und Ab der Sonnenzyklen mit den Änderungen der Eisausdehnung in der Davis See in Einklang zu bringen. Aber es ging hier zu wie an der Börse und das Auf und Ab konnte sie verrückt machen. Wenn sich die beiden Kurven einmal netterweise gleich verhielten, so konnte das sofort wieder durch eine Gegenbewegung gestört werden.

In den folgenden Jahren sahen sich Lassen und Friis-Christensen völlig unerwartet in die Rolle gedrängt, an weltweit führender Stelle die Vorstellung zu verteidigen, die Klimaerwärmung im 20. Jahrhundert gehe teilweise oder ganz auf Veränderungen in der Sonne zurück. Sie ließen sich damit auf einen für die Berufskarriere gefährlichen Kampf mit den einflußreichen Vertretern der Hypothese vom Treibhauseffekt ein. In den unsäglichen wissenschaftlichen und politischen Querelen fanden sie schließlich, ohne daß sie darum gebeten hätten, in einem dritten Wissenschaftler des Dänischen Meteorologischen Instituts Unterstützung. Aber Ende der achtziger Jahre war die Liebhaberei der beiden Physiker, einen überzeugenden Zusammenhang zwischen der sich ändernden Sonnenaktivität und den Klimaschwankungen auf der Erde feststellen zu können, so wenig erfolgversprechend wie alle anderen Versuche seit Herschels Tagen.

Temperatur der Meeresoberfläche. Die rotgrauen Bereiche im Indischen Ozean (Mitte rechts) und im engen Roten Meer zeigen Temperaturen von 29 ° C an. Es sind die höchsten Jahresmittelwerte, welche Infrarot-Messungen vom Satellit ERS-1 aus ergeben haben. Anscheinend verhindert ein natürlicher Thermostat den weiteren Anstieg der Seewassertemperaturen. Das kälteste Wasser erscheint hier mit Temperaturen um -2 °C lila.

ERS-1/ESA und ATSM/ Rutherford Appleton Laboratorium, Didcot UK.

Kapitel 2

KLIMAÄNDERUNGEN

Die offiziellen Klimatologen waren von dem Feuerwerk auf der Sonne nicht beeindruckt. Sie waren unter Führung von John Houghton vom Amt für Meteorologie des Vereinigten Königreichs zu emsig mit dem Beweis beschäftigt, daß vom Menschen erzeugtes Kohlendioxid (CO_2) den Treibhauseffekt verstärkt und das Klima beeinflußt. Beim Versuch, das Klimageschehen der Erde in komplizierten Modellen abzubilden, blieb ihnen wenig Zeit, nach Polarlichtern auszuschauen, zu komplex war die Arbeit an den größten verfügbaren Rechnern.

Die Sonnenexperten waren mit ihren Zweifeln an dieser regierungsübergreifenden Übung nicht allein. Aber die Hypothese vom zusätzlichen Treibhauseffekt hatte schon längst das Für und Wider der wissenschaftlichen Diskussion verlassen, als die USA 1988 ein extrem heißer und trockener Sommer heimsuchte. James Hansen vom Goddard Institut der NASA in New York sagte vor dem zuständigen US Senatsausschuß folgendes aus:

„1988 ist es auf der Erde wärmer gewesen als in irgend einem früheren Jahr, seitdem man mit Instrumenten mißt. Die Erwärmung des globalen Klimas hat inzwischen einen Grad erreicht, der uns erlaubt, Aussagen mit großer Wahrscheinlichkeit über ihre Ursachen und Auswirkungen zu machen."

Professor Richard Lindzen, ein skeptischer Meteorologe vom MIT in Cambridge Massachusetts, sieht in dem Zeugnis von James Hansen den Auslöser der Klimahysterie, wie er es nannte. Hansen schaffte es in die Schlagzeilen der Medien. Vizepräsident Al Gore, damals noch Vorsitzender des Senatsausschußes nannte den heißen Sommer 1988 „die Kristallnacht des Erwärmungsholocausts".

1989 kündigte die US-Bundesreigerung einem Kollegen von Professor Lindzen am MIT den Forschungsauftrag, weil seine Meßdaten für das vergangene Jahrhundert keine deutliche Erwärmung auswiesen. In der Beurteilung hieß es, solche Ergebnisse seien für die Menschheit gefährlich. Lindzen schrieb daraufhin eine Kritik der Hypothese von der globalen Erwärmung. Das „anerkannte" Magazin *Science* lehnte die Veröffentlichung mit der Begründung ab, diese Kritik sei für die Leserschaft „nicht interessant". Aber es veröffentlichte eine Kritik an diesem Artikel, noch bevor er von der Amerikanischen Meteorologischen Gesellschaft veröffentlicht wurde.

Auf einer Sitzung des Nationalen Forschungsrates der USA soll festgestellt worden sein, es gäbe für teure Maßnahmen gegen sogenannte Treibhausgase keine wissenschaftliche Begründung, und eine Unterabteilung dieses Rates soll behauptet haben, die USA könne selbst eine drastische Klimaerwärmung problemlos ertragen. Solche Aussagen gelangten, wie Lindzen feststellen mußte, nicht in die öffentlichen Medien, oder wurden von ihnen so umgekehrt, so daß selbst sie noch die Bedrohung durch eine Klimakatastrophe unterstützten.

Lindzen beteuerte, daß amerikanische Klimatologen Klimaänderungen vernünftig erörterten, und nur eine kleine Minderheit glaubte, eine vom Menschen verursachte Klimaerwärmung feststellen zu können. Aber die Diskussion war den Fachleuten schon längst aus den Händen geglitten.

Unter den 700 „Wissenschaftlern", die 1989 eine Bittschrift unterschrieben hatten, in der die Klimaerwärmung als die große Gefahr für die Menschheit dargestellt und eine Neubewertung der Kernenergie, die kein CO_2 freisetze, gefordert wurde, waren nur drei oder vier Klimatologen.

Die Zeitung *New York Times* veröffentlichte ihre Erklärung allerdings ohne den Absatz über die Kernenergie. Der Präsident der US Akademie der Wissenschaft fühlte sich verpflichtet, die durch die Mitgliedschaft ausgezeichneten Akademiker davor zu warnen, ihre Glaubwürdigkeit in einer Sache aufs Spiel zu setzen, von der sie keine besonderen Fachkenntnisse besäßen. Aber - wie gesagt - die Klimaerwärmung war schon längst ihren Händen entglitten.

„Wissenschaftler mögen nicht zustimmen", erklärte die Kongressabgeordnete Claudine Schneider „aber wir hören Mutter Erde weinen". Filmstars wie Barbara Streisand, Meryl Streep und Robert Redford reihten sich in den Kreuzzug gegen die Klimaerwärmung ein. Auf einer großen Anheizparty auf seiner Farm in Sundance im Staate Utah, forderte Redford, die Zeit der Forschung sei vorbei, jetzt müsse man zu Maßnahmen schreiten.

In Amerika mußte man besonders laut posaunen, weil dort viele Fachleute neben Lindzen die künstliche Klimaerwärmung anzweifelten. Außerdem meldeten die mächtigen Ölgesellschaften und andere Unternehmen schon aus wirtschaftlichen Gründen ihre Zweifel an. In England blieb die Sache dagegen fest in der Hand der Regierung. Sie hatte die drohende Klimaerwärmung bereits in das nationale Forschungsprogramm aufgenommen und führte die Diskussion auf internationaler Bühne an. In den achtziger Jahren gingen alle wichtigen politischen Initiativen in dieser Sache von Premierministerin Margaret Thatcher aus.

In ihren Memoiren *„Jahre in Downing Street"*, erzählt sie, wie der frühere britische Botschafter bei den Vereinten Nationen, Sir Crispin Tickell sie überredet hatte, eine größere Rede über die drohende Klimakatastrophe zu halten. Ort des Geschehens sollte im September 1988 die ehrenwerte Royal Society sein. Frau Thatcher verwies in diesem Zusammenhang auf das rasante Bevölkerungswachstum, die Zunahme an landwirtschaftlich genutzter Fläche und den Verbrauch fossiler Brennstoffe, die unseren Planeten in ein riskantes Experiment verwickelten.

Aber sie verlangte auch, daß sich alle Überlegungen, wie die Politik auf diese Vorgänge antworten solle, auf gute wissenschaftliche Untersuchungen über Ursachen und Wirkungen stützen sollten. Die versammelten Wissenschaftler wußten das zu schätzen. Nun rügte Frau Thatcher das mangelnde Interesse der Medien an dem, was sie vorbereitende Ankündigung nannte.

„Ich hatte mich, um meine Rede vorlesen zu können, darauf verlassen, daß das Fernsehen das Dämmerlicht der Fishmongers Hall ausleuchten würde," erinnerte sich Baronesse Thatcher später, „aber man mußte Kerzen auf den Tischen anzünden, damit ich sprechen konnte".

Aber keine Bange, das eigentliche Geschäft war hinter der Kulisse längst im Gang. Die Vorbereitungen hatte 1985 ein Wissenschaftlertreffen über die drohende Klimaerwärmung in Villach getroffen. Ihm folgten zwei größere Unternehmungen. Der Internationale Rat Wissenschaftlicher Vereinigungen lud 1986 zu einer Tagung Internationales Geo-Biosphären Programm nach Bern ein, um die interdisziplinäre Erforschung der globalen Veränderungen gegenseitig abzustimmen. Für die meisten Teilnehmer hieß „globale Veränderung" nur „Klimaerwärmung". Aber noch hatte man sich für wissenschaftliche Grundlagenforschung ausgesprochen.

Mehr politisches Gewicht hatte die Gründung des Intergovernmental Panel on Climate Change (regierungsübergreifendes Schiedsgericht über Klimaänderung), IPCC, das dem Umweltprogramm der UNO und der Meteorologischen Weltorganisation (WMO) unterstand. Das IPCC begann 1988 zu arbeiten und legte 1990 seinen ersten Bericht vor. Man hatte die Arbeit auf Gruppen verteilt. Die wichtigste Gruppe I war für die wissenschaftliche Beurteilung verantwortlich.

Die britische Premierministerin wies die Ministerien für Umwelt und Energie an, das Meteorologische Amt Englands mit den erforderlichen finanziellen Mitteln auszustatten, damit es sich den führenden Einfluß in der Arbeitsgruppe I des IPCC sichern konnte. Die internationale Gemeinschaft stimmt zu, Sekretariat und technischen Apparat des IPCC in diesem Amt in England einzurichten. Die Kerngruppe des Amtes stellte die Mannschaft und übernahm die Endredaktion der vielen Beiträge von Wissenschaftlern aus aller Welt.

John Houghton, Hauptgeschäftsführer des Meteorologischen Amtes, übernahm den Vorsitz der Arbeitsgruppe I des IPCC. Er gehört zu jenen Engländern mit genialen Umgangsformen, die dann auftreten, wenn die Wissenschaft in der internationalen Arena wichtige Aufgaben übernehmen soll. Als Vorstand der Abteilung Atmosphärenphysik der Universität Oxford hatte Houghton in den siebziger Jahren raffinierte Instrumente für die Satelliten der Nimbus Serie entwickelt. Er war ein Pionier im Bemühen, vom Satelliten aus Zusammensetzung und Temperatur der Erdatmosphäre zu messen. Er war auch Verfasser gängiger Lehrbücher auf dem Gebiet der Infrarotphysik, der Physik der Erdatmosphäre und der Fernerkundung der Atmosphäre.

Im Dienst der Regierung hatte Houghton zuerst das Rutherford Appleton Institut umorganisiert und zum Zentrum der britischen Raumforschung gemacht. Seit 1983 leitete er das Meteorologische Amt Englands. Er ließ die Programme, nach denen die Großrechner täglich Wettervorhersagen errechneten, so umprogrammieren, daß sie zu Klimaberechnungen taugten. Daher verfügte bei Gründung des IPCC außerhalb der USA nur das Meteorologische Amt Englands über Großrechner und Programme, mit denen sich das Klimageschehen in Modellen abbilden und berechnen ließ.

Mehr als irgend jemand sonst auf der Welt bemüht sich Houghton, dem Glauben an die künstliche Klimaerwärmung und die Notwendigkeit, den Ausstoß von CO_2 und anderer sogenannter Treibhausgase zu mindern, eine wissenschaftliche Grundlage zu geben. Als Vorsitzender der offiziellen Arbeitsgruppe des IPCC übernahm er es, die Forschungsergebnisse zu sichten, zu vergleichen und ihre Bedeutung für die Politik herauszustellen.

Sein Sendungsbewußtsein gab ihm Kraft, zahllose Reisen um die Welt und überall heiße Diskussionen mit wissenschaftlichen und politischen Skeptikern durchzustehen. Houghton schrieb darüber: „Das klare Verständnis unserer Verantwortung und Möglichkeiten und das Vertrauen auf Gottes Gegenwart und Wahrhaftigkeit macht zusammen unseren Dienst für die Erde zu einer erregenden und herausfordernden Aufgabe".

Houghton war damit aber noch nicht zum Hauptwissenschaftler der Erde in Sachen Klima ernannt worden. Diese Rolle übernahm ein liebenswürdiger und angesehener Klimatologe aus Stockholm, Bert Bolin. Als Vorsitzender des gesamten IPCC hatte er die Ergebnisse der Arbeitsgruppe Houghtons und der Arbeitsgruppen, die sich mit den Auswirkungen der Klimaänderungen und deren Folgen für die Politik beschäftigen sollten, zu sichten und zu verwalten.

Grausamkeit der Klimaänderung. Afrika wird, wie hier vor allem in der Sahelzone südlich der Sahara, seit 1980 häufig von Perioden der Trockenheit heimgesucht. Als tödlichste unter den Naturkatastrophen fordert die Trockenheit seit 1967 mehr als eine Million Todesopfer.

W. Wisniewski / FLPA

Als Bolin zum Mister Treibhauseffekt der Welt ernannt wurde, war er sich der Ironie dieser Ernennung bewußt. Denn vor zwanzig Jahren hatte er niemanden von seiner Hypothese überzeugen können, daß sich die Erde aufheize. Er glaubte, der CO_2-Gehalt der Luft werde als Folge menschlicher Tätigkeit rasch steigen. Nach den erwähnten physikalischen Überlegungen würde das CO_2 die Infrarotstrahlung der Erde teilweise zurückhalten, so daß sich die Erde wie ein Glashaus aufheizt. Läßt weiterer Brennstoffverbrauch den CO_2-Gehalt ansteigen, könnte das bedenkliche Folgen haben. Bolin hatte damals bei den beamteten Meteorologen und denen, die über nationale Forschungsprogramme zu entscheiden hatten, für seine Warnungen Hohn und Spott geerntet. Nun saßen ihm deren Nachfolger ehrfürchtig zu Füßen. „Nicht nur die Kenntnisse müssen sich ändern", bemerkte Bolin dazu, „sondern wie die Menschen auf sie reagieren".

Um zu verstehen, warum sich das Geschick Bert Bolins änderte, muß man etwas über die Hintergründe der Klimaänderung und entsprechende Erklärungsversuche wissen. Als Bolin in den sechziger und siebziger Jahren von Klimaerwärmung redete, glaubten die Klimatologen eine Abkühlung der Erde zu erkennen und brachten sie mit der furchtbaren Trockenheit in Afrika und der Ausdehnung der Eis- und Schneefallzonen in Verbindung.

Menschliche Einflußmöglichkeiten auf das Klima suchte man bei Industriestäuben und vermehrtem Landbau. Die zusätzlichen Aerosole sollten die Sonneneinstrahlung vermindern und zur Wolkenbildung beitragen. Dadurch erkannte man Möglichkeiten, auf das Klima Einfluß auszuüben. So kam die Klimageschichte in Mode und mit ihr allerlei Warnungen vor möglicher Klimabeeinflussung.

Bei Noahs Sintflut soll es sich im Jahr 2900 vor Chr. um den Anstieg des Meeresspiegels gehandelt haben, was sich in vielen Teilen der Welt erkennen läßt, und was auf eine Klimaerwärmung zur damaligen Zeit hindeutet. Damals soll die Klimaerwärmung ihren höchsten Stand nach der letzten Eiszeit vor rund 8000 Jahren erreicht haben. Um 2500 vor Chr. begann die Sahara allmählich auszutrocknen, was die Nomadenstämme vertrieb. Sie ließen Felszeichnungen von Rinderherden an den Felswänden mitten in der Wüste zurück. Um 2100 vor Chr. kühlte sich das Klima weiter ab. Der übliche Monsunregen im Industal blieb aus und ließ die Harappankultur untergehen.

Später, um 1628 v. Chr. explodierte vor der griechischen Küste die Insel Santorin und überzog die Insel Kreta mit einer 5 cm dicken Schicht Asche. Der Staub bedeckte den Himmel. Das löste für einige Jahre einen vulkanischen Winter aus. In Nordamerika zeigten sich an den Bäumen Frostschäden und der jährliche Waldzuwachs sank in Irland auf die Hälfte. Die Klimageschichte weiß von anderen größeren Vulkanausbrüchen mit ähnlichen Folgen für das Wachstum der Wälder. Die damit verbundenen menschlichen Leiden und Aufstände beschäftigen die Historiker. Auch die paradoxen Namen, welche die Wikinger auf ihren Entdeckungsfahrten Grönland oder Island gaben, lassen langfristige Klimaänderungen erkennen. Island (Eisland) war natürlich viel grüner als Grönland. Als sich 865 nach Chr. ein gewisser Norseman dort niederlassen wollte, brachte das vordringende Eis seine Herden um und vertrieb ihn von der Insel. Er kehrte zurück und schimpfte auf die Eisinsel. Aber um 985 war Island längst bewohnt und Kolonisten drangen weiter bis zum viel eisigeren Grönland vor. Der Name wurde verbreitet, um mehr Siedler ins Land zu locken. Aber das Klima war damals viel wärmer als jemals wieder. Die Wärmeperiode um 1000 nach Chr. begünstigte nicht nur die Entdeckungsfahrten der Wikinger, sondern brachte auch der übrigen Welt eine Periode wachsenden Wohlstands. Das läßt sich unter an-

Nächste Seite oben: Verlorenes Weideland. Felsmalereien der Tassili um 2500 vor Chr. im Inneren der Sahara zeigen Hirten, die ihre Herden weiden, als das Klima dort noch viel feuchter war.

Walter Grundwald / AKG London

Unten: Die Hohe Zeit der Wikinger. Ein Steinrelief in Gotland erinnert an die Seefahrer, welche die Klimaerwärmung zu Entdeckungsfahrten, Überfällen und Besiedlungsunternehmen nutzten. Sie begannen damit im 8. Jahrhundert nach Chr., als sich die Sonne in einem manischen Zustand befand.

AKG London

Vor der Klimaerwärmung. Um 1890 war es durchschnittlich 0,5 Grad kälter als heute. Wie sich an der geringen Anzahl von Sonnenflecken zeigt, war die Sonne träge. (Vgl. Bilder auf Seite 35).

Royal Meteorological Society, Bracknell

derem an dem beachtlichen Bevölkerungswachstum in China und Europa ablesen.

Der Übergang vom Mittelalter zur Neuzeit wurde durch drastische Klimaschwankungen geprägt. Klimahistoriker nannten die Zeit zwischen 1300 und 1850 die kleine Eiszeit. In dieser Zeit wurde es in großen Teilen der Erde kälter. Von dem Elend, das damit für die Menschen verbunden war, über Hungersnöte und Aufstände berichten zahlreiche Dokumente. Aber in die Periode fielen auch wärmere Jahre.

Regionale Unterschiede erschweren das allgemeine Bild dieser Zeit. Kälteperioden herrschten auf der nördlichen Halbkugel um 1500, 1620, 1700 und 1810. Wärmeperioden hatten um 1470, 1550, 1650, 1770 und 1870 ihren Höhepunkt. Der Winter von 1883 auf 1884 scheint in England - so weit man weiß - der kälteste seit der letzten Eiszeit vor 10000 Jahren gewesen zu sein.

Nach dem Kälteeinbruch um 1890 scheint sich das Landklima auf der Nordhalbkugel wieder erwärmt zu haben, bis 1940 der Höhepunkt überschritten war. In den fünfziger Jahren wurde es wieder kälter. Die Gründe dafür sind umstritten. Noch in den siebziger Jahren verdächtigten die Klimatologen vor allem die Sonne.

Jack Eddy von Boulder, Colorado fiel an der kleinen Eiszeit der letzten Jahrhunderte auf, daß ihre kälteste Periode in die Zeit um 1700 fiel, als die wenigsten Sonnenflecken gezählt wurden. Die Zeit von 1645 bis 1715 gilt als Maunder Minimum. Es erhielt seinen Namen nach dem britischen Wissenschaftler Walter Maunder. Er hatte am Ende des 19. Jahrhunderts aus Überlieferungen herausgelesen, daß die Sonne damals nur geringe Aktivitäten erkennen ließ. 1976 erklärte

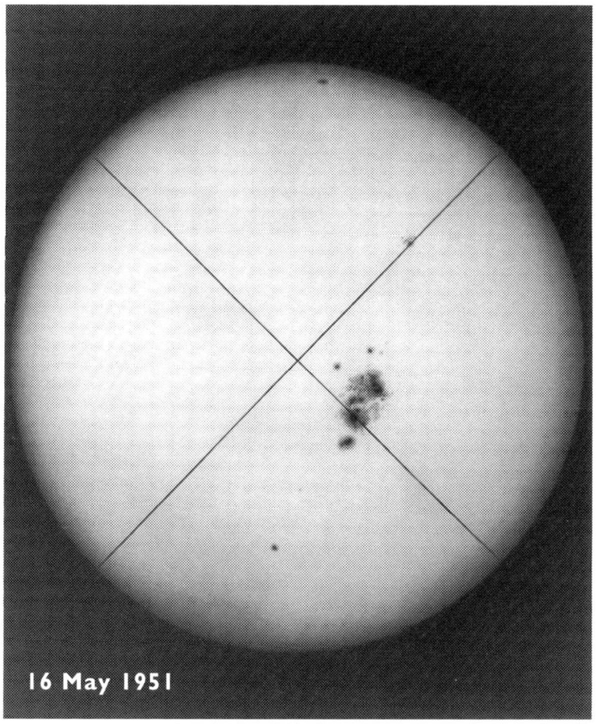

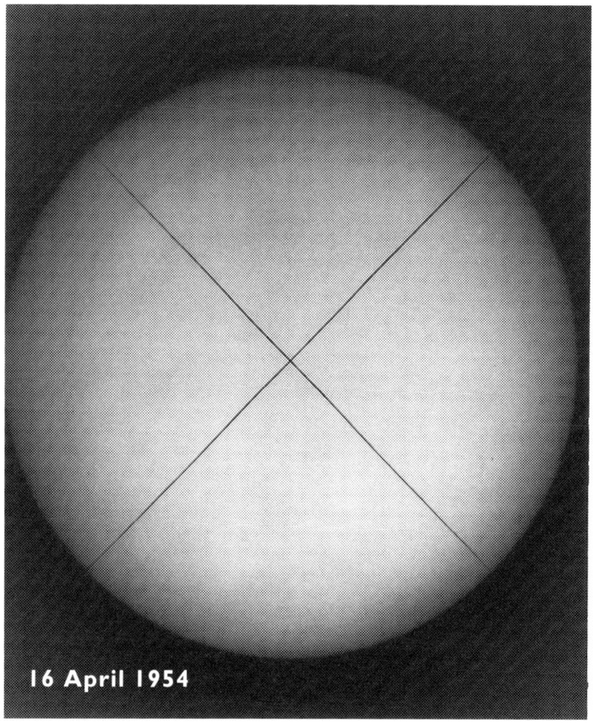

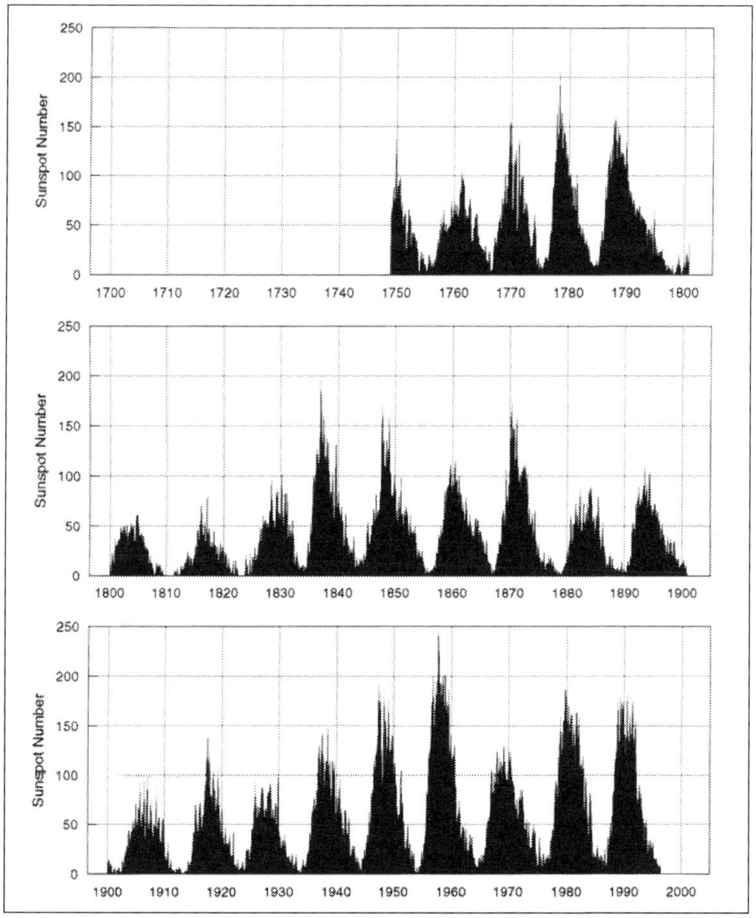

Oben: Eine geheimnisvolle Botschaft. Was soll es bedeuten, wenn die Sonne (links) eine Reihe von Flecken oder (rechts) gar keine zeigt? Seit hundert Jahren photographiert das Observatorium in Greenwich regelmäßig die Sonnenflecken. Generationen von Wissenschaftlern stritten darüber, was sie zu bedeuten haben, woher sie rühren und ob und wie sie das Wetter beeinflussen.

Royal Greenwich Observatory, London

Links: Der Sonnenzyklus. Die Sonne wechselt in einem Zyklus von 11 Jahren zwischen sichtbarer Aktivität und scheinbarer Ruhe entsprechend der Anzahl sichtbarer Sonnenflecken. Der Zyklus geht auf die Beobachtungen des Amateurs Heinrich Schwabe aus Dessau zurück, der den Zyklus 1843 zum ersten Mal festgestellt hatte. Einige Jahre später einigte man sich in Zürich darauf, wie und was als Sonnenflecken zu zählen sei. Damit sind inzwischen weltweit einige Duzend Observatorien beschäftigt.

National Geophysical Data Centre/ NOAA, Boulder Colorado

Eddy die Abkühlung um 1700 damit, daß damals die Strahlungsenergie der Sonne vorübergehend nachgelassen hat.

Die Annahme, daß ein ungewöhnliches Sonnenverhalten an der kleinen Eiszeit schuld gewesen sei, unterstützen auch ganz andere Beobachtungen. Man hatte im Holz dieser Zeit ungewöhnlich hohe Ablagerungen von radioaktivem Kohlenstoff (C14) festgestellt. Aufgrund der kosmischen Strahlung hatten sich in der Atmosphäre radioaktive Kohlenstoffatome gebildet. Der hohe Gehalt dieser Isotopen in der Luft deutet darauf hin, daß die Sonne während des Maunder Minimums gedöst und so versäumt hatte, die kosmische Strahlung abzubremsen. Weitere Kommentare erschienen zum Thema Sonnenflecken und ihr Einwirken auf das Klima. Die Forscher versuchten die regulären Klimaschwankungen mit dem Rhythmus der Sonnenzyklen in Einklang zu bringen. Ein besonders quälender 88 Jahreszyklus der schwankenden Sonnenaktivität ließ sich anhand der Anzahl von Sonnenflecken pro Sonnenzyklus erkennen. In den nächsten 20 Jahren beherrschten Eddys Überlegungen über die Beziehung zwischen dem Maunder Minimum und der kleinen Eiszeit die Untersuchungen derer, die Klimaschwankungen über die Jahrhunderte mit den Schwankungen der Sonnenaktivität erklären wollten.

Natürlich verlangte nicht jede Klimaschwankung eine äußere Erklärung. Die natürlichste Erklärung für eine Klimaveränderung war der El Niño Effekt. Er wurde nach dem Christkind benannt, weil er gewöhnlich um die Weihnachtszeit auftritt. Es handelte sich um eine kaum verstandene Richtungsänderung des kalten Humboldtstroms, die alle paar Jahre wärmere Gewässer in den östlichen Pazifik eindringen läßt. 1973 ruinierte ein solcher El Niño die Sardellenfischerei vor der Küste Perus, weil er die Fische vertrieben hatte. Der El Niño scheint weitreichende Auswirkungen auf das Wetter in anderen Teilen der Erde zu haben.

Die Abkühlung Mitte der fünfziger Jahre hat bei den Klimatologen in den siebziger Jahren die beklemmende Angst vor einer heraufziehenden Eiszeit ausgelöst, die Kanada und Skandinavien unter eine Kilometer dicke Eisdecke begraben könnte. Spuren schwerer Sauerstoff-Isotope in alten Fossilien und in Staubablagerungen, auf die man in der Tschechoslowakei gestoßen war, zeigten, daß in den letzten zwei Millionen Jahren mehr als die vier oder fünf Eiszeiten aufgetreten waren, von denen die Lehrbücher berichteten. Die warmen Zwischeneiszeiten hatten in der Regel etwa 10.000 Jahre gedauert und die gegenwärtige Warmzeit war bereits gut 10.000 Jahre alt.

Die wissenschaftliche Klimatologie kam ein gutes Stück voran, als sich Mitte der siebziger Jahre bestätigte, daß das Kommen und Gehen von Eiszeiten mit Änderungen im Umlaufverhalten der Erde um die Sonne zusammenhing. Die Idee hatte vor gut hundert Jahren der schottische Pförtner James Croll. Sie wird aber wegen der neueren Begründung dem Ingenieur Milutin Milankowitch aus Jugoslawien zuerkannt, der sie 1920 vorgetragen hat.

Die Schwerkraft der Sonne und der anderen Planeten verändert die Erdbahn um die Sonne in einer Periode von rund 100.000 Jahren. Die Veränderungen fallen astronomisch wenig ins Gewicht; für das Klima sind sie wichtig, sofern sie den Abstand der Erde von der Sonne betreffen. Schon die nahezu kreisförmige Umlaufbahn der Erde läßt die Strahlungsintensität der Sonne am Erdboden zwischen Januar und Juli um 7 Prozent schwanken. Die Achsenlage der Erde ändert sich in einer Periode von 19.000 bis 23.000 Jahren, so daß die Jahreszeiten an unterschiedlichen Stellen der Umlaufbahn auftreten. Schließlich weiß man, daß die Erde wie ein Schiff im Wellengang schlingert. Dabei pendelt der Neigungswinkel der Erdachse zur Umlaufbahn um die Sonne um nahezu 3°. Das geschieht in einer Periode von rund 41.000 Jahren.

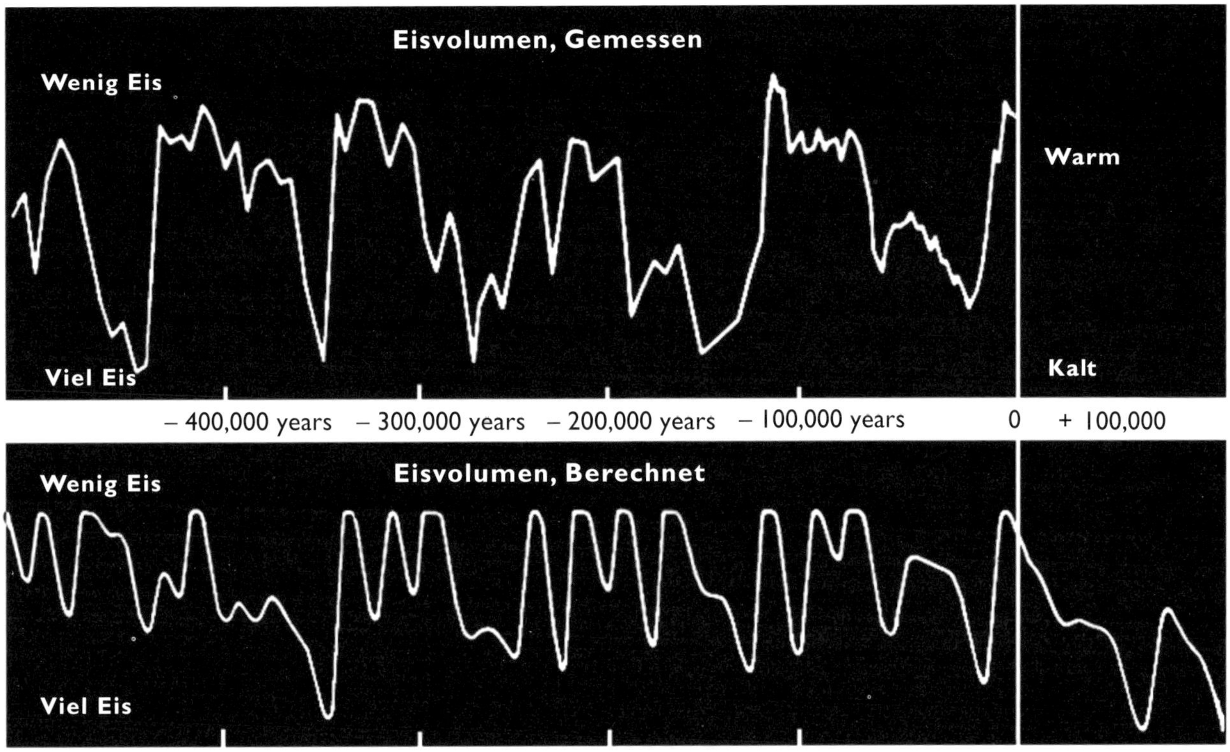

Eiszeiten, gemessen und berechnet. Die obere Kurve gibt an , wie die Eismenge auf der Erde in den letzten 500.000 Jahren zu- und abgenommen hat. Die Werte ergeben sich aus dem Nachweis schwerer Sauerstoffisotope in den fossilen Ablagerungen am Grund des Stillen Ozeans. Die untere Kurve gibt die Veränderung der Eismenge an, wenn man sie aufgrund des Umlaufverhaltens der Erde um die Sonne berechnet. Rechnet man entsprechend für die Zukunft weiter, ergibt sich wieder eine Eiszeit.

Nach N. J. Shackleton und N. D. Opdyk, 1973 und N. Calder 1974

Solche Vorgänge verändern die Beziehung zwischen Sonne und Erde, ohne daß sich die Sonnenaktivität ändern muß. Wenn man alle diese Abweichungen der Erde in einer Graphik zusammenfaßt, erhält man eine Kurve, die recht genau mit den Schwankungen des Eispanzers der Erde übereinstimmt. Das erklärt zum Beispiel auch, warum die Eiszeiten von kurzen Wärmeperioden unterbrochen werden. Eiszeiten hängen demnach weitgehend davon ab, wie hoch auf der Nordhalbkugel die Sonne im Sommer steht. Steigt die Sonne dort im Sommer nicht hoch genug auf, oder ist die Erde in dieser Jahreszeit gerade am weitesten von der Sonne entfernt, kann sie den im Winter gefallenen Schnee nicht ganz abschmelzen, und der Schneefall sammelt sich über die Jahre zu einer mächtigen Eisschicht an.

Auf weniger Gegenliebe stieß dagegen die Erkenntnis, daß eine dicke Eisschicht normal ist. Nur gelegentlich erlauben günstige Umstände im Umlaufverhalten der Erde, daß die Erde im Nordsommer der Sonne relativ nahe kommt und die Sonne dann auch besonders hoch am Himmel steht. Dann schmelzen in den relativ warmen Sommermonaten die Eispanzer ab, ohne daß der Schneefall im Winter den Eisverlust wettmachen kann. So geschah es am Ende der letzten Eiszeit. Inzwischen hat sich der Sonnenschein im Juli auf der Nordhalbkugel wieder abgeschwächt und die Erdachse richtet sich gegenüber der Umlaufbahn wieder etwas auf, wodurch der Sonnenstand im Nordsommer an Höhe verliert.

Im entscheidenden Bereich 60 Grad nördlicher Breite, also zwischen Ostsee und Hudson Bay, wo die Eisschilde während der Eiszeit am dicksten waren, hat das Sommersonnenlicht seit dem Ende der letzten Eiszeit wieder um rund 7 Prozent abgenommen und nimmt langsam weiter ab. Demnach naht die nächste Eiszeit oder ist - wie einige sagen - schon längst überfällig. Aber in Entwicklungszeiträumen von Tausenden von Jahren sind auch relativ lange Abweichungen vom allmählichen Rückgang der Temperatur, wie sie sich seit Mitte des 20. Jahrhunderts ankündigt, möglich.

Viel wahrscheinlicher, weil entsprechende Ereignisse im Rahmen von Jahrhunderten ablaufen, ist, daß uns als Folge geringerer Sonnenaktivität eine neue kleine Eiszeit droht. Seit so etwas zum letzten Mal geschah, hat sich die Bevölkerung beträchtlich vermehrt, so daß die Nahrungsmittelversorgung knapp werden kann. Die Hungerkatastrophe im Gefolge der Trockenheit in der Sahelzone Anfang der siebziger Jahre läßt erkennen, daß selbst in unserer modernen Welt Klimaveränderungen mit Not und Tod einhergehen. Man hatte schon überlegt, Ruß auf das arktische Eis zu streuen, um es dadurch abzuschmelzen und eine Abkühlung zu verhindern, oder riesige Spiegel auf einer Erdumlaufbahn anzubringen, um dadurch den Sonnenschein zu unterstützen.

Alle diese Überlegungen wurden hinfällig, als es Ende der siebziger Jahre wieder wärmer zu werden begann. In den achtziger Jahren erreichte die Durchschnittstemperatur wieder den Höchststand der vierziger Jahre. Am Ende des Jahrzehnts lag sie sogar etwas darüber. Unter diesen Umständen begann man die Behauptungen Bert Bolins und anderer, daß anthropogenes CO_2 die Erde aufheizen würde, wieder ernster zu nehmen. Ein geistiges Umdenken war ebenfalls hilfreich. Es ging mit der Erkenntnisse einher, daß die von Milankovitch entdeckten Unregelmäßigkeiten der Erdbahn das Kommen und Gehen der Eiszeiten erklären konnten. Das Klima reagiert demnach sehr empfindlich auf bestimmte äußere Anstöße. Das widersprach nämlich der hartnäckigen Meinung, das Klima ändere sich aus sich selbst heraus. Das komplizierte System des Erdklimas hielt außer dem El Niño Effekt viele Einflußmöglichkeiten bereit, die zusammen Trends oder Schwankungen ergeben, die auch vom Menschen beeinflußt werden konnten.

Die Vorstellung, Menschen könnten das Klima aus Versehen verändern, geht auch auf ältere Versuche zurück, das Wetter oder auch Klima absichtlich zu beeinflussen. 1950 war der Ozeanograph Roger Revelle aus La Jolla in Kalifornien ganz begeistert von der Idee, Wirbelstürme dadurch zu verhindern, daß man die Oberfläche des Meeres mit weißem Aluminiumstaub bestreut. Der sollte das Sonnenlicht stärker reflektieren und so dem Wirbelsturm die Energie entziehen. Der gleiche Revelle nannte den CO_2-Eintrag in die Atmosphäre ein unumkehrbares geophysikalisches Experiment und gab damit Treibhauswissenschaftlern und -politikern das Stichwort.

Die Theorie, daß sogenannte Treibhausgase zur Klimaerwärmung führen können, lag bereit und wartete darauf, beachtet zu werden. Gut 25 Jahre, nachdem Herschel das Infrarotlicht entdeckt hatte, gab der vielseitige Mathematiker und Sekretär der Akademie der Wissenschaften in Paris dieser Entdeckung Gewicht. Jean Baptiste Joseph Fourier war aufgefallen, daß einige Gase der Luft die Infrarotstrahlung, die ins All abgestrahlt wird, absorbieren können. Fourier verglich die Wirkung dieser Gase mit den Fenstern eines Treibhauses, die das Sonnenlicht herein aber die Wärme nicht hinauslassen. Daher stammt die Bezeichnung „Treibhauseffekt“.

Astronomen und Meteorologen kam sehr gelegen, daß das Leben weitgehend vom sogenannten Treibhauseffekt abhängig sein sollte. Ohne die Fähigkeit von CO_2 und Wasserdampf, Wärme festzuhalten, müßte die Erde nach ihrer Berechnung zu einem Eisklumpen erstarren. Nach unterschiedlichen Überlegungen sollte die durchschnittliche Erdtemperatur ohne den Treibhauseffekt zwischen -34° und -6 ° C liegen, tatsächlich werden aber rund +15 ° festgestellt. So lebenswichtig der Treibhauseffekt war, er konnte leicht des Guten zu viel tun. Um 1890 kam der schwedische Wissenschaftler Svante Arrhenius nach umständlichen Berechnungen zu dem Schluß, daß die durchschnittliche Erdtemperatur um 5 bis 6° steigen würde, wenn die Atmosphäre doppelt soviel CO_2 enthielte wie bisher.

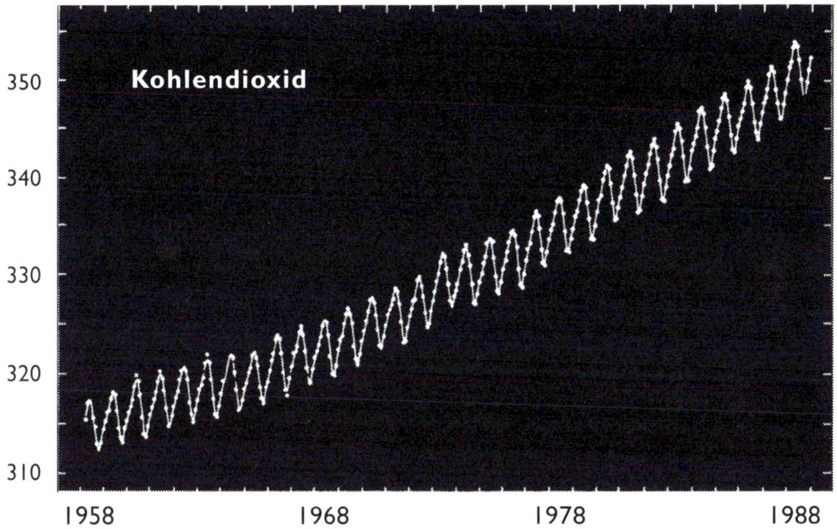

Als Inhaber von Arrhenius' Lehrstuhl in Stockholm wärmte Bolin nicht nur die Theorie vom Treibhauseffekt wieder auf, sondern grübelte auch über den CO_2-Austausch zwischen Luft, Wasser, Lebewesen und Gestein nach. Hinzu kam nun noch das CO_2 aus dem Verbrauch fossiler Brennstoffe und der Brandrodung.

1958 empfahlen Revelle und andere dem US Wetterdienst, in der Antarktis und am Vulkan Mauna Loa auf Hawaii die Schwankungen des CO_2-Gehalts der Luft zu beobachten. Entsprechende Kurven steigen und fallen jedes Jahr je nach Jahreszeit im Atemrhythmus der Vegetation vor allem auf den Landmassen der Nordhalbkugel. Als sich ein gewisser Aufwärtstrend zeigte, schrillten die Alarmglocken in Sachen Klimaerwärmung. Bolin hatte vom Flugzeug aus CO_2 gemessen, um seine Theorie zu bestätigen. Alle diese Untersuchungen ergaben, daß der CO_2-Gehalt der Luft im Jahrzehnt um bis zu 2,5 Prozent angestiegen war.

Großrechner konnten die Berechnungen, mit denen sich Arrhenius noch herumgeplagt hatte, einfacher ausführen. Weitsichtige Meteorologen hatten schon immer davon geträumt, das morgige Wetter aus den Daten des heutigen zu errechnen, anstatt auf das Einfühlungsvermögen erfahrener Leute angewiesen zu sein. Das wurde erst möglich, als Großrechner die anfallende Datenmenge schneller bewältigen konnten, als sich das Wetter änderte. Hinzu kam ein schnelles Übertragungssystem, um damit die von den Computern benötigten Daten weltweit austauschen zu können.

Die Meteorologen krempelten dann noch ihre Modelle um, die bis dahin das globale Wetter aus den lokalen Wetterereignissen bestimmt hatten. Das erlaubten ihnen die Wettersatelliten, die zuerst einen Überblick über globale Wolken- und Wetterbewegungen liefern. Mit Hilfe der Satelliten ließen sich auch lokale Wetterereignisse wie Gewitter und Wirbelstürme vorhersagen, die bisher meistens, weil sie lokal sind, durch das weitmaschige Netz der Wetterstationen schlüpften. Die Schwäche der Modelle, den Wolken gerecht zu werden, wurde bald zu einem hartnäckigen Problem.

Aber bei der täglichen Wettervorhersage übertrafen die Computer bald das Einfühlungsvermögen der Meteorologen, und die Witzbolde hörten auf, über die Wettervorhersagen zu spotten.

Oben links: Der CO_2-Gehalt der Luft in Millionstel Volumeneinheiten. Am Vulkan Mauna Loa auf Hawaii nahm das Gas in drei Jahrzehnten um 12 Prozent zu. Die jährlichen Tiefpunkte ergeben sich, weil die Pflanzen vor allem auf der Nordhalbkugel CO_2 für ihr Wachstum im Sommer verbrauchen.

Nach Klimawandel 1990 des IPCC, C. D. Keeling und andere

Oben rechts: Atemanalyse beim Planeten. Hoch auf dem Berg in Hawaii wird die reine Höhenluft des Stillen Ozean mit einem Rohr angesaugt, um sie auf ihren CO_2-Gehalt zu untersuchen. Als das US Amt für Ozean und Atmosphäre am Mauna Loa steigende CO_2-Gehalte feststellte, löste das Angst vor einer drohenden Klimakatastrophe aus.

Alec Nisbett

Natürlich kamen noch Fehler vor. So mißlang es im Oktober 1987 in England, einen größeren Sturm anzukündigen. Das ist eher Anlaß, nach den Fehlern zu suchen, statt über die Wetterfrösche die Nase zu rümpfen.

Sollen die Computer das Wetter länger als eine Woche vorausberechnen, entfernen sie sich zu weit von der Realität, um noch ernst genommen zu werden. Sie errechnen dann Luftdrücke oder Hitzewellen, die es bisher noch nie gegeben hat. Die Theorie nimmt solche Rechengebilde aber ernst. Man müsse, sagt sie, die Modelle nur lange genug rechnen lassen, damit sich die Schwankungen ausgleichen. Auf diese Weise soll sich - jedenfalls theoretisch - ein realistisches Bild der Klimaentwicklung ergeben.

Auf diese Weise lassen sich dann auch Auswirkungen irgendwelcher Veränderungen auf das Klima vorherberechnen. Man konnte zum Beispiel den CO_2-Gehalt der Luft verdoppeln und sehen, was der Computer daraus errechnet. Solche Rechenergebnisse dienen als Grundlage für international verbindliche politische Entscheidungen darüber, wie mit dem CO_2-Anstieg in der Luft umzugehen sei.

Natürlich hatten viele Fachleute wegen der vereinfachten rechnerischen Abbildung der komplizierten Prozesse Bedenken, vor allem auch deshalb, weil man dazu die physikalischen Vorgänge im Klimasystem der Erde vereinfachen mußte. Kritiker meinten, die Wissenschaft müsse noch einen langen Weg der Forschung zurücklegen, ehe sie sinnvolle Klimavorhersagen wagen könne. Zum Beispiel wußte man noch wenig über die Entstehung und die Auswirkungen der Wolken. So konnte Erwärmung zu vermehrter Wolkenbildung führen und diese der Erwärmung entgegenwirken.

Von Anfang an störten die Wolken in den Klimamodellen. Die Pioniere der Modellrechnungen hatten noch freimütig zugestanden, daß eine geringfügige Vermehrung der Wolken die Erwärmung wieder aufheben könnte, fügten aber an, daß dementsprechend die Verringerung der Wolkendecke die Erwärmung auch verstärkt. Wäre es nicht angemessen, die Beobachtungen so lange fortzusetzen, bis das Wolkenproblem in den Modellen und Hochrechnungen gelöst ist, und erst dann politische Maßnahmen international durchzusetzen, wenn sich das als notwendig erweist?

Gegen die Haltung des Abwartens wurde eingewandt, daß die in den neunziger Jahren geplanten Kraftwerke bis weit ins 21. Jahrhundert CO_2 abgeben würden. Gegen den Einwand, eine zu früh verhängte Emissionskontrolle könne sich später als unnötig erweisen, hieß es moralisierend: Die Leute gingen ohnehin viel zu leichtfertig mit den fossilen Brennstoffen und den Wäldern um. Es sei nur vorteilhaft, wenn Leute aus Klimaangst Rohstoffe sparen und Umweltverschmutzungen vermeiden. Viele Leute, auch Kritiker der Modellrechnungen, ließen sich von solchen Begründungen überzeugen. Aber das hatte mit Wissenschaft und Klimaänderung nichts zu tun.

Um sicher zu gehen, daß die Vorhersagen ernst genommen werden, wollte man die Wissenschaftlergemeinde möglichst vollständig und weltweit hinter sich scharen. Beim ersten Anlauf in den Jahren 1988 bis 1990 ließen sich 170 Wissenschaftler aus 25 Ländern für die Mitarbeit im IPCC, das John Houghton vom Meteorologischen Amt in Bracknell unterstand, gewinnen. Es sollte einen überzeugenden Bericht vorlegen, um die Politiker tätig werden zu lassen.

Bolin, Houghton und ihre Mitarbeiter gingen davon aus, daß die Zunahme des CO_2 und anderer Treibhausgase für die Klimaerwärmung zu Beginn des Jahrhunderts verantwortlich ist, und diese weiter antreibt.

Das geringfügige Auf und Ab der Temperaturkurven lag noch immer im Bereich natürlicher Schwankungen, und vor größeren „Überraschungen" war man nie sicher. Trotzdem ließ die Gruppe der Offiziellen zielbewußt nur den Treibhauseffekt gelten.

Die Idee des verstärkten Treibhauseffekts fanden die Wissenschaftler recht überzeugend. Bei der geringen Beweislage im Jahr 1989 war das sogar verständlich. Noch zehn Jahre zuvor hatte man für Klimaschwankungen eine Menge unterschiedlicher Erklärungsversuche bereitgehalten. Nun übersah man sogar, daß der vom Menschen ebenfalls erzeugte Staub doch der künstlichen Klimaerwärmung entgegen wirkt. Der Sonne, die früher eine so glänzende Rolle in der Klimatologie gespielt hatte, widmete der 365 Seiten lange Bericht des IPCC ganze drei Seiten.

Ganz übergehen konnte man das Himmelslicht nicht, denn Frederick Seitz, der ehemalige Präsident der Akademie der Wissenschaften in den USA, hatte zu bedenken gegeben, daß die Sonne möglicherweise gerade eine kleine Eiszeit vorbereite, die dem Treibhauseffekt entgegenwirke. Das kann nicht sein, sagten die Verfasser des Berichts. Die größtmöglichen Änderungen der Sonnenstrahlung würden von den Auswirkungen des CO_2 weit überboten, meinte Houghtons Gruppe.

Die Klimaberechnungen stützten sich auf die durchschnittliche Energieeinstrahlung am Erdboden, gemessen in Watt pro Quadratmeter (w/m2). Im Weltraum betrug die Energiedichte der Sonne auf Höhe des mittleren Erdabstandes rund 1370 w/m2. Um die Krümmung der Erde und die Tatsache in Betracht zu ziehen, daß jeweils nur die halbe Erdkugel beschienen wird, teilte man diesen Betrag einfach durch vier. Ferner berücksichtigte man, daß etwa ein Drittel der einfallenden Energie beim Durchdringen der Atmosphäre von Wolken, Staubteilchen und den Luftmolekülen zurückgestrahlt wird. So blieben 235 w/m2 übrig, um die Erde zu erwärmen.

Für eine Klimaänderung reichte eine weit geringere Energiedichte aus. Der Anstieg des CO_2-Gehalts der Atmosphäre seit Beginn der industriellen Revolution um möglicherweise 25 Prozent sollte die Strahlungsenergie um etwa 1,5 w/m2 steigern. Die größte denkbare Änderung der Strahlungsintensität der Sonne seit der Kleinen Eiszeit sollte bestenfalls 1,3 w/m2 ausmachen. Diese Änderung soll zum größten Teil vor Beginn des 20. Jahrhunderts stattgefunden und das Signal der Klimaerwärmung abgeschwächt haben. Ja, neuere Messungen der Strahlungsintensität der Sonne vom Satelliten aus ergeben eine Schwankungsbreite von nur noch 0,2 w/m2. Dem hielt der IPCC Bericht entgegen, daß bei einer Verdopplung des CO_2-Gehalts oder entsprechender anderer Treibhausgase durch den Menschen die Energieeinstrahlung um 4,5 oder gar um 6 w/m2 zunehme.

In den folgenden Jahren wurden diese Zahlen in doppelter Hinsicht benutzt. Einmal versuchte man mit Hilfe des zusätzlichen Treibhauseffekts die bisherige Erwärmung im 20. Jahrhundert zu erklären. Zum anderen wollte man die Klimavorhersagen für den Fall, daß sich der CO_2-Gehalt in der Atmosphäre verdoppelt, bestätigen. Beide Bemühungen waren eng miteinander verbunden. Relativ drastische Auswirkungen konnte man nämlich nur dann erwarten, wenn sich eine eindeutige Klimaerwärmung seit Beginn der Industrialisierung sicher nachweisen ließ.

Um den angekündigten deutlichen Temperaturanstieg zu rechtfertigen, mußte der Bericht nachweisen, daß die bisherige Erwärmung durch CO_2 und andere Treibhausgase ausgelöst worden ist. Dabei durfte die Sonne keine bedeutende Rolle spielen. Kommentare beschränkten sich ganz auf Änderungen des von der Sonne abgestrahlten Lichtes.

Erdbeobachtung. Jede halbe Stunde sendet der Wettersatellit Meteosat Bilder von der Wolkendecke und anderen Wetterereignissen auf der jeweils sichtbaren Halbkugel zur Erde. Das gefühllose Auge des Roboters hilft in Sachen Klimatheorie zwischen Tatsachen und Wunschvorstellungen zu unterscheiden.

Eumetsat

Die unsichtbare Heliosphäre, welche die Erde mit dem Sonnenwind umfaßt und auf vielfältige Weise auf das Erdklima einwirkt, gibt es für Houghtons Gruppe nicht.

Satelliten, welche die Erde inzwischen wie Mücken umschwirren, messen außer dem Sonnenlicht vielerlei. Die Physiker, die sie geplant haben und ihre Ergebnisse auslegen, schufen eine neue Weltgeographie. Die traditionelle Geographie mußte von lokalen Gegebenheiten ausgehen und daraus ein Gesamtbild herstellen. Die Satelliten erfassen zuerst den ganzen Planeten, um dann einzelne Zonen herauszusondern. Unbeirrt von Vorgaben, die meist aus der Hypothese rührten, die jeweils zu Grunde lag, liefern die Satelliten Meßergebnisse über das, was sich wirklich auf der Erde ereignet.

Schon die frühen Wettersatelliten der sechziger Jahre hatten über dem tropischen Ozean riesige Wolkenansammlungen entdeckt, die der Wettermaschine die nötige Energie lieferten. Ihre Existenz und Bedeutung hatte sich die Meteorologie früher nicht so recht bewußt gemacht. Auch wenn die frühen Wettersatelliten zahlreiche andere Fehlannahmen der Klimatologie richtigstellen konnten. Die Meteorologen glaubten, die Erde würde etwa 63 Prozent der eingestrahlten Sonnenenergie aufnehmen. Tatsächlich waren es 70 Prozent, denn es gab weniger Wolken, um in den Tropen und Subtropen das einfallende Sonnenlicht zurückzuspiegeln, als man ursprünglich angenommen hatte.

Die nüchternen Satellitenmessungen machten es den Umweltschützern schwer, wie bisher voreilige Schlüsse über weltweite Auswirkungen zu ziehen. Das war weder von den Geldgebern dieser Programme noch von den beteiligten Wissenschaftlern so beabsichtigt. Ziel ihrer Arbeit war es ja, die Umwelt und die menschlichen Einwirkungen auf sie besser zu verstehen.

Eine Forschergruppe am Goddard Institut der NASA in Maryland kam auf die Idee, aus den Infrarotmessungen des Wettersatelliten NOAA das Pflanzenwachstum zu ermitteln. Die Fachleute für Vegetation der NASA hatten für die Organisation für Nahrungsmittel und Landwirtschaft (FAO) der UNO in Rom Entwicklungspläne für Afrika ausgearbeitet. Die Satellitenaufnahmen ließen mitten in der Wüste Wachstumszonen erkennen, in denen Heuschrecken brüteten, oder sie kündigten Hungersnöte als Folge von Trockenheit an, wenn das Pflanzenwachstum in bestimmten Landstrichen zurückging. Der europäische Wettersatellit Meteosat lieferte außerdem Informationen über die Wolkenbildung in Afrika. Wenn kommende Hungersnöte vorhergesagt wurden, nahm das aber niemand ernst. Daran waren nicht die Satelliten und die Deutung ihrer Meßergebnisse schuld.

Nebenbei widerlegten die Satellitenbeobachtungen oft wiederholte Warnungen der Umweltschützer, die Sahara würde sich nach Süden ausdehnen, weil die Nomaden mit ihren Herden dort die Grassteppe übermäßig abweiden. Das stimmte nicht. Der südliche Wüstenrand wanderte je nachdem, wieviel Niederschlag pro Jahr fiel, vor und zurück. Dagegen zeigten andere Satellitenbeobachtungen, daß die Überweidung Schäden in einigen verhältnismäßig wasserreichen Gegenden anrichtete, dort nämlich, wo man die Nomaden überredet hatte, sich seßhaft zu machen. Die Satelliten lieferten auch bewegte Bilder von der Zerstörung der Regenwälder. Sie legten die häßlichen Wunden bloß, die Straßenbau, Holzwirtschaft, Bergbau und Landwirtschaft in die Walddecke Asiens, Afrikas, Mittel- und Südamerikas gerissen hatten. Die Wut darüber richtete sich besonders gegen Brasilien. Denn ein Experte aus den USA wollte errechnet haben, daß bis zum Jahr 1988 44 Prozent des Regenwaldes am Amazonas vernichtet sein würden. Diese Behauptungen benutzten Umweltschützer gern und oft.

Aber auch Brasilien hatte Fachleute, die Satellitendaten auswerten konnten. Sie griffen auf frühere Bilder der Sonde Landsat zurück. Danach waren bis zum Jahr 1975 nur 0,6 Prozent des Regenwaldes abgeholzt worden, wenn man einige noch erkennbare Sünden aus der alten Kolonialzeit nicht mitrechnete. 1989 wiederholten sie die Untersuchung an Hand der neuesten Landsat Daten. Sie gingen Bild für Bild durch und stellten fest, daß die Verluste an Regenwald im Amazonasgebiet nicht wie vorhergesagt 40 Prozent sondern nur 5 Prozent betrugen.

Keine Bange, auch das Ozonloch gab es schon immer. Aber eine überraschende Entdeckung um 1985 gab der übernationalen Umweltpolitik plötzlich eine andere Richtung. Man hatte festgestellt, daß sich die Ozonschicht hoch über der Antarktis auf seltsame Weise änderte. Diese Entdeckung ging auf den britischen Wissenschaftler Halley Bay zurück und wurde dann vom amerikanischen Satelliten Nimbus 7 bestätigt. Schuld daran gab man sogleich den sogenannten FCKWs, die in Kühlschränken und Spraydosen verwendet wurden. Die Ozonschicht solle vor den gefährlichen UV-Strahlen im Sonnenlicht schützen. Die Abnahme der Schicht ließ gefährliche Verbrennungen an Lebewesen erwarten. Schon wenige Jahre nach der Entdeckung verständigten sich die Regierungen auf ein Produktionsverbot für die entsprechenden Chemikalien.

Das Ozonloch hatte natürlich nichts mit der Klimaerwärmung zu tun. Wenn es irgend eine Wirkung hatte, dann eine abkühlende, da Ozon selbst ein kräftiges Treibhausgas ist. Im Gegensatz zu weit verbreiteten Ängsten war die einzige Verbindung zwischen Ozonloch und Klimaerwärmung wiederum eine politische. Denn man wollte in beiden Fällen mit ähnlichen Maßnahmen die Atmosphäre retten. CO_2 folgte den FCKWs in die Korridore der Diplomatie.

Während sich ein Ozonloch deutlich auf Satellitenbildern abzeichnet, trifft das für den Treibhauseffekt nicht zu. Zahlreiche Satellitenmessungen hätten die offiziellen Klimatologen, wenn sie darauf geachtet hätten, davor bewahrt, sich allzuweit aus dem Fenster zu lehnen.

Seit 1979 sind die amerikanischen NOAA Wettersatelliten mit Mikrowellensendern ausgestattet, die Temperaturen auch in der unteren Atmosphäre recht objektiv messen können. Die Ergebnisse zeigen, daß dort die Temperatur von Jahr zu Jahr um durchschnittlich 0,2° steigt und fällt. 1989 betrug sie etwa so viel wie 1979. Wo blieb die Klimaerwärmung? Ach, wandten die offiziellen Klimatologen ein, ein Klimatrend läßt sich nicht an Hand der Meßdaten von nur zehn Jahren feststellen.

Die Sonne kümmerte sich wenig darum, daß die Erdbewohner ihre Macht mißachteten. Sie war immer noch mit magnetischen Ausbrüchen beschäftigt. Nach dem großen Schlag im März schloß die Sonne im August 1989 die Börse in Toronto. Ihr Magnetsturm hatte die vielfach gesicherte Diskette im Computer der Börse aufgemischt. Im September hatte ein Forscher der sogenannten Kalten Fusion schon geglaubt, er sei mit dem Nachweis einer großen Neutronenmenge auf Gold gestoßen, mußte aber bald enttäuscht feststellen, daß nur die Sonne die Erde mit einer größeren Menge energiereicher Teilchen, Protonen beschossen hatte, als je zuvor seit 1956. Passagiere an Bord der Concorde waren etwas verstrahlt worden. Spezialisten für kosmische Strahlung zählten am Erdboden statt der normalen kosmischen Strahlen aus den Tiefen der Galaxie einige Stunden lang das Vierfache an Partikel direkt aus dem Sonnenwind.

Im Oktober 1989 konnte die Mannschaft an Bord der Raumfähre Atlantis mit bloßen Augen Protonenschwärme aus der Sonne erkennen. Sie hatten gerade die Jupitersonde Galileo auf den Weg gebracht und sich in das Innere des Raumschiffs zurückgezogen, als Sonnenteilchen ihr Fahrzeug besprühten. Dabei verwirrten sie Lichtblitze. Die wurden von Teilchen ausgelöst, wenn sie ihre Sehnerven trafen. Spätere Berechnungen ergaben, daß diese Energiestrahlung für die Astronauten sogar tödlich hätte enden können, wären sie ihr außerhalb des Raumschiffs, zum Beispiel bei einem Spaziergang auf dem Mond, ausgesetzt gewesen.

Unsere Geschichte „Sonne gegen Treibhauseffekt“ hat gerade erst begonnen, und schon ergeben sich Stränge, die in ganz verschiedene Richtungen führen. Der aufmerksame Leser läuft Gefahr, davon ebenso verwirrt zu werden, wie damals die Wissenschaftler vom Fach. Der Nebel über einem Schlachtfeld ist verglichen mit dem Dunst über wissenschaftlichen Entdeckungen relativ durchsichtig. Um einen Überblick über die unterschiedlichen Forschungsergebnisse aus den vielen, verschiedenen Wissensgebieten unserer Geschichte zu geben, stellen wir im folgenden die wichtigsten Fragen zusammen und die Antworten, die unvoreingenommene Wissenschaftler bis Ende 1989 darauf geben konnten.

Zur Sonne

Beeinflußt die Sonne Änderungen des Erdklimas über Jahrzehnte oder Jahrhunderte hinweg?
Möglicherweise. Die besten Hinweise liefert (bis 1989) die Änderung der kosmischen Strahlung, die sich mit Hilfe von C14-Messungen in alten Hölzern nachweisen läßt. Die Kosmische Strahlung war demnach am stärksten, wenn es auf der Erde am kältesten war.

Ist die Annahme, daß intensivere Sonnenstrahlung zur Erwärmung führt, physikalisch überzeugend?
Nein. Bisher zeichnet sich noch keine eindeutige Übereinstimmung zwischen Änderungen der Sonnenaktivität und der im 20. Jahrhundert von Jahrzehnt zu Jahrzehnt veränderten Durchschnittstemperatur ab.

Reichen Änderungen der Sonnenhelligkeit aus, um die Klimaerwärmung im 20. Jahrhundert zu erklären?
Wahrscheinlich noch nicht.

Lassen sich diesbezüglich andere Mechanismen des Sonnenverhaltens erkennen?
Wer will das wissen?

Können neue Sonden solche Mechanismen erkunden?
Wahrscheinlich. Sie liefern mit Sicherheit neue Erkenntnisse über die Sonne und den Sonnenwind, die über das Bekannte hinausreichen.

Welche Vorhersagen über die Klimaentwicklung im 21. Jahrhundert lassen sich aus dem Sonnenverhalten ableiten?
Wahrscheinlich kommt es zu einer Abkühlung. Aber noch ist nicht erwiesen, ob die Auswirkungen der Sonnenaktivität stark genug sind, um einem angeblichen Treibhauseffekt entgegenzuwirken.

Zum Treibhauseffekt.

Tragen vom Menschen freigesetzte Treibhausgase zur Erderwärmung bei?
Im Prinzip sollten sie das. Aber an der Klimaentwicklung im 20. Jahrhundert ist kaum erkennbar, ob und wie stark sie das tun.

Ist die Physik des Treibhauseffekts überzeugend?
1989 war das noch eine saubere Geschichte.

Läßt sich die Wolkenbildung so genau verstehen, um menschliche Einflüsse auf das Klimageschehen erkennen zu können?
Wer weiß? Schon geringe Ausdehnungen der Wolkendecke überlagern weitgehend die Signale eines möglichen Treibhauseffekts und, ob die Computermodelle angemessen mit der Wolkenbildung umgehen, bleibt zumindest fraglich.

Sind die Klimavorhersagen der Computermodelle glaubwürdig?
Möglicherweise. Da andere Vorhersagen über mögliche Klimaentwicklungen fehlen, sollte man sie mit aller Vorsicht in Betracht ziehen.

Können Satellitenbeobachtungen Hinweise auf einen zusätzlichen Treibhauseffekt feststellen?
Das bleibt ihre wichtigste Aufgabe.

Welche Aussichten liefern die Klimamodelle aufgrund des Treibhauseffekts für das 21. Jahrhundert?
Die Unterlagen, die dem offiziellen IPCC Bericht von 1990 zugrunde liegen, rechnen mit einer Erwärmung um rund 3° bis zum Jahr 2100.

Flut oder Trockenheit? Eine Milliarde Menschen leben davon, daß die Sonne Regenwolken zum indischen Subkontinent treibt. Das Eintreffen des Monsunregens ist ein freudiges Ereignis. Aber alle paar Jahre löst übermäßiger Regen Flutkatastrophen aus (Indien, unteres Bild). Wenn dagegen zu wenig Regen vom Himmel fällt, bleiben die Felder und Wasserwege trocken (Bangladesch, oberes Bild). Klimatologen erwägen, welche Auswirkungen die Klimaänderungen auf den Monsunregen haben könnten.

Popperfoto / Reuter

Kapitel 3

ZWISCHEN MANIE UND DEPRESSION

Als John Houghton an einem Morgen im Mai des Jahres 1990 aus der Tür von Downing Street Nr. 10 trat, konnte er mit seiner Arbeit zufrieden sein. Er hatte dem britischen Kabinett gerade eine Vorschau auf seine Einschätzungen der kommenden Klimaänderungen vorgetragen und dabei ausgeführt, daß die Emission von zusätzlichem CO_2 und anderer Treibhausgase aus menschlicher Aktivität die Temperaturen an der Erdoberfläche mit Sicherheit würden steigen lassen. Auf Weisung von Margaret Thatcher hatten ihm die Politiker und höheren Beamten schweigend zugehört.

„Ich hatte während meines Vortrags viele Unterbrechungen und Fragen erwartet", bemerkte Houghton später. „Die Fragen und Diskussionsbeiträge nachher ließen ein hohes Maß an Sorge um die Umweltprobleme der Welt erkennen."

Viel überraschender wäre es gewesen, hätten es die Anwesenden gewagt, ihn durchzuhecheln. Er hatte ja nur geliefert, was Margaret Thatcher von ihm erwartete, nämlich die Klimaerwärmung um katastrophale 3 Grad Celsius im 21. Jahrhundert. Sie sollte den Grund für einen größeren diplomatischen Vorstoß auf ein weltumfassendes Klimaabkommen hinlegen. Thatcher ehrte Houghton, indem sie seinen Bericht bei den Eröffnungsfeierlichkeiten des neuen Hadley Zentrums für Klimaforschung und Vorhersagen am Meteorologischen Amt besonders hervorhob.

„Wir haben damit einen unterschriebenen Auftrag, die Erde zu reparieren", sagte sie. „Aufgrund der Vorarbeit des IPCC können wir nun sagen, die Pläne liegen vor und machen die Schadstellen deutlich. Nun müssen die Reparaturarbeiten unverzüglich beginnen".

Schon der Name des neuen Zentrums für Klimaforschung und Vorhersagen läßt erkennen, daß seine Gründer glauben, das Klima ließe sich vorhersagen. Sir Houghton war davon sicherlich überzeugt. Seine Arbeitsgruppe wollte so deutlich wie möglich darlegen, was man über Klimaänderungen wußte, und die bestmögliche Abschätzung der Klimaentwicklung für das nächste Jahrhundert liefern. Vor dieser hatte es bisher keine einzige offizielle Klimavorhersage gegeben. Wissenschaftler, die das für verfrüht hielten, wurden abgewiesen. Man dachte, so wie Leute selbst unsichere Vorhersagen des morgigen Wetters sehr nützlich finden, könnten langfristige Klimavorhersagen Politikern als Wegweiser dienen.

Houghtons Arbeitsgruppe hatte als Zusammenfassung ihrer Ergebnisse in ihrem Papier *Klimaänderung* herausgestrichen, daß die Durchschnittstemperatur um „möglicherweise" 3 Grad bis zum Jahr 2100 steigen wird. Es wurde vom IPCC, der regierungsübergreifenden Schiedskommission Bert Bolins, später veröffentlicht. Jeder, der das Papier aufmerksam las, stieß auf viele Vorbehalte und Eingeständnisse von Unsicherheit. Das galt besonders für die Vermutung, daß die mittlere Meereshöhe bis zum Jahr 2100 um bis zu 65 cm ansteigen könnte.

Wissenschaftliche Kommentare hoben als besondere Folgewirkungen hervor,

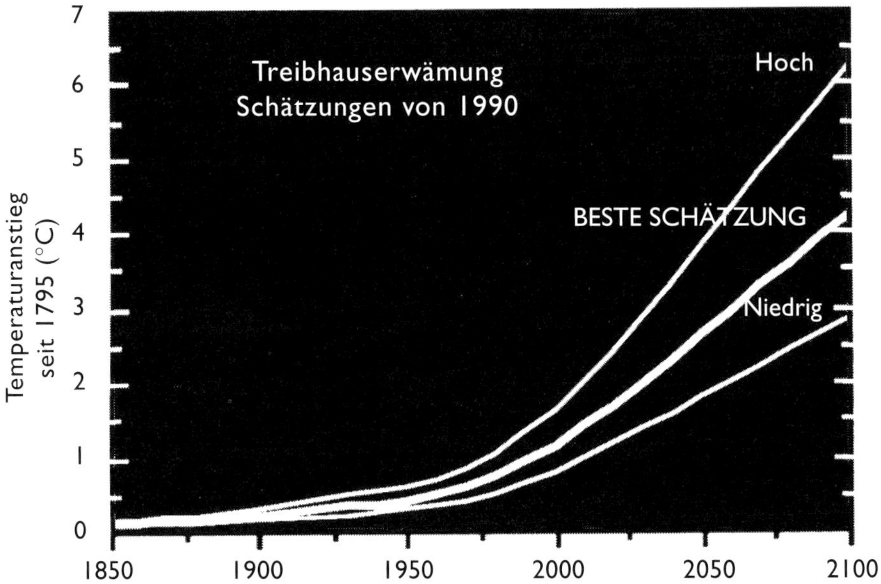

Alarmierende Vorhersagen. 1990 kündigten offizielle Klimatologen einen gewaltigen Anstieg der mittleren Erdtemperatur im 21. Jahrhundert für den Fall an, daß nichts gegen den weiteren Eintrag von CO_2 und anderer Treibhausgase durch den Menschen in die Atmosphäre getan würde.

Nach IPCC, Backnell

daß große Ackerflächen in Bangladesch vom Meer überflutet und Unwetter vermehrt Menschenleben fordern würden, auch daß niedrige Inseln, wie die Falkland oder die Marshall Inseln, versumpfen und sich dem Überträger der Malaria, der Tsetse-Fliege, neue größere Einzugsgebiete öffnen würden. Als es dann aber hieß, die Projektionen eigneten sich nicht für lokale Vorhersagen, erging man sich zunehmend in tautologischen Aussagen wie: Wenn weniger Regen fällt, wird die Trockenheit zunehmen oder wenn es öfters regnet, kommt es zu Überflutungen".

Den Klimamodellen gelang es aber wirklich gut, ihre grobe Aussage über die globale Klimaerwärmung mit Hilfe moderner Computergraphik in anschauliche Bilder zu kleiden. Zum Nachteil des menschlichen Urteilsvermögens zeichnete man nicht etwa Kamele in New York oder Sonnenhüte auf der Antarktis, sondern Weltkarten.

Die vom Computer gezeichneten und eingefärbten Karten sahen so gültig wie Stadtpläne aus. Wenn der Computer zum Beispiel die Gegend um die Großen Seen in den USA mit einem roten Fleck überzog, um anzuzeigen, daß die Wintertemperatur hier um durchschnittlich 10 Grad ansteigen würde, nahmen viele Leute, auch Wissenschaftler, solche Aussagen wörtlich. Als die Künstler mit dem Silikongehirn es für angemessen hielten, die Kornkammer Amerikas orange anzumalen, um anzudeuten, daß hier die Bodenfeuchtigkeit im Sommer um 2 cm abnehmen könnte, fingen die Fachleute an, über große Summen für Bewässerungssysteme nachzudenken. Wenn man sich die Mühe machte und die Karten der verschiedenen Computermodellierer miteinander verglich, verlor man bald die Angst vor einer Bedrohung. Obwohl Leute nach ähnlichen Programmen und mit ähnlichen Grundannahmen über die Klimaerwärmung die Karten herstellten, unterschieden sie sich untereinander drastisch. Die eine kündigte zum Beispiel Trockenheit für Indien an, eine andere dagegen Überschwemmungen. Auf diese Weise konnte man sich irgendwo gerade die Vorhersage beschaffen, die man brauchte.

Houghton schrieb im Vorwort zu dem Papier *Klimawandel, die wissenschaftliche Einschätzung des IPCC (1990)*: „Diese Abschätzung gibt in autorisierter Form die derzeit gültigen Ansichten der internationalen Gemeinschaft der Wissenschaftler wieder".

Er rechtfertigte diese Behauptung mit dem Hinweis, daß in der Abschätzung Beiträge von 170 Wissenschaftlern aus 25 Ländern berücksichtigt worden seien. Tatsächlich hatten an dem Bericht vor allem 34 Autoren aus 12 Ländern geschrieben. Und von diesen stammten zwei Drittel (23) aus den Vereinigten Staaten und dem Vereinigten Königreich.

Um die Autorität des Berichts weiter aufzupumpen, erklärte Houghton, 200 andere Wissenschaftler hätten den Entwurf begutachtet. Darunter waren mehr Beamte als Fachklimatologen. Auch war die Liste der Gutachter ihrer Herkunft nach nicht ausgewogen. 72 stammten aus den USA, 56 aus Australien und je einer aus Indien und Brasilien.

Es entstand der Eindruck, als hätten die Gutachter dem Bericht zugestimmt, obwohl ein Hinweis auf der Rückseite vermerkte, daß eine „Minderheit" den Aussagen des Berichts nicht zustimmen konnte. Dem Bericht Autorität verliehen hat auch der wissenschaftliche Direktor des Königlich Niederländischen Meteorologischen Instituts, Henk Tennekes, obwohl er seine persönliche Ansicht über den Bericht während der Vorbereitung mit heftigen Worten ausgesprochen hatte:

„Ich mache mir Sorgen, mit welcher Leichtfertigkeit wir uns prostituieren, um den Politikern zu gefallen, die dadurch wiederum verleitet werden, unser Verlangen nach Mehr zu finanzieren. Ich fürchte unsere Forderungen werden nach hinten losgehen."

Keine wissenschaftliche oder politische Analyse, wie begründet sie auch war, konnte an dem Konsens rütteln. Unabhängig davon, wie man an sie gelangt war, die Vorhersagen zum Klimawandel waren die besten, die es gab. Ihnen brauchte die Natur nur noch zustimmen. Aber sie waren durch das bürokratische Verfahren von ordentlicher Forschungsarbeit abgeschnitten, in der die Natur befragt und ihre Antworten mit der Theorie verglichen werden. Houghtons Gruppe blieb beieinander und war daher Richter und Gutachter über alle weiteren Forschungsergebnisse.

Eine Front tat sich auf, die an die große Auseinandersetzung zu Beginn der modernen Wissenschaft erinnerte. Im 17. Jahrhundert hatte René Descartes aus mathematischen Vorstellungen abgeleitet, wie die Natur zu arbeiten habe. Voltaire sagte dazu „nichts als ein genialer Roman". Voltaire bevorzugte die Art, wie Isaac Newton Mathematik und Beobachtung nutzte. Kritiker hielten John Houghton und seine Jünger für Kartesianer, die mit den Bildern ihrer Supercomputer Science Fiction Romane über eingebildete Wettervorgänge schrieben, gleichgültig, was die Natur tatsächlich tat. Andere wollten wiederum mehr den alles sehenden Augen der Satelliten trauen, die über Stunden, Jahre und Jahrzehnte beobachteten, was in der Atmosphäre tatsächlich vor sich ging.

Wissenschaftler sahen sich weniger gedrängt, die Treibhaushypothese zu widerlegen, als sie zu bestätigen. Kritik kam nur von einzelnen Individuen und Forschergruppen, die ihre Untersuchungen noch so betrieben, als wäre Klimatologie eine Naturwissenschaft und ihren Beobachtungen mit Leidenschaft dorthin folgten, wo diese sie hinführten.

Ein Strang der widersprüchlichen Untersuchungen führte zu nichts. Er ging davon aus, daß sich das Klima im 20. Jahrhundert nicht geändert hat. Aber die Gletscherzungen hatten sich wie Klimathermometer in vielen Gegenden der Welt seit dem 19. Jahrhundert auffällig zurückgezogen. Trotzdem gab es Grund für die Behauptung, die Erwärmung habe nur in der ersten Hälfte des Jahrhunderts stattgefunden. Die Veränderungen in der zweiten Hälfte waren recht gering. Das paßt aber nicht, weil der seither deutlich weiter gestiegene Anteil von CO_2 und anderer Treibhausgase in der Luft das Klima noch schneller hätte erwärmen sollen.

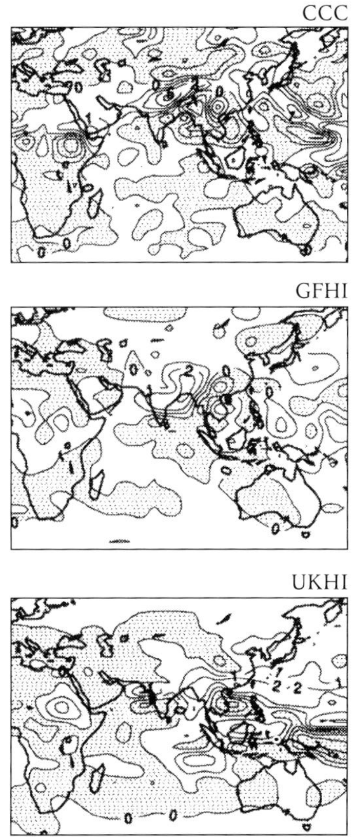

Widersprüche beim Monsun. Nach verschiedenen Computerberechnungen soll sich die Verdopplung des CO_2-Gehalts der Luft in Asien sehr unterschiedlich auf den Niederschlag im Sommer auswirken. Die gepunkteten Flächen deuten verminderten Regenfall an, die Zahlen stehen für mm Niederschlag pro Tag. CCC war eine kanadische Berechnung, GFHI eine amerikanische und UKHI eine britische.

IPCC, Bracknell 1990

Alle historischen, archäologischen und geologischen Dokumente waren sich in einem einig: das Klima bleibt nicht für längere Zeit gleich. Die Klimageschichte widerspricht der Behauptung, die Erwärmung im 20. Jahrhundert ließe sich auf den Treibhauseffekt des zusätzlich eingebrachten CO_2 zurückführen. Wenn die Natur das Klima ohne diesen Effekt in früheren Jahrmillionen und Jahrhunderten ändern konnte, warum sollte sie das heute nicht mehr tun? Selbst wenn sich die Erwärmung an die Kurven der Klimamodelle hielt, blieb sie noch im Bereich natürlicher Klimaschwankungen. Houghtons Gruppe war in ihren Behauptungen viel vorsichtiger als unzählige, begeisterte Vertreter der Treibhaushypothese.

„Ein eindeutiger Nachweis für den verstärkten Treibhauseffekt läßt sich wahrscheinlich erst in einem Jahrzehnt oder mehr erbringen" hieß es in der Zusammenfassung des Berichts von 1990 für Politiker.

Unabhängig von der jeweiligen Meinung in dieser Sache ist das Verfahren, das zum IPCC-Bericht *Klimawandel* geführt hat, wissenschaftlich und technisch gesehen brüchig, selbst wenn man davon absieht, daß die Sonnenaktivität im Bericht fehlt. Um die Klimaerwärmung durch Treibhausgase angemessen simulieren zu können, war das Verständnis der meteorologischen Vorgänge und die Rechenleistung der Computer noch unzulänglich.

Die Experten wußten, daß ihre Computermodelle der gestellten Aufgabe nicht gewachsen waren, gestanden das aber nur ein, wenn sie leistungsfähigere Großrechner forderten. Die Modelle berücksichtigten zum Beispiel bei 4000 Meter Ozeantiefe nur die oberen 50 bis 100 Meter. Auch konnten sie die aktuellen Klimavorgänge nicht ohne Tricks und Ösen darstellen, wollten aber die Auswirkungen des Treibhauseffekts bei doppeltem CO_2-Gehalt sofort schlüssig berechnet haben. Der CO_2-Gehalt stieg auch nur allmählich und nicht wie in den Modellen, sprunghaft an. Die Wassermassen konnten den Erwärmungseffekt verzögern oder ihn in andere Gegenden umverlagern. Eben erst hatte man begonnen, das Verhalten der Ozeane zu untersuchen.

Auch die Vorgänge in der Atmosphäre wurden grob vereinfacht. Als Lehrer für Meteorologie am MIT gab Richard Lindzen den Computermodellierern schlechte Noten. Den größten Teil der Wärme schafften Luftverwirbelungen in die Höhe und nicht die Infrarotstrahlung. Treibhausgase und Infrarotstrahlung gerieten meistens erst in großen Höhen aneinander. Die Berechnung der Durchschnittstemperatur am Boden hing entscheidend davon ab, ob sich Luftbewegung und Wasserdampfgehalt in unterschiedlichen Höhenlagen richtig bestimmen ließen.

Wasserdampf war ein viel wichtigeres Treibhausgas als CO_2 und war für über 98 Prozent des natürlichen Treibhauseffekts, oder was man dafür hielt, verantwortlich. Verglichen mit dem Wasserdampf hatte die Zunahme von CO_2 nur eine geringe Wirkung. Würde man sich auf den Treibhauseffekt des CO_2 beschränken, ergäbe sich eine sehr angenehme Erwärmung von 0,5 bis 1,2 Grad. Um die Temperatur höher steigen zu lassen, mußte das IPCC eine Rückkopplung zwischen dem Treibhauseffekt des CO_2 und der Vermehrung des Wasserdampfs in der Atmosphäre einbauen.

Andererseits berücksichtigten die Modelle den Anstieg des Wasserdampfs in der Atmosphäre so erbärmlich, daß sie zu unmöglichen Ergebnissen kamen. So errechneten sie für manche Bereiche der Atmosphäre zum Beispiel einen negativen Wasserdampfgehalt. Die Modellierer mußten immer wieder eingreifen, um solche Irrtümer auszubessern, und legten demnach willkürliche Ergebnisse vor. Lindzen äußerte mit Grund den Verdacht, daß die Modelle überall dort, wo sie

die Erwärmung über einen Rückkopplungseffekt steigen lassen, diese Wirkung ebenso gut umkehren konnten, so daß zusätzliches CO_2 zu einer Abkühlung führen würde.

Die Modellierer wußten nicht, wie mit den Wolken umzugehen war und arbeiteten daher mit recht allgemeinen Annahmen. Eben jetzt erst laufen teure meteorologische Versuche an, um die Bildung und das Verhalten der Wolken zu studieren. Schon an den dafür benötigten Geldern läßt sich ablesen, wie unsicher man auf diesem Gebiet noch ist. Das Wolkenverhalten läßt sich nur sehr schwer berechnen, obwohl Satelliten sie gut beobachten können.

In den achtziger Jahren arbeiteten Forscher an der Universität mit Leuten von der NASA zusammen, um mit Hilfe der Satelliten herauszufinden, wie sich die Wolkenbildung auf das Klima auswirkt. Ihr Experiment hieß *Strahlungshaushalt der Erde* und wurde 1984 von einem speziellen Satelliten aus durchgeführt. Entsprechende Meßinstrumente montierte man später auf die Wettersatelliten NOAA. Die Messungen ergaben, daß Wolken im allgemeinen mehr als zehnmal soviel Wärme wegnehmen, als bei Verdopplung des CO_2-Gehalts entstehen soll. Schon geringe Veränderungen der Wolkendecke würden demnach die Einflüsse auf das Klima abschwächen oder verstärken. Zu den Pionieren dieser Forschungsarbeit gehören Edward Harrison, Bruce Barkstrom und Robert Cess.

V. Ramanathan, ein führender Vertreter der Gruppe, arbeitete damals noch in Chicago an dieser Frage. Er entdeckte, was später Satellitenmessungen bestätigt haben, daß die zunehmende Wolkendecke der allgemeinen Erwärmung entgegenwirkt, indem sie verhindert, daß sich die Ozeane weiter aufwärmen. Er war damit

Ein Regenbogen der Hoffnung. Abkühlung durch zusätzliche Wolken kann dem Treibhauseffekt mehr oder weniger entgegenwirken, überlegten einige Meteorologen und milderten die erwartete Klimakatastrophe ab. Das Bild stammt vom südlichen Pazifik, einer Region, wo der Austausch zwischen Meer und Luft am größten ist.

C. Carvalho / FLPA

auf einen wichtigen Regelvorgang der Ozeane gestoßen. Messungen ergaben später, daß in keinem Meeresteil das Oberflächenwasser wärmer als 29,5 Grad C wird.

In besonders heißen Ozeangegenden verdampfte zwar weniger Wasser als erwartet, statt dessen fließt, wenn die erwärmte Luft aufsteigt, aus der Umgebung feuchte Luft heran. Daraus bilden sich viele leichte, oben hell leuchtende Wolken, die das einfallende Sonnenlicht reflektieren und das darunter gelegene Wasser abkühlen.

Damit jeder sah, worauf es ankam, nannte Ramanathan seine Entdeckung die Thermostat Hypothese. Der östliche Pazifik erwärmte sich während des El Niño 1987 besonders stark, so daß Ramanathan seine Hypothese vor Ort überprüfen konnte. Alles lief so ab, wie er es gesagt hatte. Doch Houghtons Gruppe wollte nicht dulden, daß unartige Wolken ihre Klimavoraussagen durcheinanderwarfen.

> „Obwohl Wolken im allgemeinen zur Abkühlung beitragen", sagte der IPCC-Bericht von 1990, „darf das nicht so verstanden werden, als würden sie die Klimaerwärmung der zusätzlichen Treibhausgase außer Kraft setzen".

Der Eisschild Grönlands bewahrt den Schneefall von über 100.000 Jahren auf. Unter den dänischen Geologen, die im Sommer 1990 wie Zugvögel in die kalte Wildnis einfielen, erklommen einige die hohe Eisdecke und bohrten Löcher in sie hinein. Schon 1966 hatten Forscher aus Dänemark und den USA einen Eiskern herausgebohrt, der die Geschichte der letzten Eiszeit und der ihr folgenden Warmzeit umfaßte. Das Eis ließ sich ebenso gut als Klimaarchiv benutzen, wie die Interpretation seiner Antworten schwierig war. Daher kam es bald zu zahlreichen weiteren Bohrungen in die ungastlichen Eiskappen Grönlands und der Antarktis.

Unterschiedliche Anteile schwerer Sauerstoffisotope in den Eisschichten erzählen etwas über die Klimaschwankungen vergangener Jahre, Jahrhunderte und Jahrtausende. Säurespuren im Eis deuteten auf Vulkanausbrüche hin. Man entdeckte sogar Luftbläschen im alten Eis, aus denen man feststellen wollte, daß der CO_2-Gehalt während der letzten Eiszeit geringer war. 1990 beschloß ein multinationales Team auf einem Eis-Gipfel in Grönland ein Bohrprogramm, das in drei Sommern bis zum Felsengrund unter dem Eis vordringen sollte. Das Programm hieß GRIP, lag in der Hand der Europäischen Wissenschaftsstiftung und wurde von den Ländern Belgien, Dänemark, Frankreich, Deutschland, Island, Italien, der Schweiz, England und der Europäischen Kommission finanziert.

Der Eisbohrer hängt an einem dünnen Drahtseil und arbeitet sich in einem Arbeitsgang jeweils 2,5 m in das Eis vor. Dann wird er mit dem 10 cm starken Eiskern hochgezogen. Unmittelbar neben dem Bohrloch wird ein Labor betrieben. Hier wird der Eiskern für die 800 km lange Reise in das Operationszentrum Söndre Strömfjord verpackt und von dort in ein an der Universität Kopenhagen speziell eingerichtetes Kühlhaus gebracht.

Im Sommer 1990 drang man bis zu einer Tiefe von 770 Meter vor. Das Eis stammte aus dem Schneefall von vor 3800 Jahren. Damals waren indo-europäische Kampfverbände in Indien eingefallen und Sonnenfachleute errichteten in England den ersten Steinring der Stonehenge.

Jüngere Klimaänderungen in Grönland ließen sich am wechselnden Eisgang in der Davis See ablesen. Darüber brüteten noch immer Knud Lassen und Eigil Friis-Christensen in Kopenhagen in den seltenen freien Momenten zwischen der Verwaltung ihrer Forschungsabteilung und der Vorbereitung neuer Beobachtungen

zum Erdmagnetismus. Sie mühten sich gerade damit ab, die Schlangenkurve über die Zahl der Sonnenflecken mit den Klimaschwankungen, die sie am Eisgang in der Davis See ablasen, zu deuten.

Ihr wichtiges Klimasignal aus der Davis See war kein Auf und Ab sondern ein Trend. Um die Mitte des 20. Jahrhunderts war es insgesamt viel wärmer als noch im 19. Jahrhundert. Daher folgt Wärme und Kälte nicht einfach der jeweiligen Zahl der Sonnenflecken. Wenn die Sonnenflecken überhaupt eine Bedeutung für das Klima hatten dann eine viel kompliziertere.

Lassen und Friis-Christensen kannten die physikalische Bedeutung der Sonnenflecken. Die Physik lehrt, daß die Flecken Zonen größerer magnetischer Aktivitäten sind, die Eruptionen auslösen und Schockwellen durch das Sonnensystem schicken. Aber Sonnenflecken waren nicht nur lokale Ereignisse. Sie gehören zu einem komplizierteren Vorgang, bei dem die Sonne auf dem Höhepunkt des Maximums ihr gesamtes Magnetfeld umpolt und Nord- und Südpol umschnappen läßt. Das war zum letzten Mal 1984 geschehen und ereignete sich 1990, nach einem relativ kurzen Sonnenzyklus schon wieder.

Gemeinhin spricht man von einem 11-jährigen Sonnenzyklus. Das ist der Durchschnitt. Es gibt zwischen den Zyklen große Unterschiede, wobei manche Höhepunkte sehr viele Flecken aufweisen, andere nur wenige. Manchmal sind die Flecken großflächig manchmal nur klein. Jedenfalls verändert sich die Anzahl der Flecken von Zyklus zu Zyklus beträchtlich. Entsprechend ändert sich auch die Dauer der Zyklen und schwankt, seit man sie beobachtet, zwischen 7 und 17 Jahren pro Zyklus. Das weckte die Aufmerksamkeit der dänischen Forscher. Tatsächlich waren die Zyklen im 19. Jahrhundert länger gewesen als im 20. Kürzere

Ein antikes Sonnenobservatorium. Vor etwa 3800 Jahren stellten die Bewohner Englands verschiedene Steinreihen in konzentrischen Kreisen auf, die sogenannten Stonehenge. Damals beobachteten Fachleute damit, wann es wieder Frühling wurde und die Hungerzeit zu Ende ging. Ähnliche Sonnenobservatorien errichteten unsere Vorfahren überall auf der Erde und gestanden damit ihre Überzeugung ein, daß alles Leben vom Verhalten der Sonne abhing.

Antony Miles Ltd. / The Bridgeman Art Library

Zyklen bedeutet, daß der Sonnenmotor hochtouriger läuft. Konnten lange Zyklen nicht ein kühles Erdklima bedeuten und schnellere ein wärmeres?

Lassen und Friis-Christensen waren auf diesem Gedankengang nicht die ersten. Vorgänger hatten auf unterschiedliche Weise versucht, Sonnenzyklen zu mitteln, um so ein Bild von Klimaänderungen auf der Sonne zu bekommen. Das Klima auf der Erde war ja auch nur ein schwach definierter Durchschnitt des Wettergeschehens und der Wetterextreme, wobei man nicht mehr zwischen einzelnen extremen Jahren und allgemeinen Klimatrends unterschied. Über Jahre, Jahrzehnte oder gar Jahrhunderte Werte zu mitteln, heißt mehr oder weniger zu erraten, was an den Naturereignissen wichtig ist. Die dänischen Physiker verständigten sich also auf Durchschnittswerte von jeweils fünf Sonnenzyklen, also rund ein halbes Jahrhundert, wobei sie dem ersten und letzten dieser Zyklen jeweils weniger Gewicht beimaßen. Sie kamen ein gutes Stück voran, als sie erkannten, daß bei den Flecken-Minima die Abweichungen weniger voneinander abwichen als bei den Maxima. Schließlich erhielten sie eine charakteristische Kurve.

Bis 1890 war der Magnetmotor der Sonne langsam gelaufen. Dann beschleunigte er sich, von einer kurzen Unterbrechung um 1900 abgesehen, ständig. Er erreichte um 1940 die höchste Tourenzahl. Damals dauerten Sonnenzyklen im Schnitt nur 10 Jahre. In den fünfziger und sechziger Jahren verlangsamte sich die Sonnentätigkeit bei einer Zyklendauer von 10,7 Jahren wieder etwas. In den Siebzigern beschleunigte er sich wieder. Es schien, als litt die Sonne an manisch-depressiven Stimmungen und war gerade in einer manischen Phase.

Stimmten diese Trends mit dem Wechsel des Eisgangs in der Davis See überein? Zu einem gewissen Grad ja. Die Beschleunigung des Sonnenmotors ging mit dem Rückgang des Eises in der ersten Hälfte des 20. Jahrhunderts einher, und als er abbremste, kam wieder mehr Eis. Doch die Studie warf mehr Fragen auf, als sie beantworten konnte. So sahen es jedenfalls die Herausgeber und Gutachter der Zeitschrift *Nature,* die einen Aufsatz von Lassen und Friis-Christensen ablehnten. In ihrer Sicht war die Davis See eine zu abgelegene Ecke, um für allgemeine Aussagen zur Klimaentwicklung herangezogen werden zu können. Die Autoren entmutigte das nicht. Aber schon bald erfuhren ihre Freizeitstudien über das Verhältnis von Sonne und Klima eine dramatische Wende.

Den Auftakt dazu lieferte die Entdeckung gewisser Muster. Eine Kurve über den Anstieg der Erdtemperatur hatte in Wissenschaft und Öffentlichkeit für Aufregung wegen der drohenden Klimaerwärmung gesorgt. Sie war das Hauptargument des IPCC. Die Kurve stammte von Philipp Jones aus Norwich in England und stellte den Temperaturanstieg der Luft über der Landmasse der Nordhalbkugel seit 1860 von insgesamt etwa 0,6 Grad dar.

Bis 1890 war die Temperatur zunächst kaum angestiegen; ab 1900 erhöhte sie sich bis 1940 stetig. Dann fiel sie in den fünfziger und sechziger Jahren wieder ab, um ab 1970 wieder anzusteigen.

Lassen hatte zufällig Jones Kurve gesehen und sofort bemerkt, daß sie ihrer Kurve über die unterschiedliche Länge der Sonnenzyklen auffallend glich. In diesem Augenblick nahm die ehrwürdige Vorstellung von den Auswirkungen der Sonne auf das Leben der Menschen eine unwiderrufliche Wende. Es mußten allerdings noch einige Jahre vergehen, ehe die Bedeutung der Änderungen des Sonnenverhaltens klar wurde. Doch die Übereinstimmung beider Kurven fiel unmittelbar ins Auge. Sie legte nahe, nun doch die Sonne für die Erderwärmung verantwortlich zu machen.

Friis-Christensen war sofort überzeugt, als Lassen ihm eine Handskizze der beiden Kurven nebeneinander legte. Er hatte noch den Aufsatz von Georg Reid aus

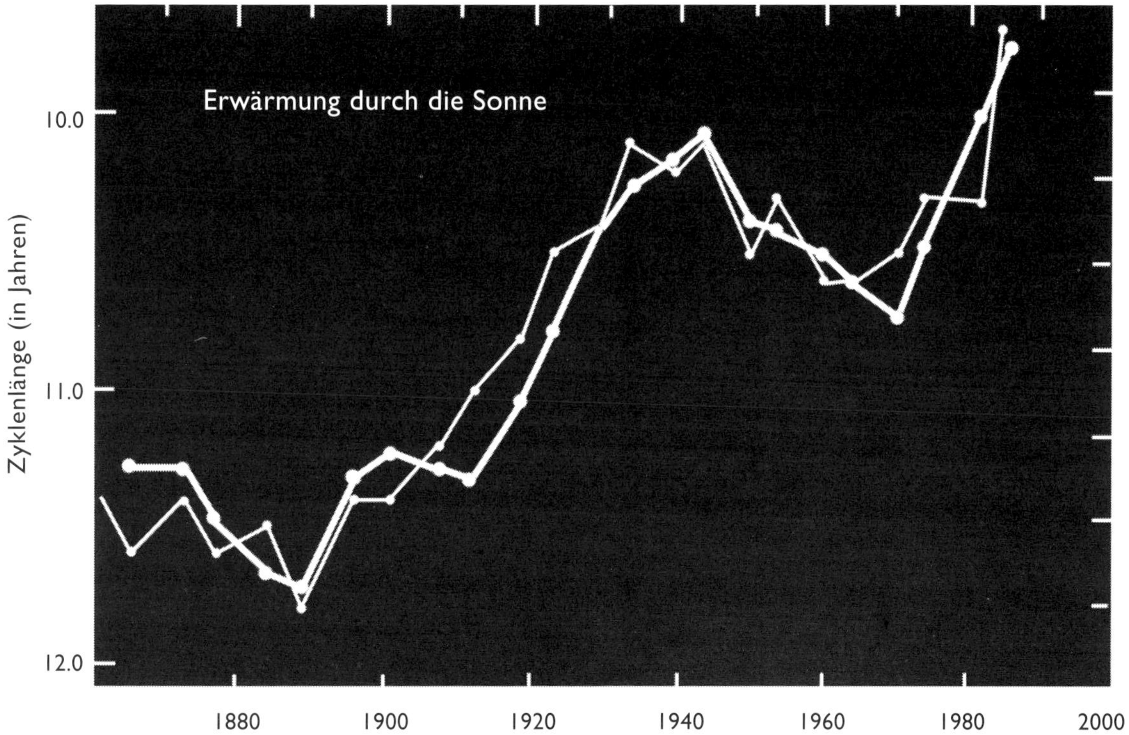

Wechselnde Klimaerwärmung durch die Sonne. Erste Anzeichen, daß die Sonne für die Klimaerwärmung verantwortlich sein könnte, ergaben sich aus der erstaunlichen Übereinstimmung zwischen der Kurve über die unterschiedliche Länge der Sonnenzyklen (fette Linie), die in Kopenhagen entdeckt worden war, und der Veränderung der Durchschnittstemperatur über der Landmasse der Nordhalbkugel (dünne Linie).

Nach E. Friis-Christensen und K. Lassen 1991

Boulder, Colorado im Kopf, der ebenfalls Ähnlichkeiten zwischen dem Temperaturverlauf in den Oberflächengewässern der Meere und der Zahl von Sonnenflecken des durchschnittlichen 11-jährigen Sonnenzyklus bemerkt hatte. Auch Reids Kurve zeigte in der Mitte des Jahrhunderts einen Temperaturabfall, aber sowohl Temperaturanstieg wie Abfall hinkten in Reids Kurve etwas hinter den typischen Schwankungen der Anzahl von Sonnenflecken her. Man brauchte also bessere Zeichen für das Sonnenverhalten, um es als Ursache der Klimaänderungen auf der Erde anzuerkennen.

Die enge Übereinstimmung zwischen der Kurve der Zyklendauer und der Temperaturen über der nördlichen Landmasse schienen das Gewünschte zu liefern. Weil sich Lassen nicht mehr mit dem Computer anfreunden wollte, hatte Friis-Christensen die Kurve für Lassen auf seinem Computer mit entsprechend genau berechneten Durchschnittswerten neu erstellt. Die beiden Physiker überlegten nun, ob sie ihre Entdeckung dem Aufsatz über den Eisgang in der Davis See anhängen sollten, entschieden dann aber, daß die Erderwärmung das übergeordnete Thema sei.

Was den Fachleuten beim Betrachten der Kurve mit den Sonnenzyklen sofort ins Auge springen mußte, war der Einbruch um 1950 und 1960, der genau mit der Kältephase übereinstimmte, über die frühere Generationen von Klimatologen immer gestolpert waren. Die Abkühlung wollte einfach nicht zur Treibhaushypothese passen. Warum sollte es gerade dann kälter werden, als der Gehalt von CO_2 und anderer Treibhausgase in der Atmosphäre besonders zugenommen hatte? Für einen objektiven Beobachter war offensichtlich, daß die Klimaänderungen auf andere Ursachen zurückzuführen waren.

Man hätte sich die Abkühlung noch erklären können, wenn damals gewaltige Vulkanausbrüche durch ihren Staub die Sonneneinstrahlung verdunkelt hätten.

Tatsächlich zählte man in diesen Jahren weniger Vulkanausbrüche als gewöhnlich. Eine andere damals übliche Erklärung bezog sich auf die „Vulkane von Menschenhand“ - gemeint sind Staubwolken aus Industrie und der Landwirtschaft in den Trockengebieten. Friis-Christensen und Lassen bezogen die Abkühlung auf die vorübergehende Minderung der Sonnenaktivität während der längeren Sonnenzyklen zwischen 1950 und 1970.

Um die Übereinstimmung der beiden Kurven wissenschaftlich zu beurteilen, sollte man sich nicht nur auf das bloße Auge verlassen. Der statistische Vergleich zwischen den in den Kurven dargestellten Veränderungen auf einer Skala zwischen 0 (keine Übereinstimmung) und 1 (völlige Übereinstimmung) ergab eine hohe Korrelation von 0,95. Die Qualität solcher Vergleiche hängt natürlich davon ab, wie viele Punkte auf beiden Kurven man miteinander in Beziehung setzt, und auch von der Art, wie die in der Kurve dargestellten Durchschnittswerte erhoben worden sind. Trotzdem war der Vergleich ausgezeichnet, wenn man bedenkt, auf was für schwache Korrelationen sich die verbreitete Klimavorstellung stützen muß. Zum Beispiel ergibt sich für die Aussage „Wärmeres Winterwetter läßt den Schnee schmelzen“ nur eine statistische Korrelation von 0,77.

Nach Ansicht von John Maynard Keynes sollte jeder kompetente Wirtschaftswissenschaftler schon der Definition nach reich sein. Tatsächlich handhabte Keynes seine Finanzspekulationen mit großem Erfolg beim Frühstück im Bett. Piers Corbyn war ein ungewöhnlicher Meteorologe mit ähnlichen Ansichten. Er begann seine Karriere am Queen Mary College in London als Astrophysiker. Damals interessierten ihn Fragen über den Ursprung der Galaxien, über Kosmologie und über die Aktivitäten der Sonne und die Sonnenflecken. 1988 entdeckte er etwas, das seiner Meinung nach die fehlende Lücke zwischen Sonnenaktivität und Wetter auf der Erde schließen konnte. Aber er veröffentlichte seine Entdeckungen nicht in einem wissenschaftlichen Beitrag, sondern nutzte seine danach erstellten Wettervorhersagen für Warentermingeschäfte an der Börse.

Aufgrund seiner Sonnen-Wetter-Technik - wie er sie vage nannte - fuhr Corbyn mit erstaunlicher Regelmäßigkeit Gewinne ein. Er gründete 1990 eine kleine Gesellschaft mit Namen Weather Action und konkurrierte mit den längerfristigen Vorhersagen offizieller Stellen. Über die Jahre baute er sich eine ihm gewogene Kundschaft aus Energieerzeugern, Textilindustriellen, Versicherungen, Kaufleuten und anderen vom Wetter abhängigen Geschäftsleuten auf. Corbyn blieb selbst weiter im Wettgeschäft. Seine Arbeit traf, ob sie es wollten oder nicht, die offiziellen Wetterfrösche. Das Meteorologische Amt unterstützte die Makler bei der Kalkulation ihrer Geschäfte mit Wettervorhersagen, natürlich gegen Entgelt. Sie wußten, daß sich das Wetter nicht auf Monate im Voraus berechnen ließ. Daher stützten sie sich auf Jahresreihen, wenn sie zum Beispiel sagen sollten, mit welcher Wahrscheinlichkeit es da oder dort zu Weihnachten schneien würde.

Doch - Padautz! - der Verrückte übertraf sie alle. Corbyns Wett- und unternehmerische Erfolge waren der beste Beweis für den Zusammenhang zwischen Sonnenverhalten und Wetter. Aber er hielt seine Sonnen-Wetter-Technik aus wirtschaftlichen Gründen geheim und mied die reguläre wissenschaftliche Erörterung.

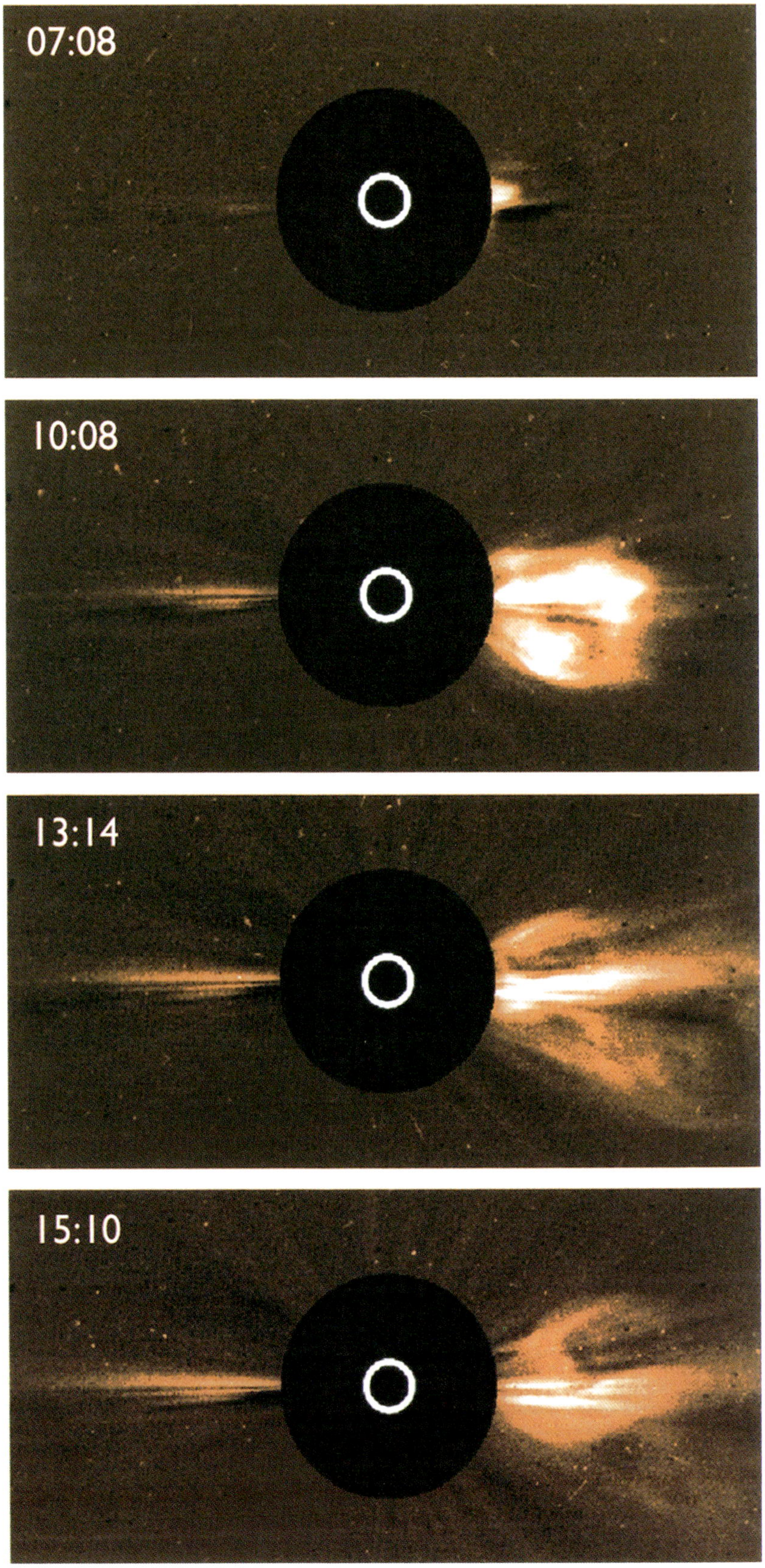

Eine Rieseneruption. Die vier Bilder wurden in einem Zeitraum von 10 Stunden an Bord der Sonde SOHO aufgenommen. Sie zeigen, wie Milliarden Tonnen von Sonnenmaterie mit einer Geschwindigkeit von 550 km/sec von der Sonne weggesprengt werden. Die Größenordnung läßt sich an der Größe der sichtbaren Sonne, dem weißen Ring auf der Scheibe, welche die Instrumente vor den harten Strahlen aus dem Inneren der Sonne schützt, erkennen. Solche Eruptionen in die Heliosphäre halten einen Teil der kosmischen Strahlung aus der Galaxie von der Erde ab.

SOHO/ESA & NASA und LASCO Konsortium

Kapitel 4

DAS TENNISSPIEL DER KOSMISCHEN STRAHLUNG

Polarfahrer zur Sonne. In Friedrichshafen in Deutschland wurde die Raumsonde Ulysses zusammengebaut. Sie wurde mit 9 Instrumenten von Forschern aus Europa und den USA ausgerüstet, bevor sie zu ihrer Odyssee um die Sonnenpole aufbrach.

ESA

Die Raumsonde Ulysses wurde in Europa gebaut und mit Instrumenten aus Europa und den USA bestückt. Sie sollte als erste die Polarregion der Sonne erkunden. Nach Absprachen zwischen der NASA und der Europäischen Raumfahrtbehörde ESA brachte die Raumfähre Discovery sie am 6. Oktober 1990 ins All. Homers Epos macht den Seefahrer Odysseus wegen seiner Irrfahrten und Umwege berühmt. Die Raumsonde gelangte erst nach einer Schleife um den Planeten Jupiter in entgegengesetzter Richtung zur Sonne. Aus der Umkreisung des riesigen Planeten holte sie sich die Geschwindigkeit, die sie für die Sonnenumkreisung brauchte.

Vierhundert Jahre Sonnenbeobachtung mit dem Fernrohr und drei Jahrzehnte Raumfahrt, bot den Wissenschaftlern wie Theaterbesuchern hinter einer Säule nur eine beschränkte Sicht auf das Sonnendrama. Sonnenflecken tauchten auf der sichtbaren Bühne auf und verschwanden wieder und Raumsonden maßen den Sonnenwind, aber auch nur in der flachen Ebene, in der die Planeten um die Sonne kreisen. Das weite Theaterrund um die Sonne war unbekannter Raum.

„Wie kann man glauben, das Wetter zu verstehen, wenn man nur am Äquator lebte und wenig über das Wetter in anderen Breitengraden wüßte", fragte Richard Marsden, der wissenschaftliche Leiter des ESA Projekts, als er die Einzigartigkeit und den Zweck des Vorhabens erklären sollte, „ebenso verhält es sich mit der Sonne; die Astronomen und Astrophysiker mußten sich vor Ulysses auf die Sicht aus der Äquatorperspektive beschränken".

Die verfügbaren Raketentriebwerke waren zu schwach, um eine Sonde aus der Umlaufebene der Planeten hinaus über die Pole der Sonne zu schicken. Sie konnten der Eigengeschwindigkeit der Erde nur wenig hinzufügen oder wegnehmen. Raketentriebwerke beschleunigten Ulysses auf 41 km/sec relativ zur Sonne und machten ihn zum bisher schnellsten Raumschiff überhaupt. Aber es mußte die von der Erde mitgegebene Bewegungsrichtung ändern und seine Geschwindigkeit in einer neuen Richtung aufbauen. Das erreicht die Sonde, wenn sie auf der Nordhalbkugel des Jupiter vorbeifliegt. Die gewaltige Gravitationskraft des Planeten reißt sie dann nach Süden auf eine neue Bahn, und die bringt sie dann zwischen 1994/95 auf die Umlaufbahn über die Pole der Sonne.

Ulysses dreht sich wie ein Windrädchen fünf Mal pro Minute um seine Achse durch die Antennenschüssel, die dadurch immer auf Mutter Erde gerichtet blieb. Auf den Auslegern waren Meßgeräte für den Magnetismus im Sonnenwind und Detektoren für die Röntgenstrahlung aus den Sonneneruptionen angebracht. Als zwei andere Arme des Windrädchens standen lange Drähte ab, um andere elektromagnetische Wellen der Heliosphäre zu empfangen. Die meisten Instrumente waren im Rumpf der Sonde zusammengedrängt, der wegen des Wärmeschutzes wie ein in Goldfolie gewickeltes Geschenkpaket aussah.

Die Teilchen aus dem Sonnenwind, meistens Elektronen und geladene Wasserstoff- und Heliumkerne, werden nach ihrer Geschwindigkeit sortiert und gezählt. Andere Instrumente prüfen die Teilchen auf ihren Energiegehalt hin oder pirschen nach selteneren Elementen wie Kohlenstoff, Stickstoff, Sauerstoff und Eisen, die entweder aus der Sonne stammen oder in Böen von anderen Sternen in die Heliosphäre hineingeblasen werden. Für Staub und Körnchen von Kometen war ein eigenes Sammelbecken eingerichtet worden.

Die Hauptaufgabe von Ulysses sollte sein, kosmische Strahlung in der äußeren Heliosphäre zu untersuchen. Darauf waren die meisten Instrumente eingestellt. Die Sonne zieht die atomaren Geschosse aus der Galaxie an oder stößt sie ab. Man ging davon aus, daß die Magnetlinien der Partikel sie entweder zu den Polen oder in die Äquatorebene der Sonne, auf der die Planeten kreisen, umlenken. Gleichzeitig fegt der Sonnenwind die kosmische Strahlung weg oder wirbelt sie durch seine Stoßwellen durcheinander.

John Simpson aus Chicago, der die kosmische Strahlung auf der Erde und im All untersucht, leitete das Röntgenstrahlen-Experiment des Ulysses. Er hatte schon 1959 eine Mission zu den Sonnenpolen vorgeschlagen. NASA und ESA erwärmten sich erst 1977 für den Plan. Zahlreiche Verzögerungen, darunter die Katastrophe der Raumfähre Challenger unmittelbar vor dem geplanten Start der Ulysses Mission im Jahr 1986, verzögerten den Start. Um die Schwankungen der kosmischen Strahlung aus der Galaxie auf der Erde zu erklären, verglich Simpson sie gern mit Tennisbällen.

„Stell dir vor, du sitzt auf dem Dach eines steigenden Paternoster und wirfst Tennisbälle in den Schacht, die eine Maschine unten zählt. Steigt er langsam, zählt die Maschine viele Bälle. Wenn du den Fahrstuhl beschleunigst, um die verstärkte Sonnenaktivität, einen stärkeren Sonnenwind und stärkere äußere Magnetfelder darzustellen, werden mehr Bälle wieder zu dir nach oben kommen und weniger die Zählmaschine am Boden erreichen“.

Ulysses war auch als Gesandter der Bäume in der Heliosphäre. Die Erforschung der kosmischen Strahlung, ihres Auf und Ab im Wechsel der Sonnenereignisse, konnte klären, warum verschiedene Stücke vom Holz des gleichen alten Baumes unterschiedlich radioaktiv sind. Daraus ließ sich vielleicht auf Klimawechsel schließen, die der Baum erlebt hatte.

Beim Eintritt in die Erdatmosphäre erzeugen kosmische Strahlen Neutronen. Diese können Stickstoffatome in radioaktive Kohlenstoffatome verwandeln. Spuren dieses radioaktiven Kohlenstoffs gelangen in lebendes Gewebe. Starb es ab, hörte auch die Aufnahme solcher Atome auf . Die gespeicherte Radioaktivität verfiel im Laufe der Jahrtausende allmählich wieder. Ein Archäologe konnte irgend ein Stück Holz oder Kohle oder irgendeinen Knochen nehmen, den entsprechenden Kohlenstoffgehalt messen und dadurch feststellen, wie alt das Stück ist.

Um 1950 revolutionierte diese sogenannte Radiokarbon-Methode die Archäologie. Zuvor mußten die Archäologen aber noch mit einer anderen Schwierigkeit fertig werden, für die wahrscheinlich die Sonne verantwortlich ist. Nach Entdekkung dieser Methode hatte ihr Erfinder, der Physiker Willard Libby aus Chicago, noch selbstbewußt behauptet, die Archäologen seien selbst schuld, wenn sie die Ergebnisse der Methode nicht mochten.

Dann verwickelte er sich selbst in einen Widerspruch, den er nicht lösen konnte.

Vor 4600 Jahren befahl Pharao Djoser in Ägypten den Bau der ersten Stufenpyramide. Nach der Radiokarbon-Methode untersuchtes Material aus dieser Pyramide ordnete Djoser in die Zeit nach seinem Nachfolger Snefru ein, der bereits die

Ein Archiv für Sonnenschwankungen. Bristlecone Kiefern überleben Tausende von Jahre und berichten mit ihren Jahresringen auf einzigartige Weise über Klimawechsel in den Bergen Kaliforniens. Die Schwankungen der Radioaktivität des Kohlenstoffs im Holz der Bäume erinnern auch an Schwankungen der Sonnenaktivität.
A.D.R. Brown/Ecoscene

erste Pyramide mit glatter Oberfläche bauen ließ. Das alles machte wenig Sinn, bis uralte Bäume die Lösung brachten.

Bristlecone Kiefern wachsen, wie sich an ihren Jahresringen leicht abzählen läßt, Tausende von Jahren an der Baumgrenze der Weißen Berge Kaliforniens. An der Dicke eines jeden Jahresringes läßt sich erkennen, wie günstig die Wachstumsbedingungen im jeweiligen Jahr waren. Das Muster, das wechselnde Wetterbedingungen im lebenden Holz hinterläßt, zeigt sich auch in anderen Holzresten mit ähnlichen Erfahrungen aus der gleichen Zeit. An der Universität Tucson in Arizona wurde aus lebendem und totem Bristleconeholz eine Übersicht der Jahresringmuster zusammengestellt, die bis zu 8000 Jahre zurückreicht.

Als Wissenschaftler anderer Institute Hölzer, die bereits datiert waren, nach der Radiokarbon-Methode untersuchten, stießen sie auf zahlreiche Unstimmigkeiten. Das Holz aus bestimmten Zeiträumen von etwa hundert Jahren Dauer war radioaktiver als es ihr Alter, das aufgrund der Jahresringe ermittelt wurde, erwarten ließ. Das Holz wäre demnach jünger, als es tatsächlich war. In anderen Hölzern war die Strahlung schwächer und übertrieb das Alter, wie es sich aus den Jahresringen ergeben hatte.

1967, also mehr als zehn Jahre nach dem Streit über die zeitliche Einordnung von Djoser und Snefru, veröffentlichte Hans Suess aus La Jolla, in Kalifornien eine Übersicht über die Strahlungsschwankungen im Holz der Bristlecone Kiefern . Holz, das seinen Jahresringen zufolge älter als 3000 Jahre war, enthielt noch immer mehr Radiokarbon als erwartet. Vor 6000 Jahren enthielt die Luft demnach etwa 10 Prozent mehr radioaktiven Kohlenstoff als in jüngerer Zeit.

Die Radiokarbon-Strahlung nahm bis in die Römerzeit hinein stetig ab. Damals lag sie um 2 Prozent unter den heutigen Werten. Dann stieg sie wieder an. Die damaligen Schwankungen scheinen auf Veränderungen im Magnetfeld der

Radiokarbon-Kurve. Um 40 Prozent schwankt die Strahlung im Holz und berichtet so von drastischen Änderungen der Sonnenstrahlung. Die Sonne regelt die Einstrahlung kosmischer Strahlung aus der Galaxie, die für den radioaktiven Kohlenstoff in der Luft verantwortlich ist. Hohe Strahlungswerte deuten auf geringe Sonnenaktivität hin und fallen mit kalten Klimaperioden zusammen.
Nach J. Klein et al. 1980

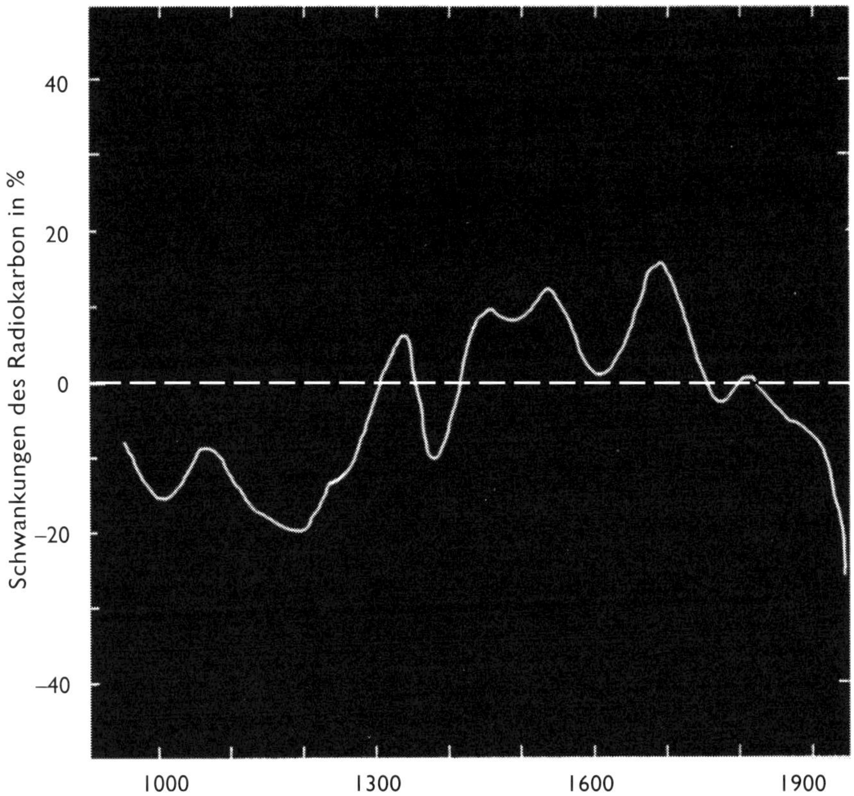

Erde zurückgegangen zu sein, das die kosmische Strahlung vermehrt abgewehrt hatte, dann aber nachließ.

Einfache Ableitungen aus der Radiokarbon-Methode unterschätzen also das Alter älterer Gegenstände. Mit der Tabelle von Suess konnten die Archäologen ihre Daten verbessern. Das auffälligste Ergebniss der verbesserten Meßmethode war, daß sich liebgewordene Vorstellungen der Archäologen als falsch erwiesen. So glaubte man zum Beispiel, daß sich die Zivilisation von Ägypten und Mesopotamien aus über die Welt ausgebreitet habe. Aber in der Bretagne bauten Leute riesige Steinmonumente lange bevor Pharao Djoser auf diese Idee gekommen ist.

Eine andere Aussage der Tabelle von Suess war ihr unaufhörliches Auf und Ab. Die Strahlung, die sich in dem Holz erhalten hatte, änderte sich von einem Jahrhundert zum nächsten und damit änderte sich natürlich auch die Altersbestimmung. Auf Libbys Ägypten-Problem angewandt, erklärte die Suess-Kurve das Problem. Pharao Djoser wirkt jünger als sein Nachfolger, weil er und alle Dinge seiner Zeit mehr Radioaktivität abstrahlen. Wie die Bristlecone Kiefer in Kalifornien hatte Djoser mehr radioaktiven Kohlenstoff eingeatmet als Snefru hundert Jahre nach ihm, und zwar vermutlich deshalb, weil die Sonne zu seiner Zeit viel schwächer schien als zu der Snefrus. Suess kam bald zu der Überzeugung daß seine über die Jahrhunderte laufende Kurve etwas mit Veränderungen der Sonne zu tun hat, die mehr kosmische Strahlung auf die Erde gelangen läßt, wenn sie selbst schwächer strahlt. Aber andere Institute, welche die Methode vielleicht laxer anwendeten, übergingen bei ihren Messungen solche Details. Einige wollten sogar wissen, das Auf und Ab der Kurve ist nicht real, sondern Folge ungenauer Versuche.

Man hatte Archäologen geraten, die Suess-Kurven zu übergehen. Aber Suess blieb dabei. Da strich die Nationale Wissenschaftsstiftung der USA ihm 1981 den

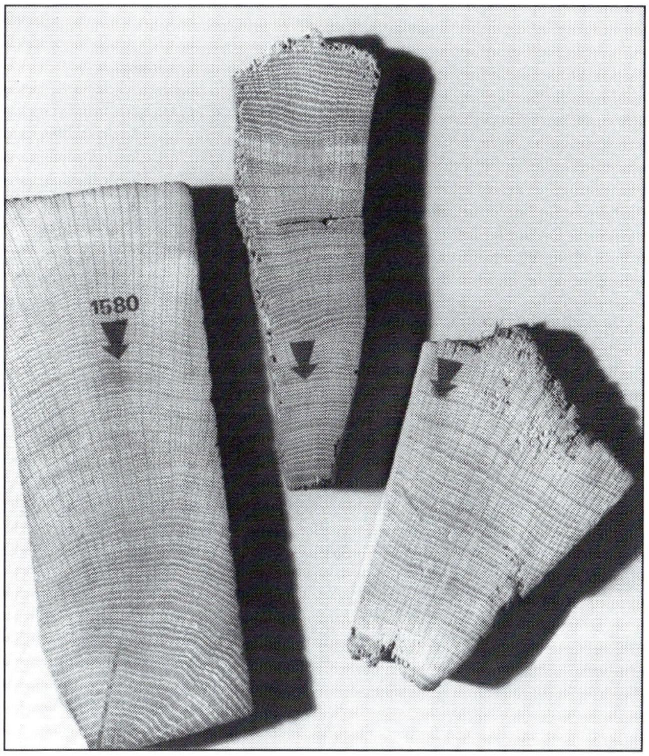

Forschungsauftrag am Institut in La Jolla. Suess verlor seinen Arbeitsplatz gerade zu einem Zeitpunkt, als er bei den Wissenschaftlern Beachtung fand, welche die Rolle der Sonne für die Klimaschwankungen auf der Erde verstehen wollten.

In Nordirland arbeitete man mit Jahresringen im Eichenholz, das die Ergebnisse mit dem Holz der Bristlecone Kiefer in Kalifornien sogar noch überbot. Zwar lebten die irischen Eichen nicht so lange wie die Bergkiefern Kaliforniens, aber in den Sümpfen hatten sich unzählige alte Bäume über Jahrtausende erhalten. 1986 verfügte die Queen's Universität in Belfast über eine Sammlung von Jahresringmustern, die 7000 Jahre zurückreichte. Gordon Pearson untersuchte das Holz auch nach der Radiokarbon-Methode. Er stieß dabei auf die gleichen Muster wie Suess. Zwar stimmten die Kurven nicht in jedem Punkt überein, sie waren aber zu ähnlich, als daß es sich dabei um zufällige Übereinstimmungen von Meßfehlern hätte handeln können.

Völlig unabhängig voneinander hatten zwei Wissenschaftler mit unterschiedlichen Verfahren der Radiokarbon-Methode zwei ganz verschiedene Holzsorten, die an verschiedenen Standorten gewachsen waren, untersucht und waren schließlich zu einem nahezu identischen Ergebnis gelangt. Nun untersuchte Charless Sonett in Tucson die Kurven auf wiederkehrende Rhythmen. Er stieß dabei sowohl bei den Bergkiefern Kaliforniens wie im Eichenholz aus Irland auf ähnliche Muster, die sich im Rhythmus von rund 2300 Jahren und 200 Jahren wiederholten. Ähnliche Signale entdeckte man im radioaktiven Beryllium, einem anderen Produkt kosmischer Strahlung, das man in einzelnen Eisschichten Grönlands entdeckt hatte.

Damit lag die Behauptung auf dem Tisch, frühere Klimaänderungen sind auf Änderungen der Sonnenaktivität zurückzuführen, die sich an dem wechselnden Gehalt an radioaktivem Kohlenstoff oder Beryllium ablesen lassen. Das deutlichste Signal hierfür lieferte die besonders hohe Radioaktivität aus dem Jahr 1700 n.

Links: Eine Geschichte der Sonne wird ausgegraben. Zum Ärger der Bauern Nordirlands haben sich in ihren Äckern die Reste uralter Eichen erhalten. Aus ihren Jahresringen erstellten Wissenschaftler in Belfast Datierungstabellen, die über 7000 Jahre zurückreichen.
John Pilcher, Queen's Universität, Belfast

Rechts: Beispiele überlappender Jahresringmuster im Holz aus Gebäuden des Spätmittelalters. Der auffällige Ring, auf den der Pfeil deutet, stammt aus dem Jahr 1580. Die in diesen Hölzern entdeckten Hinweise auf Klima- und Radiokarbon-Schwankungen bestätigen ähnliche Ergebnisse, die man in anderen Teilen der Welt aus dortigem Gehölz gewonnen hatte.
Ulster Museum

Chr., dem kältesten Jahr der kleinen Eiszeit. Es schien so, als hätte eine schwach strahlende Sonne die Erde frösteln lassen und gleichzeitig ihre Pflicht versäumt, die kosmische Strahlung von ihr fernzuhalten.

Die kosmische Strahlung erzeugt das radioaktive Material und läßt auf die Stärke der Sonnenstrahlung schließen. Wollte man das Rätsel des Sonneneinflusses auf frühere Klimata lösen, mußte man die Vorgänge im Sonnenwind und in der Heliosphäre, welche den Zustrom kosmischer Strahlung auf die Erde und damit die Menge an radioaktivem Kohlenstoff in alten Bäumen regeln, besser verstehen. Ulysses sollte diese Vorgänge untersuchen und das Tennisspiel in der Heliosphäre von einem bisher nicht erreichbaren, günstigen Punkt aus beobachten.

Die Europäische Geographische Gesellschaft hatte Eigil Friis-Christensen eingeladen, auf ihrem Treffen im April 1991 zu sprechen. Bei seiner Rede verwies er auch auf die Ähnlichkeit der Kurve über die Dauer der Sonnenzyklen mit der über die Durchschnittstemperaturen. Man reagierte mit Skepsis und Neugier. Harry van Loon, der von Boulder herübergekommen war, forderte, diese Ergebnisse so schnell wie möglich zu veröffentlichen. Friis-Christensen entwarf Anfang Mai während der Arbeit über den Erdmagnetismus in Tromsö, in Norwegen einen wissenschaftlichen Aufsatz. Nachdem er ihn ausführlich mit Knud Lassen besprochen und seine Einwände berücksichtigt hatte, schickten sie den Aufsatz in ihrer beider Namen an das wissenschaftliche Wochenmagazin *Science.*

„Das ist gefährlich" sagte Lassen zu Friis-Christensen. Beide waren sich bewußt, wie sehr die Treibhaushypothese Wissenschaftler und Politiker bereits in ihren Bann gezogen hatte. Selbst an ihrem eigenen Institut engagierten sich Fachleute für die Treibhaushypothese. Ein Kollege hatte Beiträge zu zwei der wichtigsten Kapitel des Teiles eingereicht, den John Houghtons Arbeitsgruppe zum IPCC Bericht beigesteuert hatte; andere hatten dem IPCC als Gutachter gedient. Vor diesem Hintergrund hatten die beiden Nicht-Meteorologen, Lassen und Friis-Christensen, ihre These, die Sonne verursache Klimaschwankungen, gewagt.

Obwohl jeder unvoreingenommene Beobachter sie rasch erfaßt, konnte die außerordentliche Übereinstimmung zwischen der Dauer der Sonnenzyklen und der Änderungen der Durchschnittstemperatur an sich noch keine Verbindung zwischen den beiden Forschungsbereichen herstellen. Man kann leicht die Menge an Flugkilometern mit der Stückzahl verkaufter Tonträger vergleichen und in beiden Bereichen vielleicht gleichlaufende Trends feststellen; und doch läßt sich daraus nicht ableiten, daß Fliegen musikalisch macht: Beides sind Symptome ganz unterschiedlicher Entwicklungen, sagen wir, des Wirtschaftswachstums und des technischen Wandels. Es gab keinen offensichtlichen Grund, nach dem das Klimageschehen der Erde etwas mit der Dauer von Sonnenzyklen zu tun haben sollte. Man braucht ein physisches Verbindungsglied zwischen beiden Vorgängen.

Die Umweltschutzbewegung trommelte mit der drohenden Klimakatastrophe und schlug den größtmöglichen Gewinn aus der Autorität, die das IPCC ihren Äußerungen verliehen hatte. Kinder waren die ersten Opfer ihrer Horrormeldungen, denn sie würden für das Fehlverhalten ihrer Eltern zu büßen haben. Vor allem ihnen wollte man beibringen, weniger „verbrecherisch" zu leben. Der Konjunktiv und eine Sprache abwägender Wahrscheinlichkeit würde, so dachte man, Kinder nur verwirren. Autoren überschütteten sie daher mit vereinfachten Warnungen vor drohenden Katastrophen. Entsprechende Bücher führten bekannte Schulbuchverlage auf den Angebotslisten für Kinder.

„Unser Problem heute ist", schrieb Jeremy Leggett in *Air Scare* , „daß wir riesige

Mengen künstlicher Treibhausgase in die Atmosphäre abgeben. Sie werden die Erde überheizen".

Dieser Autor benutzte, wie viele andere, das Futur uneingeschränkt. Stürme und Trockenheit „werden" auftreten. Das Meer „wird" Bangladesch, Ägypten, Holland und Ostengland überfluten. Viele Pflanzen und Tiere „werden" aussterben. Es gab keinen Hinweis für Eltern, Kinder oder Lehrer, daß es sich bei dem Autor um einen Umweltaktivisten handelte.

Die Eigenart ihres Summens ließ viele mit der Sonne beschäftigte Physiker hoffen, auch ihr sonstiges seltsames Verhalten klären zu können. Aber vierhundert Jahre nach Galilei erlaubte es ihnen die Verbohrtheit in der Klimafrage nicht, eindeutig festzustellen, wie veränderlich die Sonne wirklich ist. Sie wußten, daß die Sonne ein so heißer Plasmaball war, daß alle Atomkerne ihre Elektronenschalen verloren hatten. Eine solche Kenntnis war erleuchtend und beängstigend.

Das Plasma brodelt nur so vor elektrischen Strömen und Magnetfeldern, die ihm eine Dichte verleihen, die nur bei Flüssigkeiten aber nicht bei Gasen vorkommt, es aber trotzdem sehr quirlig sein lassen. Aufgescheuchte, bewegliche Teilchen stören die Magnetfelder, andererseits haben die Magnetfelder die Teilchen fest im Griff. Physiker fanden Geschmack daran, versuchten sie doch selbst, heißes Plasma in Magnetflaschen einzuschließen, um die Vorgänge im Inneren der Sonne in ihren Laboratorien zu wiederholen und die Menschheit auf diese Weise mit unbegrenzter Fusionsenergie auszustatten. Aber das quirlige Plasma entschlüpfte immer wieder seinen Magnetschranken.

Ähnlich wütet ein unaufhörlicher Kampf zwischen Magnetismus und Plasma auf der Sonnenoberfläche. In weiten Bereichen der Sonne und um sie herum ist die Materie den einschließenden Magnetkräften überlegen. Aber in den turbulenten Schichten der Sonne scheinen ihre dort gleichlaufenden Bewegungen den Magnetismus zu verstärken. Daher kann er dort die heißen Gase bezwingen und sich in den gewaltigen Ereignissen nahe der Sonnenoberfläche behaupten.

Man kann sich ein gewisses Bild von dem, was auf der Sonne vor sich geht, machen, wenn man sich vorstellt, daß die Wolken der Erde aus Plasma bestünden und aufeinander stießen, dabei mit dem Erdmagnetismus ringen und große Massen geladener Luft ins All schleudern. Magnetfeldschleifen erheben sich zu gewaltigen Bogen, die weit über die sichtbare Oberfläche der Sonne hinausragen. Magnetische Explosionen entzünden Fackeln und sprengen Gasmassen in das Sonnensystem hinaus. Andere noch unbekannte Mechanismen, wahrscheinlich auch magnetischen Ursprungs, heizen die Atmosphäre der Sonne auf.

Ein halbes Jahrhundert, nachdem ein schwedischer Astronom im Licht der Korona Wellenlängen entdeckt hat, die Atome nur bei einer Temperatur von über einer Million Grad ausstrahlen, gibt es dafür noch immer keine Erklärung. Wie kommt es, daß die Sonnenatmosphäre so heiß ist, wenn es die sichtbare Oberfläche der Sonne nur auf knapp 6000 Grad bringt? An dieser Frage rätseln die Physiker immer noch herum. Das gilt auch für den Sonnenwind, den man auch schon einige Jahrzehnte lang kennt. Und welche Kräfte sind für den endlosen Gasausstoß der Sonne verantwortlich?

Am meisten verhöhnte sie der Sonnenzyklus, der das Possenspiel der Sonne einem Rhythmus unterwirft. Theorien stehen zu Gebote und sprechen davon, daß sich das Magnetfeld der Sonne wie eine Seilwinde aufrollt, bis die Feldstärken so groß werden, daß die Feldlinien gewaltsam die Oberfläche durchbrechen und paarweise Sonnenflecken erzeugen. Aber niemand konnte genau sagen, wie die Sonne diese Magnetfelder erzeugt. Douglas Gough von der Universität Cam-

Oben: Eine moderne Pyramide auf Teneriffa. Im Laboratorium für Helioseismologie auf dem Teide Gebirge gibt es viele Instrumente, welche die akustischen Schwingungen der Sonnenoberfläche aufnehmen. Die Schwingungen stammen von Ton-Wellen, welche die Sonne durchdröhnen.

Angel Gómez / Instituto de Astrofísica de Canarias

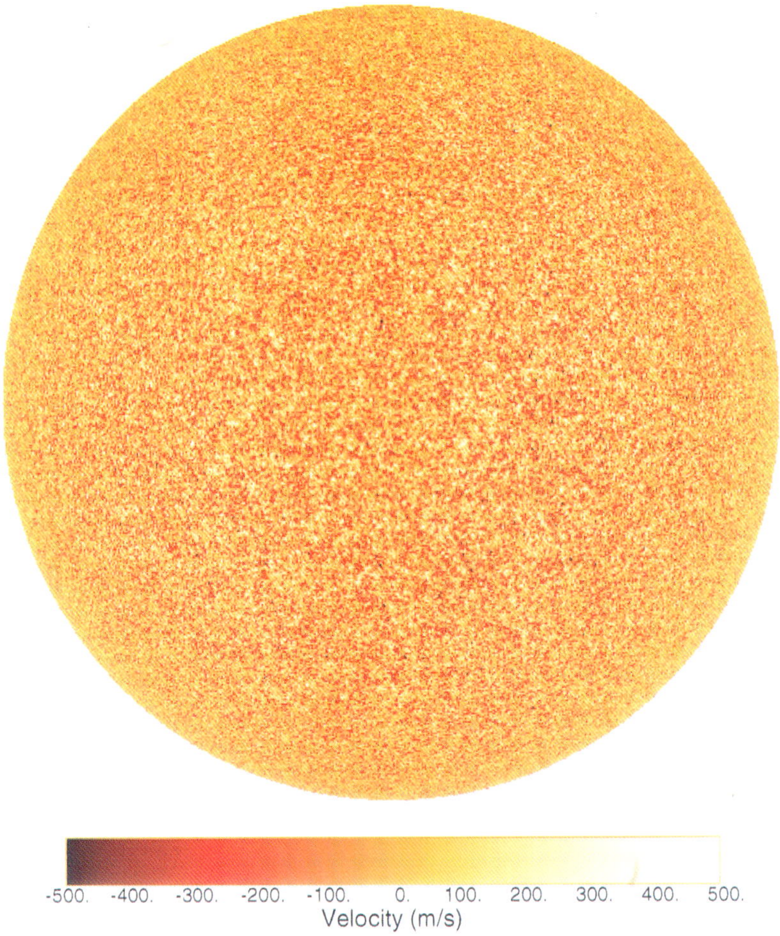

Rechts: Die summende Sonne. Die dunklen Flecken auf der sichtbaren Sonnenoberfläche ragen heraus, während sich die hellen Flecken einstülpen und zwar mit Geschwindigkeiten von mehreren Hundert Metern pro Sekunde. Das MDI-Instrument an Bord der Sonde SOHO unterteilt die Sonnenoberfläche in eine Million Teile und entdeckt dort verworrene Schwingungen, die akustische Wellen hervorrufen.

SOHO / ESA & NASA und das SOI-MDI Konsortium

bridge in England gestand die Unklarheiten offen ein, vor denen die Theoretiker noch stehen.

„Wir wissen noch nicht, ob die Sonne ein schwingender Dynamo ist", sagte Gough, „oder ob der ursprüngliche Zustand der Sonnenmagnetfelder sich allmählich abbaut". Das Rätsel ließe sich wohl nur lösen, wenn man durch die träge Oberfläche in die Sonne hineinschauen könnte. Die Entdeckung, daß die Sonne summt, ermöglicht es aber, in ihr Inneres zu schauen. Die Suche nach ihrem Dynamo wird zu einer wichtigen Aufgabe.

Das Summen entsteht durch gewöhnliche Schwingungen der Sonnenoberfläche, die sich an jedem Ort rhythmisch wie die Membrane eines Lautsprechers hebt und senkt. Diese Schwingungen haben amerikanische Forscher 1960 zum ersten Mal entdeckt. Rund 15 Jahre zogen ins Land, ehe die Theoretiker ihre Bedeutung verdaut hatten und Beobachter sich daran machten, so genaue Messungen vorzunehmen, um daraus Rückschlüsse auf Vorgänge im Inneren der Sonne daraus zu ziehen.

Die Sonne schwingt wie ein Musikinstrument. Dabei wandern die akustischen Wellen durch ihr Inneres und brechen sich wieder an der Oberfläche, die sich im Rhythmus von circa 5 Minuten hebt und senkt. Dieser Summton ist natürlich viel zu tief, um noch gehört zu werden, selbst wenn seine Schwingungen über den leeren Raum bis an das menschliche Ohr vordringen könnten. Die Wellen können von Geräten wahrgenommen werden, die auf Schwankungen der Helligkeit - je nachdem, ob sich die Sonnenoberfläche gerade nähert oder zurückzieht - geeicht sind. Den gleichen sogenannten Doppler-Effekt benutzt die Polizei bei ihren Radarfallen.

Als die Physiker die akustischen Rhythmen der Sonne untersuchten, stellten sie viele, genau definierte Tonhöhen, wie Noten einer Tonleiter fest. Damit öffnete sich der Weg, akustische Wellen wie eine Sonde in das Sonneninnere zu benutzen. Genauso werden Schwingungen von Erdbeben oder Explosionen benutzt, um das Erdinnere zu erschließen. Der Wissenschaftszweig, der sich damit im Fall der Sonne befaßt, heißt Helioseismologie.

Teneriffa wurde als Standort der helioseismologischen Instrumente gewählt, die in Birmingham, in England und in Nizza, in Frankreich entwickelt worden waren. Sie untersuchen das gesamte Sonnenlicht nach den tief tönenden akustischen Wellen. Die europäischen Instrumente wurden zum Vorbild für zwei weltumspannende Beobachtungsnetze, BISON und IRIS, die rund um die Uhr die Schwingungen auf der Sonne festhalten. Nur so konnte man die Frequenzen über Monate und Jahre mit höchster Präzision messen.

Amerikanische Physiker benutzen eine Station am Südpol, um die Schwingungen während des gesamten Polarsommers ununterbrochen aufnehmen zu können. In Tuscon in Arizona entwickelten sie ein Doppler Instrument, das genauere Einzelheiten als die Gesamtbetrachtung der Sonne erkennen ließ. Sie versprachen einen Blick ins Innere der Sonne, wo sie unter einer seichten Schicht den magnetischen Dynamo vermuteten. Wieder wurde ein weltweites Beobachtungsnetz unter der Abkürzung GONG eingerichtet.

1988 nahm die sowjetische Marssonde Phobos ein helioseismologisches Instrument mit, das von dem Schweizer Claus Fröhlich in Davos entwickelt worden war. Statt die Bewegungen der Sonnenoberfläche zu messen, hielt es geringe Änderungen in der Helligkeit des Sonnenlichts fest. Sie ergeben sich, wenn die akustischen Wellen das Gas der Oberfläche zusammendrücken und wieder freigeben. Wieder stieß man im fünfminütigen Flackern des Lichtes auf die genau definierten Tonhöhen.

1991 behauptete Douglas Gough, er könne nun ins Innere der Sonne sehen und es als physikalisches Laboratorium nutzen. Bei seinem Vortrag über den Stand der Helioseismologie vor der Akademie der Wissenschaft der USA mußte er zugeben, die Interpretation der akustischen Schwingungen sei so schwierig, wie der Versuch, ein Musikinstrument, das man noch nie gesehen habe, nur an seinen Schallwellen erkennen zu wollen. Aber es gab Theorien über die Vorgänge im Sonneninneren. Die ließen sich überprüfen und eichen, wenn man von den beobachteten Frequenzen der Schwingungen die Ausbreitungsgeschwindgkeiten der Tonwellen in verschiedenen Tiefenschichten der Sonne ableitete.

Eine abrupte Veränderung der Ausbreitungsgeschwindigkeit der Wellen bei etwa 29 Prozent ihres Weges in das Sonneninnere deutete auf den Boden der äußeren Konvektionszone der Sonne hin. Das war die erste helioseismologische Feststellung, die getroffen wurde. Danach reichte die Konvektionszone tiefer hinunter, als die Theoretiker bisher vermutet hatten. Unterhalb dieser Zone, war der Schwington etwas höher, als erwartet. Aus den Abweichungen von den theoretischen Erwartungen schlossen die Theoretiker, daß sie die Dichte des Sonnenmaterials falsch eingeschätzt hatten. Der Vergleich zwischen gemessener Schallausdehnung und erwarteter erlaubte den Helioseismologen Rückschlüsse auf die Heliummenge im Sonneninneren. Das Helium stammte zum Teil noch aus der Zeit, als die Sonne vor 4,6 Milliarden Jahren entstanden war. Der andere Teil hatte sich aus den Fusionsreaktionen in der Sonne gebildet.

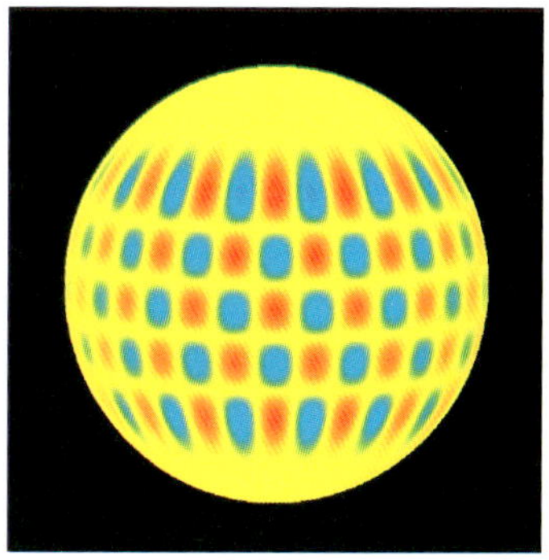

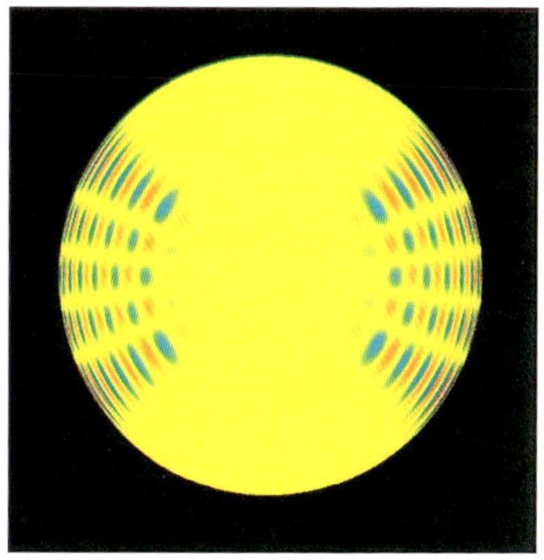

Schwingungsmuster. Die Momentaufnahme (oben) zeigt eine der vielfältigen akustischen Äußerungen im Summton der Sonne. Einige Regionen bewegen sich nach außen (blau), einige ziehen sich zurück (rot). Die Bewegung kehrt sich in 5 Minuten zweimal um. Die Analyse der Schwingungen erlaubt Rückschlüsse auf das verborgene Innere der Sonne, hier im Querschnitt dargestellt (unteres Bild).

D. Gough, Institut für Astronomie, Cambridge UK

Die Messungen ließen noch vieles offen, aber sie widerlegten die Vorstellung, daß es in der Sonne nur verhältnismäßig geringe Vorräte an Helium gab. Man hatte die Heliummenge so gering angesetzt, um die geringe Menge Neutrinos aus den Fusionsreaktionen der Sonne zu erklären, die auf der Erde gefunden wurden.

Um 1991 schlossen die Helioseismologen in der Sonne, in der Tiefe von etwa dem halben Sonnendurchmesser mit großer Wahrscheinlichkeit auf Drehbewegungen. Im Bereich des Sonnenäquators drehte sich der innere Kern der Sonne aber nur halb so schnell wie die Sonnenoberfläche. So etwas hatte niemand vermutet. Im Unterschied zur Oberflächenrotation, wo sich die Drehgeschwindigkeiten zwischen Äquator und Polgegend deutlich unterscheiden, scheint sich das Sonneninnere gleichmäßig wie ein Ball zu drehen.

Die Messung der inneren Sonnenrotation weckte die Hoffnung, nun die Geheimnisse der Sonnenflecken, ihres rhythmischen Auftretens und ihrer Lage auf der Sonnenoberfläche zu verstehen. Es gab Hinweise darauf, daß sich die Zahl der Umdrehungen während eines Sonnenzyklus ändert. Inzwischen berichtete Gough, daß ihre Beobachtungen Einsteins allgemeine Relativitätstheorie, die moderne Gravitationstheorie bestätigten.

Europa hat inzwischen bei der Aufgabe, die Sonne vom Raum aus zu erkunden, die Führung übernommen. Zusätzlich zu ihrem Beitrag zur Sonde Ulysses und der Entwicklung der Instrumente für das wieder verwendbare Trägersystem Eureca, das die NASA in ihrer Raumfähre mitführt, entschloß sich die ESA zu einigen Sonnenmissionen, die den ersten Meilenstein ihres Raumfahrtprogramms Horizont 2000 bilden sollten. Dazu benötigte sie 5 Raumfahrzeuge.

Eines davon war SOHO, ein Sonnen- und Heliosphären Observatorium. Es sollte weit in den Raum vordringen und die Sonne direkt und ununterbrochen beobachten. Die anderen vier Satelliten sollten auf ihrer Umlaufbahn um die Erde zusammenarbeiten, um die Auswirkungen des Sonnenwindes auf die Erdoberfläche mit bisher nicht erreichter Klarheit zu beobachten. Diese Mission hieß Cluster.

Um sich die Anstrengungen leisten zu können, überredete die ESA die NASA, ein Drittel der Kosten zu übernehmen. Im Gegenzug sollten amerikanische Forscher eigene Experimente entwickeln und leiten, die für beide Seiten nützlich sein würden. Die ESA würde SOHO bauen, und die NASA ihn in den Raum befördern. Auch die Cluster Satelliten sollten in Europa gebaut und von der gerade entwickelten massigen Rakete Europas, der Ariane 5, in den Raum geschossen werden, und zwar sollte Cluster bei einem der Testflüge der Ariane 5 als Ballast umsonst mitfliegen.

SOHO war das komplizierteste Raumschiff, das je entwickelt wurde. Verschiedene Instrumente untersuchen das UV-Licht der Sonne, die von der Erdatmosphäre herausgefilterten Röntgenstrahlen und besonders das UV-Licht aus der heißen Sonnenatmosphäre. Dieses hatte man zuerst bei amerikanischen und französischen Raketenflügen entdeckt und dann noch einmal auf der Raumstation der NASA, der bemannten Skylabmission in den frühen siebziger Jahren. Kurzwelliges UV-Licht schien sich am besten zu eignen, um herauszufinden, was die Sonnenatmosphäre aufheizt und den Sonnenwind antreibt. Auch bessere Teleskope waren dazu nötig, und SOHO nahm sie mit.

Das Summen der Sonne sollte ein anderer Satz von Instrumenten in besserer Qualität aufnehmen. Weil sich die Bodenstationen beim Erkunden des Sonneninneren, zum Beispiel bei der Entdeckung der Oberflächenschwingungen, so gut bewährt hatten, hielten Kritiker es für Geldverschwendung, nun die gleichen Instrumente in den Raum zu schießen.

Nutzlast von SOHO. Zwölf Instrumentensätze waren vereint das komplizierteste Gebilde, das je ins All geschossen wurde, um die Sonne zu erforschen. Sie sollten das sichtbare Licht, die UV-Strahlung und atomare Teilchen feststellen und untersuchen. Die Nutzlast wurde, wie auf dem Bild zu sehen, in Portsmouth, in England zusammenmontiert und in Toulouse in Frankreich in das Raumschiff eingefügt.

ESA

Noch 1983 hatte die ESA eine helioseismologische Mission zugunsten eines Infrarot-Observatoriums abgelehnt, das vom Raum in das weite Universum schauen sollte. Doch das Vorhaben wurde weiterverfolgt und führte schließlich zu SOHO.

Eine Anregung aus der Schweiz bezog ausdrücklich Klimafragen mit ein. Wie schon mit seinem Experiment auf der sowjetischen Sonde Phobos, wollte Claus Fröhlichs Versuchsanordnung VIRGO den raschen Wechsel der Helligkeit von Sonnenlicht im Zusammenhang mit den Schwingungen der Sonnenoberfläche messen. Daraus konnte man neue Erkenntnisse über langfristige Veränderungen in der Helligkeit des Sonnenlichts gewinnen.

„Wir können Veränderungen der Sonnenausstrahlung mit denen ihrer sichtbaren Aktivität in Verbindung bringen“ sagte Fröhlich. „Die Schwingungen werden uns etwas über den unter der Oberfläche verborgenen Mechanismus erzählen. Wenn SOHO uns hilft, Einzelheiten über die Änderungen des Sonnenverhaltens zu verstehen, können wir auch besser über langfristige Klimaänderungen urteilen“.

Eine dritte Gruppe von Instrumenten befaßte sich mit den Teilchen im interplanetaren Raum. Wie Ulysses sollte auch SOHO kosmische Strahlen, Atomkerne interstellarer Gase, Elemente im Sonnenwind und energiereiche Teilchen aus der Sonne entdecken.

Da SOHO durch Flügel stabilisiert werden sollte und nicht durch die Eigenrotation, wurden seine Beobachtungen auch nicht wie im Falle des rotierenden Ulysses ständig unterbrochen. Kameras sollten von SOHO aus Eruptionen auf der Sonne beobachten, danach sollte der Teilchendetektor die Ankunft der abgestoßenen Materie feststellen und untersuchen.

Das breite Band von Beobachtungsinstrumenten und die ihnen zugeteilten Aufgaben zeigten wieder einmal, wie viele grundsätzliche Fragen zur Sonne noch offen waren. Das Gleiche galt von den Auswirkungen der Sonneneruptionen auf die Erde, wie sich an der Komplexität der Clustermission ablesen ließ. Sie verlangte nicht nur eine Menge hochkomplizierter Instrumente an Bord eines jeden Satelliten, sondern auch vier gleichzeitige Satelliten.

Cluster entstand aus der Enttäuschung der Forscher, die sich bei ihrer Jagd auf Teilchen im Umfeld der Erde drei Jahrzehnte lang keinen Reim auf die magnetischen und elektrischen Ereignisse im Raum machen konnten. Denn jede einzelne Sonde gewährte nur einen begrenzten Einblick und das behinderte die Wissenschaftler. Ein Autofahrer, der merkt, daß es nicht mehr regnet, kann sich fragen, ob der Regen aufgehört hat oder sich die Regenwolken nur verzogen haben oder ob er das Regengebiet verlassen hat. Ähnlich verhält es sich, wenn ein Satellit einen Schwarm von Teilchen meldet, der kommt und geht. Das konnte die Folge von Veränderungen in der Zeit oder des Ortes sein.

Ließen sich die Mehrdeutigkeiten durch zwei Satelliten beheben? 1988 arbeiteten die Sonden der NASA ISEE-1 und der ESA ISEE-2, die mit ähnlichen Instrumenten ausgerüstet waren, zusammen. Ihre Antwort auf die Frage war, Nein. Um die Vorgänge rund um die Erde und die Löcher im Schutzschild, durch die Sonnenpartikel eindrangen, genau analysieren zu können, benötigte man vier im Verbund arbeitende Satelliten.

Cluster bestand aus vier Satelliten. Diese Mindestzahl war nötig, um zwischen den Satelliten ein eindeutiges Bild von den Ereignissen im Raum zu bekommen. Identische Meßinstrumente würden die Teilchen, Wellen und elektrischen und magnetischen Felder gleichzeitig an den unterschiedlichen Orten erfassen, an denen sich die Satelliten in der Magnetosphäre der Erde gerade aufhielten.

„Cluster wird die Mehrdeutigkeit früherer Missionen ausschließen", sagte Rudolf Schmidt, der wissenschaftliche Leiter dieses ESA Projekts. „Aus den Daten unserer vier Satelliten können die Computer ein dreidimensionales, bewegtes Bild der physikalischen Prozesse im näheren Raum um die Erde erstellen.

Amerikanische und europäische Wissenschaftler, die an dem Experiment beteiligt waren, erhofften sich Antworten auf die grundsätzlichen Fragen, die jeden von ihnen seit 1958 umgetrieben hatten. Sie waren in der Grundlagenforschung aber auch in Anwendungsbereichen aufgetreten. Die Raumumgebung der Erde lieferte Plasmaphysikern ein natürliches Labor. Die Auswirkungen des Sonnenwindes auf Satelliten und Kraftwerke war erst kürzlich dramatisch erlebt worden. Die Wissenschaftler hatten auch nie ganz den Hintergedanken aufgegeben, daß die Interaktionen zwischen Sonnenwind und Erde etwas mit Klimaänderungen zu tun haben könnten.

Roger Bonnet, der Wissenschaftsdirektor der ESA, war Sonnenforscher und hatte an helioseismologischen Experimenten teilgenommen. Seiner Ansicht nach konnte die Verbindung mit der Klimafrage am besten rechtfertigen, daß die Steuergroschen der Europäer für die Sonnenmissionen Ulysses, SOHO, und Cluster verwendet wurden. In einem Buch drückte Bonnet beredt seine persönlichen Ansichten über die kulturelle Bedeutung der Raumforschung und die Verantwortung der Wissenschaft für unseren „kleinen blauen Planeten" in einer Zeit aus, in der die

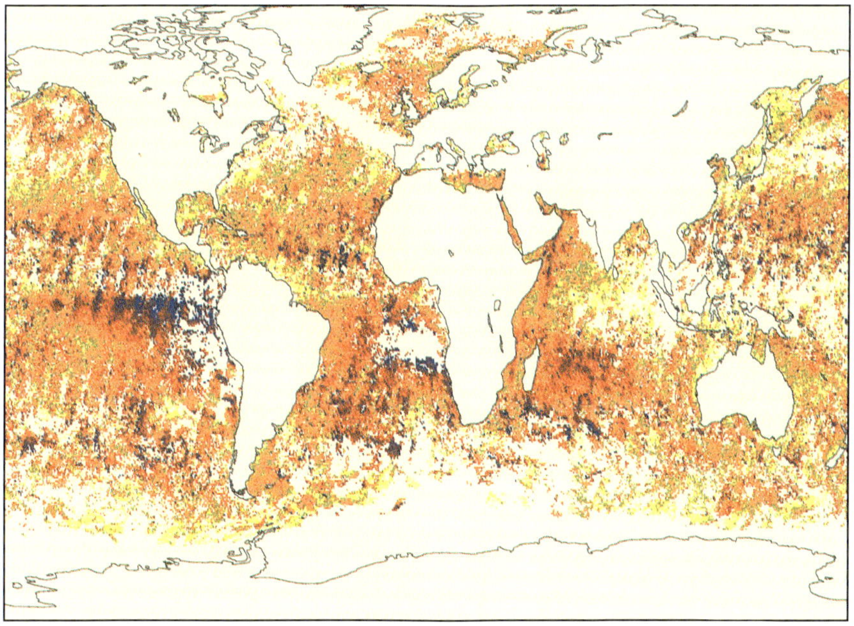

Oben: Vulkane komplizieren das Klimageschehen. Nach der Eruption des Mount Pinatubo auf den Philippinen im Juni 1991 (oben), beobachtete der Satellit ERS-1 die Ausbreitung des Staubes in der Luft über der Erde. Die Daten im Oktober 1992 (unten) zeigen die größte Ausbreitung der Staubschicht.
Photo: Popperfoto, Karte: ERS-1/ESA, ATSM/ Rutherford Appleton Laboratorium, Didcot, UK und Universität von Leicester

Menschen ihn sehr bedrängen. In dem Zusammenhang stellt er die Vorhersagen der Treibhaushypothese in Frage.

„Eine Schwierigkeit ist," schrieb Bonnet, „daß sich das Klima normalerweise ändert. Es ist nicht leicht zwischen der natürlichen Änderung und dem Treibhauseffekt zu unterscheiden. Daher kann man heute noch nicht sagen, ob die Erwärmung in diesem Jahrhundert vom Menschen durch Treibhausgase verursacht wurde oder durch natürliche Ursachen, wie zum Beispiel astronomische Faktoren".

Im Juni 1991 zählte man fast so viele Sonnenflecken wie auf dem Höhepunkt von 1989. Die Sonne war nämlich wieder wild geworden und begann den Monat mit sieben großen Eruptionen in nur 11 Tagen.

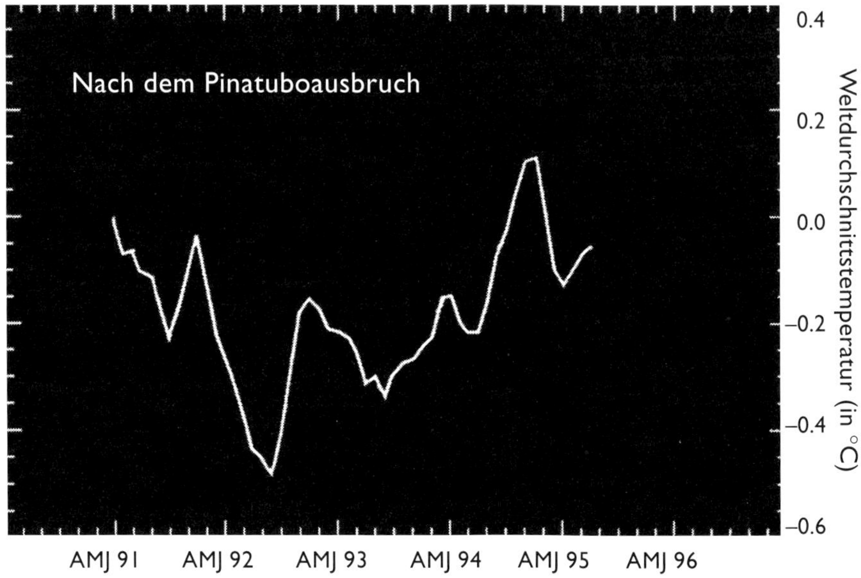

Verlorener Sonnenschein. Der Staub vom Pinatubo-Ausbruch von 1991 verringerte die Sonneneinstrahlung und bewirkte eine plötzliche Abkühlung nach rund 60 Jahren Klimaerwärmung. Die Kurve bezieht sich auf Durchschnittswerte aus drei Monaten. AMJ steht für April, Mai, Juni.

Nach IPCC

Die Sonnenbeobachter bereiteten sich auf die üblichen Kraftwerksausfälle und das Durcheinander bei den Satelliten vor. Erst knapp drei Monate zuvor hatte eine größere Eruption den Kommunikationssatelliten MARECS-1 zerstört und andere beeinträchtigt.

Aber nichts dergleichen geschah. Sie nahmen also an, daß eine günstige Konstellation der Magnetfelder im Sonnenwind die Auswirkungen der Eruptionen auf die unmittelbare Umgebung der Erde im Raum gemildert hatte. Zweifel an der Größenordnung der Ereignisse auf der Sonne gab es keine. Ulysses, der sich noch auf dem Weg zum Jupiter befand registrierte mehrere Stoßwellen. Auch nahm die kosmische Strahlung auf der Erde eine Woche lang ständig ab, ehe sie am 13. Juni den niedrigsten Wert seit Beginn der Messungen vor gut 40 Jahren erreichte. Aus der Sicht nach vier Jahren verhalf dieses Ereignis zu einer neuen Einsicht in die Rolle der Sonne für die Klimaänderungen auf der Erde.

Die solide Erde zeigte ihre geringeren, aber immer noch schrecklichen physischen Kräfte im Ausbruch des Pinatubo auf den Philippinen. Dieser seit Jahren größte Vulkanausbruch ereignete sich im Juni 1991 und webte in der Stratosphäre einen Staubmantel. Satelliten zeichneten auf, wie sich der Staubes über die Erde hin ausbreitete. Die Sonneneinstrahlung nahm am Erdboden einige Monate lang um rund 3 Prozent ab, erholte sich in den nächsten zwei Jahren aber wieder, als der Staub allmählich zu Boden sank.

Zwischen Juni 1991 und Dezember 1992 sank die Durchschnittstemperatur um rund 0,5 Grad C. Das damit verbundene kalte und unangenehme Wetter ließ Leute mancherorts fragen, ob ihnen eine gewisse Klimaerwärmung nicht doch lieber wäre. Die Durchschnittstemperatur erreicht ihre früheren Werte erst wieder Ende 1994. Treibhausexperten hatten mit der Möglichkeit gerechnet, daß Vulkanausbrüche vorübergehend zur Abkühlung führen. Mit großer Genugtuung benutzten sie den Ausbruch des Pinatubo in ihren Modellen.

Aus der Fassung gerieten sie erst, als nach dem Ausbruch des Pinatubo auch die Zunahme von CO_2 in der Luft zurückging. Nach ihrer Ansicht sollte wegen des weiteren Verbrauchs fossiler Energie der CO_2-Gehalt der Luft schneller und schneller ansteigen und mit ihm die Temperatur. Zwar sank der CO_2-Gehalt der Luft nicht absolut aber die jährliche Zuwachsrate fiel in den Jahren 1991/92 auf 0,6 Teile pro Million im Unterschied zu den 2,5 Teilen pro Million in den Jahren 1987/88. Das entsprach den Werten der sechziger Jahre, als nur halb so viel fossile Energie wie in den neunziger Jahren verbraucht wurde. Damals war es, genau wie nach der Pinatuboeruption, ungefähr ein halbes Grad kälter.

Richtete sich das CO_2 nach der Temperatur statt umgekehrt die Temperatur nach dem CO_2-Gehalt? Das würde die Hypothese vom Treibhauseffekt auf den Kopf stellen. Obwohl 1994 Temperatur und Zunahmeraten von CO_2 wieder die Werte vor dem Ausbruch des Pinatubo erreichten, blieb den Vertretern der Treibhaushypothese das Rätsel: Was war die Ursache und was die Wirkung?

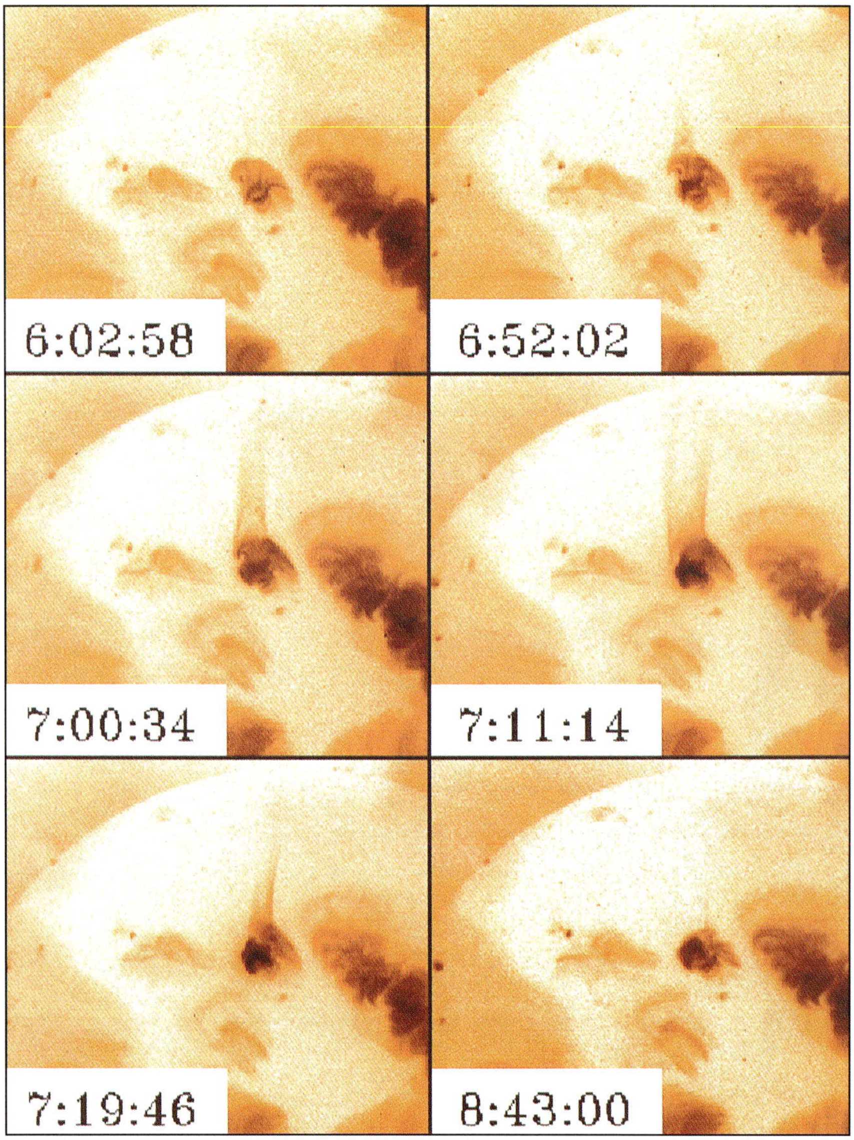

Gasausbruch auf der Sonne. Die Folge von 6 Röntgenaufnahmen des Satelliten Yohkoh umspannt fast 3 Stunden. Sie zeigt, wie aus einem „Loch" in der Sonnenatmosphäre - es liegt in der Nähe des nördlichen Sonnenpols und zeichnet sich durch einen extrem hohen Magnetismus bei vergleichsweise niedriger Temperatur aus - heißes Gas in die Höhe schießt. Die Gassäule erreicht um 7:11:44 mit einer Weite von 70.000 km und einer Höhe von 450.000 km ihre größte Ausdehnung. Im Vergleich dazu hat die Erde einen Durchmesser von rund 13.000 km.

Yohkoh Team

Kapitel 5

MAGNETISCHE SPRENGBOMBEN

Am 30. August 1991 startete von Kagoshima in Japan ein neuer Satellit mit Namen Solar-A donnernd ins All. Er erreichte seine Umlaufbahn in etwa 600 km Höhe, auf der er alle 97 Minuten die Erde einmal umkreist. Beim Start wurde er Sonnenstrahl - auf japanisch Yohkoh - getauft. Mit seinen Röntgenaufnahmen von der Sonne brachte er Licht in die wenig durchschauten Eruptionen auf der Sonne.

Physiker mit dem Spezialgebiet Sonne sehnten sich in der jüngsten Phase hoher Sonnenaktivität der neunziger Jahre nach Sagamihara westlich von Tokio. In dem Institut für Raum- und astronautische Wissenschaft und einem Raum voll von Computerarbeitsplätzen analysieren japanische Fachleute zusammen mit Gästen aus Amerika und England Daten dieses Satelliten.

Der Satellit wurde sehr schnell wegen seiner Aufnahmen von der Sonne berühmt. In Sagamihara konnte man das Bildmaterial frisch vom Satelliten verfolgen. Aktivierte Bereiche der Sonnenatmosphäre waren nicht rotglühend, auch nicht weißglühend, sondern „röntgen-heiß". Bei einer Temperatur um eine Million Grad strahlen sie die meiste Energie im Bereich der Röntgenwellen aus. Für das menschliche Auge ist diese Strahlung unsichtbar, außerdem kann sie die Erdatmosphäre nicht durchdringen. Nur mit einem im Raum stationierten Röntgenteleskop lassen sich die Vorgänge in der Sonnenatmosphäre beobachten.

Amerikanische Astronauten hatten zuerst 1973 von der Raumstation Skylab aus die Sonne im Bereich der Röntgenstrahlung beobachtet und aufregende und informative Bilder geliefert. Aber es waren nur Schnappschüsse, die wie Bilder von einem Ballett die Tänzer erstarren lassen. Skylab hatte nur wenig Filmmaterial für Röntgenaufnahmen an Bord. Außerdem waren die Aufnahmen unscharf, weil ungebündeltes Röntgenlicht in das Aufnahmegerät gelangte.

Yohkoh war zwanzig Jahre später mit besseren Spiegeln ausgestattet und konnte sich auf Stellen mit dem Durchmesser von nur 2000 km, also gut einem Siebenhundertstel der sichtbaren Sonnenscheibe, konzentrieren. Da der japanische Satellit nicht auf Filmmaterial, sondern elektronisch aufzeichnete, konnte er sehr verschwenderisch Bilder liefern. In nur zwei Minuten konnte er die ganze Sonne erfassen und sich in wenigen Sekunden auf einen Ausschnitt richten. Parallel zum Röntgenteleskop war ein optischer Filmapparat angebracht. Auf seinen Bildern ließen sich die sichtbaren Sonnenflecken und Eruptionen besser orten.

Eines der Teleskope war auf relativ langwelliges Röntgenlicht eingestellt, das von großen heißen Flächen stammte. Damit ließ sich die Vorbereitung der Sonnenstürme in der Atmosphäre erkennen. Ein anderes beschränkte sich auf kurzwellige Strahlen, die unmittelbar aus dem Bereich der Eruptionen stammten.

Dadurch, daß die Spezialkameras an Bord von Yohkoh Bilder nach Wellenlängen getrennt aufnahmen, wurden Einzelheiten der Ausbrüche sichtbar. Ausbrüche

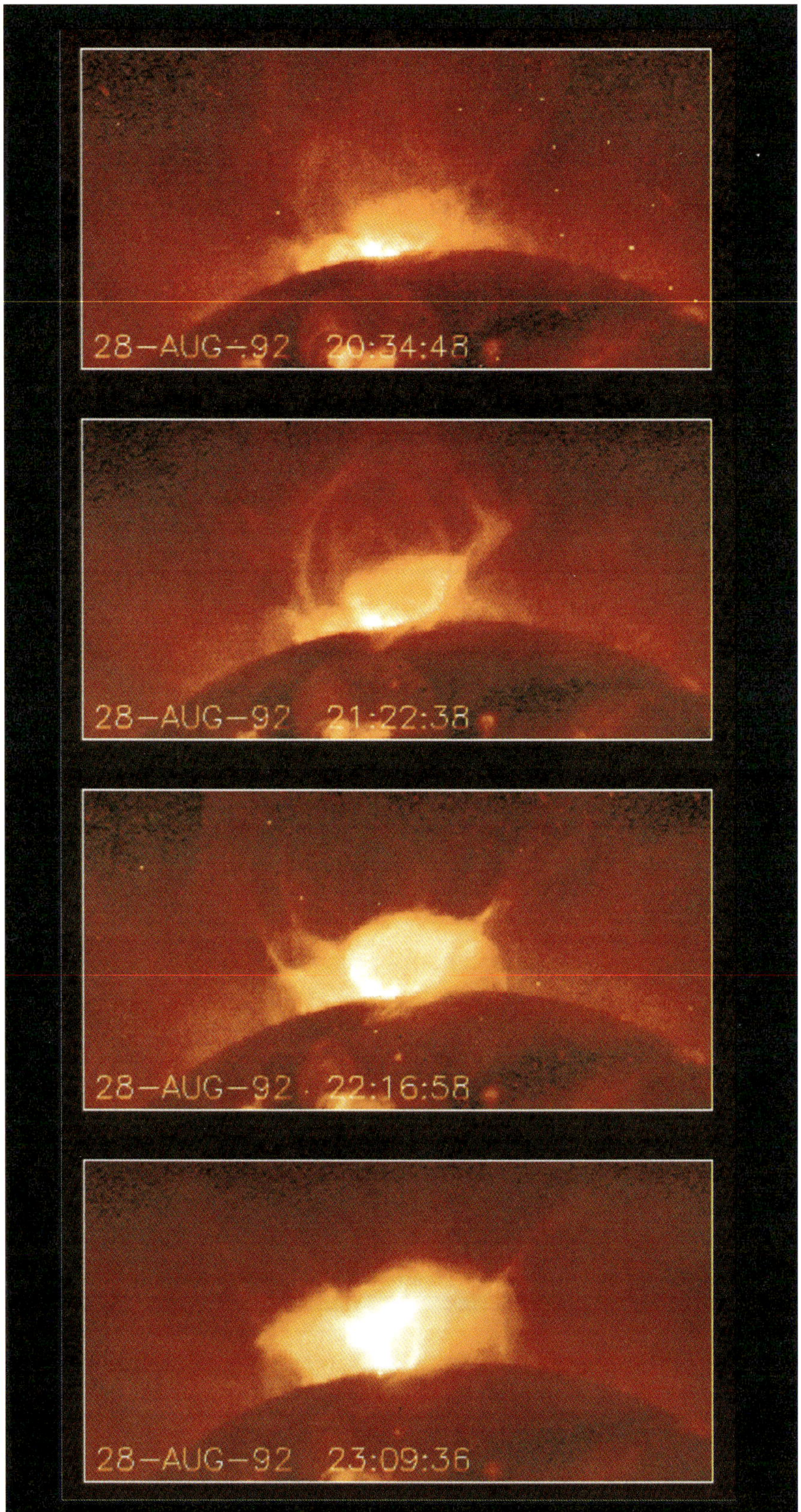

Zwei Ausbrüche in einem. Oberhalb des westlichen Horizonts der Sonne, die auf dem Röntgenbild dunkel erscheint, werden zunächst Gasmassen ausgestoßen, ihnen folgt ein herrlicher Feuerball. Mit solchen bisher nicht gesehenen Bildern bestätigte der Satellit Yohkoh, daß ein und dieselbe magnetische Explosion beide Ereignisse hervorbringt. Innerhalb der Gaseruption bildet sich eine Blase (zweites Bild), die aus dem Rahmen herausgeschossen wird, danach beherrscht der weitere Gasausbruch die Szene.

Yohkoh Team

von Gamma-Strahlen, also superharten Röntgenstrahlen, traten etwa eine Minute vor einer größeren Eruption auf.

In einem Film aus mehreren Röntgenbildern der ganzen Sonnenscheibe lassen sich in der Sonnenatmosphäre Knoten aus heißem Gas erkennen. Sie ziehen wie Wolken über die gesprenkelte Oberfläche der Sonne hin. Ihre Helligkeit flackert, und sie verändern ständig ihre Gestalt. Größere Stellen mit weniger Emissionen, sogenannte Löcher in der Korona, erscheinen als dunkle Flecken und Schneisen auf den Röntgenbildern. Da die Sonne sich langsam dreht, schieben sich die helleren und dunkleren Flecken allmählich über die Sonnenscheibe. Sie verschwinden auf der einen Seite, um einige Wochen später auf der anderen wiederzukehren. Einige lassen sich dabei sogar an ihrer Gestalt wiedererkennen.Es ist, als würde man zusehen, wie langsam ein Gewitter aufzieht. Alle paar Tage explodiert eine der hellen Wolkengebilde in einer Eruption. Die dabei freigesetzten Röntgenstrahlen überstrahlen dann einige Minuten, manchmal auch stundenlang den Rest der Sonne. Yohkoh zeichnete hunderte solcher Eruptionen auf, größere aber auch kleine. Dadurch ergab sich allmählich ein Bild von diesen Vorgängen. In der Sonnenatmosphäre nahe eines Sonnenfleckens sammelt sich magnetische Energie, die plötzlich freigesetzt wird. Die Eruption heißer Gase ist nur das Nebenprodukt der gewaltsamen Neuordnung der magnetischen Felder in der Sonne.

Die Aufmerksamkeit richtete sich nun auf die vielfältigen Schleifen in der Nachbarschaft von Sonnenflecken, die manchmal wie eine Schüssel Spaghetti aussehen. Es handelt sich um heiße Gase, die sich um Magnetlinien, die über die Sonnenoberfläche hinausragen, legen und Röntgenstrahlen freisetzen. Im ununterbrochenen Brodeln der Sonnenoberfläche und ihrer Atmosphäre verschlingen sich solche Schleifen untereinander.

Wenn sich die oberen Enden zweier Schleifen kreuzen, so daß ihre Magnetlinien in entgegengesetzte Richtungen verlaufen, gibt es eine Art Kurzschluß. Die Schleifen zerbersten. Ihre Feldlinien polen sich um und verbinden sich wieder miteinander. Dabei bilden sich neue, größere und kleinere Schleifen. Es ist, als hätten sich gespannte Bogenseiten miteinander verheddert, die sich plötzlich im Augenblick der Umschaltung wieder straffen und dabei gewaltige Mengen Energie freisetzen.

Solche Magnetexplosionen rufen dadurch Eruptionen hervor, daß sie zunächst beschleunigte Teilchen von der Spitze der Schleife hinunter in dichtere Regionen der Sonnenatmosphäre schießen. Wenn sie dort aufschlagen, heizen sie ein begrenztes Gebiet, den sogenannten Fußpunkt (footpoint) auf 30 bis 40 Millionen Grad, viel heißer als im Sonneninneren, auf. Die Fußpunkte strahlen die für den Beginn der Eruption typischen Röntgenstrahlen aus. Manchmal schlagen die Teilchen auch bis auf die sichtbare Sonnenoberfläche durch und erzeugen dort Blitze sichtbaren Lichts. Solche Blitze waren Richard Carrington von Redhill in England schon 1859 aufgefallen, als er zum ersten Mal Eruptionen auf der Sonne beobachtete.

Während ein Teil der Teilchen von der Magnetschleife nach unten geschleudert wird, jagen andere nach außen, was oft mit der eigentlichen Eruption verwechselt wird. Diese Protonenschwärme aus der Sonne können Astronauten gefährlich werden. Auffälliger und für das Wetter auf der Erde von größerer Bedeutung ist der Ausstoß großer Gaswolken aus der Sonnenatmosphäre, die dem Umpolkurzschluß der Magnetschleifen folgen. Bilder von Yohkoh lassen erkennen, daß Eruptionen, bei denen Milliarden Tonnen Gas mit Geschwindigkeiten von rund 550 km/sec in die Heliosphäre hinausschießen, durch ähnliche Ereignisse im Magnetfeld ausgelöst werden, welche die Sonnenfackeln entzünden.

Aber nicht jede Masseneruption begleitet ein fackelartiger Ausbruch, und nicht jede dieser Fackeln schleudert Gasmassen heraus. Aber beide Ereignisse treffen oft genug zusammen, so daß sie meistens gleichgesetzt werden. Die Massenausbrüche ähneln der Theorie nach den viel kleineren Vorgängen, die sich im Schweif des Erdmagnetfeldes abspielen. Auch dort kann eine plötzliche, magnetische Umpolung wie bei einer Masseneruption auf der Sonne eine eiförmige Plasmablase wegschießen. Dabei schießen energiereiche Teilchen in Richtung Erde zurück; statt fackelartiger Ausstöße entzünden sie in der Nähe der Pole Polarlichter.

Im amerikanischen Magazin *Science* erschien am 1. November 1991 unter der Überschrift „Die Länge der Sonnenzyklen: Ein Indikator für Sonnenaktivitäten in enger Beziehung zum Erdklima" der Aufsatz von Eigil Friis-Christensen und Knud Lassen, in dem Klimaschwankungen mit der wechselnden Länge der Sonnenzyklen in Verbindung gebracht werden. Dort heißt es nach der Feststellung, daß die Berichterstattung über die Klimaerwärmung im 20. Jahrhundert ihre Temperaturkurven gewöhnlich um 1861 beginnen läßt:

„Schwankungen der Dauer von Sonnenzyklen liefern Daten, welche die Vermutung unterstützen, daß es einen direkten Einfluß der Sonnenaktivität auf das Erdklima gibt ... Ihre Darstellung deckt sich weitgehend mit den langfristigen Temperaturänderungen über der Landmasse der Nordhalbkugel in den letzten 130 Jahren".

Friis-Christensen und Lassen bezogen sich in dem Aufsatz auf die Eisbildung im Nordatlantik. Sie lieferte ihnen Klimadaten bis ins Jahr 1740 zurück, als die Klimaentwicklung noch nicht allgemein aufgezeichnet wurde. Sie bezogen sich aber mehr auf Berichte, die festhielten, wie viele Wochen im Jahr Eisberge vor Island zu sehen waren, als auf Beobachtungen des Eisgangs in der Davis See. Die Kurve über das Eis vor Island verhielt sich genau umgekehrt zu der über die Länge der Sonnenflecken. In der Zeit besonders kurzer Sonnenzyklen, also um 1770, 1850 und 1940 verschwand das Eis vor Island.

Zu der Klimaerwärmung im 20. Jahrhundert bemerkten sie, daß erst die natürlichen Klimaschwankungen bekannt sein müßten, bevor man über die Auswirkungen menschlicher Aktivitäten zuverlässig etwas sagen könne. Sie wiesen auf die Abkühlung in der Mitte des Jahrhunderts hin, die mit dem kontinuierlichen Anstieg des CO_2 nicht, wohl aber mit Änderungen der Sonnenaktivität in Einklang zu bringen war. Sie schlossen aber nicht ganz aus, daß es so etwas wie einen zusätzlichen Treibhauseffekt gibt.

„Es könnte sein, daß andere Effekte dem Treibhauseffekt entgegenwirken", schrieb Friis-Christensen und Lassen. „Insbesondere ist denkbar, daß die Ausdehnung der Wolkendecke als Folge zunehmender Umweltverschmutzung das Klima wieder kühler werden läßt".

Ihre Arbeit in *Science* gestand ein, daß eine eindeutige Erklärung für den Zusammenhang zwischen den Sonnenzyklen und der Erdtemperatur noch fehlt. Sie wiesen aber auf die Möglichkeit hin, daß der Sonnenwind, wie andere Wissenschaftler schon 1978 festgestellt hatten, seit Beginn des Jahrhunderts zugenommen hat.

„Aber ein plausibler physikalischer Mechanismus, wie der wechselnde Sonnenwind auf das Klima wirkt, konnte bisher noch nicht festgestellt werden", gaben sie zu. Sie ließen offen, ob die Dauer des Sonnenzyklus auf andere Änderungen in der Sonne verwiesen, zum Beispiel auf die Intensität der Sonnenstrahlung.

Friis-Christensen und Lassen schätzten, daß die Intensität des Sonnenlichts zwischen 1890 und 1984 um ein Prozent zugenommen haben könnte. Im Verlauf der weiteren Diskussion sollte sich zeigen, daß sich die Dänen mit ihrem Hinweis auf Schwankungen der Sonnenstrahlung eine Blöße gegeben haben.

Unter anderen Umständen wäre der Hinweis auf den Zusammenhang von Sonne und Klima als wichtige Entdeckung begrüßt worden. Noch vor zwanzig Jahren, als die Klimatologen in ihren Vorstellungen noch freier waren und noch am meisten die Sonne verdächtigten, für Klimaschwankungen verantwortlich zu sein, hätten viele Fachleute diesen Aufsatz in *Science* gelesen und „Aha!" gerufen. Sie hätten sich, wie alle Zweibeiner, die sich einen Reim auf die Geheimnisse des Universums zu machen versuchen, sogleich mit möglichen Folgerungen aus dieser Erkenntnis beschäftigt. Aber 1991 war das nicht mehr opportun.

Einige wache Journalisten griffen die Geschichte aus *Science* auf. Hinweise darauf erschienen in der *New York Times,* in *Business Week* und im dänischen Fernsehen. Einige Politiker und Beamte hoben sich aus Sorge über das, was sie auf der UNO Konferenz in Rio im nächsten Jahr unterschreiben sollten, den Artikel auf. Das gleiche taten Interessenvertreter der Industrie. Aber die Erklärung der Klimaerwärmung durch die Sonne blieb eine Eintagsfliege. Nach ihrer Berichterstattung über die Klimakatastrophe zu urteilen, die unvermindert weiterging, haben die Medien die Hinweise aus Kopenhagen im allgemeinen nicht wahrgenommen.

Die Reaktionen der Fachleute auf den Aufsatz der Dänen machte Bert Bolin beim IPCC Sorgen. Die für die Wissenschaft zuständige Gruppe unter John Houghton bereitete gerade eine Fortschreibung ihres Berichts von 1990 vor. Houghton selbst, inzwischen Sir John, war gerade von seiner dankbaren Regierung, die noch immer feudalistische Ehrentitel austeilt, geadelt worden. Wir bleiben im folgenden um der Gleichheit der Wissenschaftler willen - wir müßten sonst ja auch mit Professor Dr. Dr. usw. aufwarten - beim bloßen John.

Die Fortschreibung sollte im Sommer 1992, rechtzeitig zur UNO Konferenz in Rio vorliegen. Aufgrund des IPCC-Berichts *Klimawandel 1990* sollte sich die Konferenz auf eine Klimakonvention einigen. Diplomaten brachten alle, die sich vor einer Klimaerwärmung fürchteten, unter einen Hut und machten Druck auf die Opposition aus Nationen und Industriegruppen, die Einschränkungen für den Verbrauch fossiler Energie befürchteten. Die Klimawissenschaft war nun zum Guten wie zum Bösen mit der Politik verwoben. Viele Leute hätten rot werden müssen, hätte Houghtons Arbeitsgruppe im IPCC ihre Geschichte stark verändert.

So arbeitete man schon an einer maßvollen Anpassung der „wissenschaftlichen Abschätzung" des zusätzlichen Treibhauseffekts. Die Erwärmung durch künstliche Fluorkohlenwasserstoffe (FCKWs) in der unteren Atmosphäre sollte die Abkühlung infolge des Ozonverlusts in der sogenannten Ozonschicht wettmachen. Die Klimamodellierer hatten wenig dagegen, die Abkühlung durch Schwefeldioxid (SO_2), das beim Verbrennen von fossilen Brennstoffen frei wird, stärker in Rechnung zu stellen. Es sorgte besonders über den Industrienationen im Norden für Staub, der kühlend wirkt.

Houghton übernahm die Aufgabe, die Erwartung der Klimaerwärmung wegen der Abkühlung durch SO_2 abzumildern. Mit einfachen Berechnungen ließ sich nämlich erklären, warum die bisherige Erwärmung hinter den Erwartungen zurückgeblieben war.

Da der Staub aber in die Berechnungen der zukünftigen Klimaentwicklung noch nicht aufgenommen wurde, gab es wenig Grund, die bisher veröffentlichten Vorhersagen über die drohende Klimaerwärmung aufzugeben.

Die Entdeckung von Friis-Christensen und Lassen wurde aber zu einer immer ernsteren Bedrohung für die Hypothese des zusätzlichen Treibhauseffekts. Überall atmeten die Skeptiker auf. Schon unterstellten Fachleute, daß wenigstens die Hälfte der Erwärmung in diesem Jahrhundert der Sonne zuzuschreiben war. In diesem Falle wäre die Rolle von CO_2 mächtig übertrieben gewesen.

Ein bekannter Kristallforscher, J. Desmond Bernal aus London, beschrieb die Stufen, auf denen sich neue wissenschaftliche Ideen durchzusetzen pflegen:

Es kann nicht stimmen.
Es könnte richtig sein, ist aber unerheblich.
Es könnte wichtig sein, ist aber keine neue Idee.
Genau das habe ich immer schon gedacht.

Die Ausführungen von Friis-Christensen und Lassen enthielten keine offensichtlichen Dummheiten. Sie konnten nur an der Begutachtung durch Fachwissenschaftler scheitern, die Aufsätze für *Science* normalerweise durchlaufen müssen. Houghtons Arbeitsgruppe ging also gleich zur zweiten Stufe über. Sie räumte der Sonne eine gewisse Rolle beim Klimawechsel ein, zeigte aber zu ihrer Befriedigung, daß diese Effekte, verglichen mit dem Treibhauseffekt, verschwindend gering seien. Solare Einflüsse könne es geben, sie seien aber unerheblich.

Tom Wigley leitete die Abteilung Klimaforschung in Norwich und war ein prominentes Mitglied in Houghtons Arbeitsgruppe. Er bot sich an, den Einfluß der Sonne herunterzuspielen. Schon in den achtziger Jahren hatte er zusammen mit seinem Kollegen Mick Kelly den Einfluß der Sonnenschwankungen untersucht, ihn mit dem des zusätzlichen Treibhauseffekts verglichen und als zu gering beurteilt. Die Wissenschaftler aus Norwich hatten, wenn auch mit geringem Erfolg, Entsprechungen zwischen vorgeschichtlichen und geschichtlichen Klimaschwankungen und Änderungen bei der Sonnenstrahlung, wie sie sich nach der Radiokarbon-Methode ergeben, untersucht. In diesem Sinne waren sie Sonnenspezialisten.

Kelly und Wigley legten beliebige und unterschiedliche Werte für den Anteil der Sonne oder des Treibhauseffekts an der Klimaerwärmung fest. Diese gaben sie in ein einfaches Klimamodell ein und ließen die Computer mit diesen Werten den Verlauf der Erwärmung seit dem 19. Jahrhundert nachrechnen. Dann verglichen sie statistisch die Rechenergebnisse mit den Verlaufskurven, die Houghtons Arbeitsgruppe für die beobachtete Durchschnittserwärmung berechnet hatte.

O weh! Die Verlaufskurven der tatsächlichen und der berechneten Erwärmung kamen sich dann am nächsten, wenn man den Einfluß der Sonne auf die Erwärmung gegen 100 Prozent und den des zusätzlichen Treibhauseffekts gegen 0 Prozent gehen ließ. Das konnte nicht angehen. Wigley fand bald ein anderes Argument gegen den Einfluß der Sonne. Jedermann weiß doch, behauptete er, daß der Treibhauseffekt seit Beginn der industriellen Revolution durch zusätzliche Treibhausgase in der Atmosphäre um 2 Watt pro Quadratmeter zugenommen hat. Jedermann weiß auch, daß die Schwankungen der Strahlungsintensität der Sonne viel geringer ausfallen. Daher sollte klar sein, daß, wenn sich schon Schwankungen der Sonnenaktivität im Klima bemerkbar machen, dies noch mehr für den Treibhauseffekt gilt. Da die Auswirkungen des Treibhauseffekts gering sind, wirken sich Sonnenschwankungen noch geringer aus.

Die Arbeit von Kelly und Wigley erschien nicht rechtzeitig, um im IPCC-Bericht von 1992 berücksichtigt zu werden. Eine nicht veröffentlichte Arbeit zu zitieren, verboten die selbst aufgestellten Regeln des IPCC. Trotzdem gelangte ihr Argument in abgemilderter Form in den Bericht: „Um in der Sache voranzukommen, sollte man ein physikalisches Modell benutzen", hieß es da, „das sowohl die hypothetische Beeinflussung wie auch den zusätzlichen Treibhauseffekt umfaßt".

Die „hypothetische Beeinflussung" konnte sich auf Friis-Christensen und Lassens Vorschläge wie auf viele andere Ursachen der Klimaänderung beziehen. Alle sollten sich am vorausgesetzten Treibhauseffekt messen lassen. An einer anderen Stelle, die auch auf Wigley zurückging, bezog sich der IPCC-Bericht mit der Bemerkung auf die Entdeckung aus Dänemark: „Welche Wirkungen vom Einfluß der Sonne im Vergleich zu denen des Treibhauseffekts ausgehen, muß sich erst noch ergeben".

Im gleichen Kapitel heißt es (wie schon im Bericht von 1990), daß die Sonne nur einen geringen Spielraum für Schwankungen ihrer Strahlungsintensität hat. Dabei bezog man sich noch immer auf Satellitenmessungen, die ergeben hatten, daß die Strahlungsintensität zwischen Minimum und Maximum um etwa 1 Promille zunimmt. Das entspricht einem Viertel Watt pro Quadratmeter und war nur etwa ein Zehntel des unterstellten Treibhauseffektes.

Diese Meßergebnisse stammten aus den achtziger Jahren. Nach Angaben des Schweizer Weltraumspezialisten Claus Fröhlich hatte es zehn Jahre vorher um das Vierfache größere Schwankungen in der Sonnenaktivität gegeben. Er belegte das mit den Daten früherer Raketenversuche und Ballonmessungen. Houghtons Arbeitsgruppe hielt dagegen, die Meßperioden seien damals zu kurz und die Genauigkeit der Instrumente zu gering gewesen.

Die Verfasser des IPCC-Berichts zogen Rückschlüsse vor, die bescheidener ausgefallen waren und von anderen Fixsternen als von der Sonne stammten. Danach sollte die Abkühlung auch dann, wenn die Sonnenaktivität, wie in der kleinen Eiszeit, in ein verlängertes Minimum gerät, nur etwa 0,6 Watt pro Quadratmeter betragen. Das war bedeutend weniger, als der zusätzliche Treibhauseffekt bewirken sollte. Nachdem der Bericht damit auf die Sonnenschwankungen eingegangen war, verriß er die Vorschläge der Dänen als „unbestätigt".

Im Januar 1992 reiste Friis-Christensen mit nach China, weil er dort eine offenere Beurteilung erwartete. Im aufstrebenden Hafen von Kanton (Guangzhou) traf sich Houghtons Gruppe mit Delegierten aus 47 Ländern, um den Bericht zu besprechen. Monatelang waren widerstreitende Briefe zwischen Kritikern und Verteidigern des Berichts ausgetauscht worden. Nun sollten die technischen Kapitel des wissenschaftlichen Teils des Berichtes *Klimawandel 1992* „angenommen" werden. Die Delegierten sollten dazu die wissenschaftliche Gesamtabschätzung Zeile für Zeile absegnen.

Im fahlen Licht der Wintersonne hielt man sich am Ufer des Perl nicht lange beim Himmelslicht auf. Friis-Christensens Mitgliedschaft in der dänischen Delegation hatte in Kopenhagen so manche Stirn in Falten gelegt. Andere Treibhausschwärmer erklärten ihm bei der Ankunft in Kanton unverfroren, daß sein Aufsatz wenig hilfreich gewesen sei und er, wenn sie gefragt worden wären, nicht in *Science* erschienen wäre.

Als einziger Physiker der Sonne-Erde-Beziehung unter lauter Meteorologen und Computermodellierern wollte Friis-Christensen einen grundsätzlichen wissenschaftlichen Punkt anmerken.

Nach dem Bericht kam nur das Sonnenlicht für die Erwärmung in Frage, aber die Sonne kann das Erdklima auch durch Veränderungen im Sonnenwind beeinflussen.

Die dänische Delegation schlug also förmlich vor, die Solarhypothese zu erwähnen und in einem Zusatz zu vermerken, sie sei „nicht bestätigt, aber auch nicht widerlegt". Man einigte sich schließlich auf die abgeschwächte Formel „nicht bestätigt, aber möglich". Unverständlich blieb, daß man den Antrag Friis-Christensens ablehnte, „die Sonnenauswirkungen" in die Liste ungeklärter Fragen des Berichts aufzunehmen. Dort hatte man das Problem der Wolken, der Umwälzungen im Ozean, der polaren Eisdecke und der Auswirkungen der Landoberfläche aufgeführt. Scheinbar durften alle Vorgänge im System Erde wissenschaftlich angezweifelt werden, nur nicht die Kraft, die sie antreibt. Der dänische Vorschlag, bei künftigen Forschungen auch die Dynamik der Sonne und ihren möglichen Einfluß auf Klimaschwankungen zu untersuchen, wurde abgelehnt.

Houghton engagierte sich in dieser Frage persönlich. Entgegen der Forderung des offiziellen Delegierten aus Dänemark, Friis-Christensens, beharrte Houghton darauf, in die Endfassung des wissenschaftlichen Teiles nur Änderungen der Intensität des Sonnenlichtes als „unmittelbar plausible" Erklärung für die Einwirkung der Sonne auf das Klima aufzunehmen. In seinem Buch *Globale Erwärmung* (1994) behandelte Houghton die Sonne in einem gesonderten Einschub. Er zieht dort den Schluß, die Sonne könne insgesamt nicht mehr Einfluß auf Klimaänderungen haben als die Zunahme an CO_2 in zehn Jahren.

Trotzdem führte der Bericht Friis-Christensen und Lassen namentlich als Mitarbeiter am Text und als Gutachter auf. Eine Erklärung dazu findet sich im Vorspann der Liste: „Die Hauptautoren haben sich bemüht, alle Beiträge in dem Bericht zu verarbeiten. Einige Meinungen von Minderheiten ließen sich nicht mit dem allgemeinen Konsens vereinbaren. Deshalb sind hier auch Personen aufgeführt, die mit einzelnen Punkten im Bericht nicht übereinstimmen".

„Lassen Sie mich diesen Satz für Sie entschlüsseln" bot ein Journalist an, der auf diesen Vorspann gestoßen war. „Er bedeutet: Wer sich uns nicht angeschlossen hat, wurde von uns überstimmt".

In einem Reiserekord von nur 16 Monaten erreichte Ulysses am 8. Februar 1992 den riesigen Planeten Jupiter und schwang sich in einem Abstand von 376.000 Kilometer um seine nördliche Halbkugel. Die Gravitationskraft des Planeten riß die Sonde südwärts und änderte ihren Kurs um nahezu 90 Grad. Ulysses raste nun in einen unbekannten Raum hinein, und, wenn alles gut ging, über die Pole der Sonne hinweg.

Den Jupiter umgibt, wie die Erde, ein vom Sonnenwind gespeister Strahlungsgürtel. Nur war die Bewegung der Teilchen bei ihm intensiver. Die Instrumente an Bord der Sonde waren so ausgelegt, daß sie diese Strahlung aushalten konnten, so daß schon das Jupitermanöver wissenschaftliche Erträge brachte. Ulysses kam näher an den Jupiter heran, als irgend eine Sonde vor ihm, und konnte die starken elektrischen Ströme seiner Magnetsphäre messen. Die Wissenschaftler stellten dabei fest, daß der Einfluß des Sonnenwindes auf den Magnetismus Jupiters viel stärker war, als sie angenommen hatten. Er hinderte das Magnetfeld daran, mit dem Planeten zu rotieren. Stattdessen riß er Magnetlinien aus dem Feld und trieb sie vor sich her.

Für die Mission war das Manöver der Jupiterumkreisung natürlich wichtiger als die wissenschaftlichen Erkenntnisse vor Ort. Mit einer nahezu perfekten Navigation lenkte das zuständige Team Ulysses auf seine Reise in die Heliosphäre. In den ersten Monaten geschah nichts Aufregendes, weil sich die Sonde immer noch in der vertrauten Äquatorebene der Heliosphäre bewegte, wo der langsame Sonnenwind mit Geschwindigkeiten von 400 km/sec weht.

Im Juni hatte Ulysses von der Sonne aus nach Süden eine Höhe von 13 Grad über der Äquatorebene erreicht. Nun erfaßte ihn der viel schnellere Sonnenwind aus der Polarregion der Sonne. Dazu rechnete man ein Gebiet bis zu 30 Grad um die Rotationsachse der Sonne. Da sich die Sonne in Schräglage dreht, traf und verfehlte der für die Polgegend typische, 750 km/sec schnelle Wind die Sonde in Perioden von 26 Tagen. Nun wurde es mit den Überraschungen der Heliosphäre ernst.

Treibhausexperten behaupten gern, daß ihnen nur Verschrobene und Dänen nicht zustimmen. Ihre Behauptung widerlegen immer mehr Aufsätze aus Instituten, wie dem Massachusetts Institut für Technologie (MIT) oder dem Scripps Institut für Ozeanographie, die sie nicht so einfach übergehen konnten. Auch waren die Widersacher keine Niemands. Roger Revelle, der 1958 angeregt hatte, den CO_2-Gehalt der Atmosphäre regelmäßig zu untersuchen, forderte in einem Aufsatz, wegen der unzureichenden Kenntnisse in Sachen Treibhauseffekt vorerst keine Maßnahmen zu ergreifen. Diese unerwünschte Meinung teilte er mit Robert White, dem früheren Leiter des US-Wetterdienstes.

Unter Meteorologen und Vertretern verwandter Wissensgebiete gab es im Unterschied zu den Druckerzeugern beim IPCC nie so etwas wie einen Konsens in der Frage, ob menschliche Aktivitäten das Klima ändern können. Aber die explosionsartige Vermehrung der Forschung über die Folgen des Treibhauseffekts bedeutete, daß sich der zwar gewachsene Forschungshaushalt auf eine noch viel größere Anzahl von Wissenschaftler aufteilte. Auch linientreue Klimatologen kamen schwieriger an Forschungsgelder heran.

Politik und Öffentlichkeit sind nicht wie die wissenschaftliche Debatte an das ewige Für und Wider oder klare Beweise aus wissenschaftlicher Forschung gewöhnt. Hier zählt das Auftreten. So posaunten die Medien und Politiker - obwohl es nicht stimmte - herum, daß ein Erzkritiker widerrufen, und Richard Lindzen seinen Widerstand gegen die Treibhaushypothese aufgegeben habe - und schon war für sie die Welt wieder in Ordnung.

Lindzen, der Professor am MIT, hatte im Unterschied zu dem Lindzen in der Einbildung der Journalisten auch weiterhin die Ergebnisse des IPCC angegriffen. Er ging sogar so weit, darüber zu klagen, daß auf die Mitarbeiter in Houghtons Gruppe Druck ausgeübt werde, damit sie die Ergebnisse, welche die herrschende Meinung unterstützen, besonders hervorheben. „Dieser Druck zeigte in vielen Fällen Erfolg“ sagte er und deutete 1992 folgende Motive an:

„Die auffällige Konzentration auf CO_2 reiht den Treibhauseffekt unter andere teils berechtigte teils unberechtigte politische Vorhaben ein: Energieeffizienz, Abkopplung von Ölimporten aus Nahost, Unzufriedenheit mit der Industriegesellschaft (neue Schäferidylle), internationale Konkurrenz, Regierungswunsch nach mehr Steuern (Energiesteuer), Machtzuwachs der Bürokraten... Es muß nicht zufällig sein, daß dieses Problem hochkam, als der Kalte Krieg endete“.

Der scheinbare Konsens der Wissenschaftler von Kanton machte auf Politiker, Umweltschützer und Medien Eindruck. Sie hängten der Anzahl von Experten, die an Houghtons Übung beteiligt waren, eine Null an und sprachen von Tausenden statt nur von Hunderten. Die Zahl ist aber gleichgültig, denn allgemeine Zustimmung ist weder eine Methode noch ein Ziel wissenschaftlicher Untersuchung. Ein Ergebnis Null bleibt, unabhängig mit welcher Zahl du es multiplizierst, wissenschaftlich Null.

Blick auf Brasilien. Während des Erdgipfels der UNO in Rio, im Juni 1992, oblag die Wetterbeobachtung über dem westlichen Atlantik dem mickrigen europäischen Satellit Meteosat, weil der amerikanische Satellit durch Sonnenpartikel beschädigt worden war.

Eumetsat

Politisch machte das natürlich viel her. Der Erdgipfel in Rio, der formell „UN Konferenz über Umwelt und Entwicklung" hieß, lockte im Juni 1992 25.000 Leute an. Zum Teil kamen sie zu den Sitzungen, meistens aber nur zu dem Festival, das Umweltaktivisten am Rande veranstalteten. 160 Staaten unterschrieben auf der Konferenz eine Klimakonvention.

Im Vorwort unterstrichen die Unterzeichner ihre Sorge, daß die Zunahme der Treibhausgase „zu einer durchschnittlichen Erwärmung von Erdoberfläche und Atmosphäre führt".

Sie seien entschlossen, hieß es, das Klima für diese und spätere Generationen zu schützen. Die Unterzeichner verpflichteten sich zu politischen Maßnahmen mit dem Ziel, die Emission von Treibhausgasen zu begrenzen und einzeln oder gemeinsam auf das Emissionsniveau von 1990 zurückzukehren. „Politische Maßnahmen" und „Ziel" sind vage Verpflichtungen. Aber Artikel 3 der Konvention legt ausdrücklich fest, daß wissenschaftliche Zweifel kein hinreichender Grund sind, Maßnahmen hinauszuzögern.

John Houghton war zufrieden. „Es wurde immer wieder bestätigt", schrieb er später, „daß sich die Führer der Welt ohne die klare Botschaft der Wissenschaftler dieser Welt unter der Regie des IPCC nicht zur Unterzeichnung einer Klimakonvention hätten durchringen können".

Die Klimaretter beriefen sich auf zwei Argumente, denen selbst ihre Kritiker zustimmen konnten. Solange über die physikalischen Ursachen der Erwärmung

Unklarheit besteht, ist es sinnvoll, auf Nummer sicher zu gehen und so zu tun, als seien die zusätzlichen Treibhausgase schuld. Der gute Grund, mit fossiler Energie sparsam umzugehen, hat aber nichts mit dem Treibhauseffekt zu tun, sondern mit Geldsparen, der Endlichkeit der Vorräte und dem Ziel, die Lungen der Kinder vor Luftverschmutzung zu schützen.

Das Hauptargument enthielt aber die Gefahr, daß dann, wenn sich der zentrale Angriff auf den Verbrauch fossiler Energie trotz des Theaters als unbegründet erweisen sollte, davon auch die anderen Umweltbedenken in Mitleidenschaft gezogen werden. Das galt auch für Wissenschaftler, die den Klimawandel nur deshalb mit menschlicher Einflußnahme erklärt hatten, weil das helfen sollte, die Erde als einzigen bewohnbaren Ort im weiten Universum zu erhalten.

Beim Erdgipfel in Rio. Erzfeinde wie George Bush und Fidel Castro, legten ihre Streitigkeiten im Juni 1992 beiseite, um über die Rettung des Planeten zu reden. Das Ergebnis war eine Klimavereinbarung, die sich auf Warnungen vor dem zusätzlichen Treibhauseffekt berief.

Popperfoto

Am 12. Juli 1992 fand hoch oben auf dem Festlandeis in Grönland eine ganz exklusive Party statt. 40 Leute aus acht Ländern feierten, daß der Bohrer des Projekts GRIP die Eisdecke durchstoßen und neben Eis auch Bodengestein hochgeholt hatte. Sie waren 3029 Meter unter ihren Füßen auf Land gestoßen, wo das verlorene Grünland unter dem Schnee aus 200.000 Jahren begraben lag.

Das jüngere Eis war bereits Schicht für Schicht in europäischen Laboratorien mit erstaunlichen Ergebnissen untersucht worden. Aus Kopenhagen verlautete, daß sich die Temperaturen auf der Erde in unglaublich kurzen Zeiträumen ändern können. Das ließ der rasche Wechsel an schwerem Sauerstoff in den Eisschichten einzelner Jahre erkennen. In den Eisschichten seit der letzten Eiszeit stieß man gut 20 Mal auf Temperaturschwankungen von 5 - 7 Grad innerhalb weniger Jahrzehnte. Ähnliches hatte sich auch in der Zwischeneiszeit vor 120.000 Jahren ereignet. Es sah so aus, als sei das Fehlen plötzlicher Klimasprünge das Besondere an der jetzigen Warmzeit seit Ende der letzten Eiszeit vor rund 8000 Jahren.

Zur Erklärung mußten die Klimatologen größere Veränderungen im System der Erde heranziehen. Ein Kandidat für solche Überlegungen war der Golfstrom, der die Temperatur im nördlichen Atlantik um einige Grad anhebt. Seine Wirkung konnte leicht von einer Reihe von Eisbergen unterdrückt worden sein, so daß kaltes Polarwasser in den Atlantik vordrang. Damit ließen sich die plötzlichen Abkühlungen während der letzten Eiszeit schon erklären. Nur zeigte sich an solchen Erklärungen auch, daß man nicht auf menschliche Aktivitäten angewiesen ist, um Klimaänderungen zu erklären.

Der japanische Satellit Geotail gelangte am 24. Juli 1992 mit dem Auftrag ins All, zwei Jahre lang den Magnetschweif der Erde zu untersuchen, den der Sonnenwind auf der Schattenseite der Erde in die Länge zieht. Er entdeckte Stellen, an denen sich magnetische Rückkopplungen bilden, ähnlich wie sie Yohkoh in den Sonnenfackeln beobachtet hatte. Gegensätzlich gepolte Magnetlinien dehnen und verkürzen sich im Sonnenwind und entladen sich explosionsartig, wenn sie einander berühren. Das geschieht etwa 200.000 km von der Erde entfernt im Erdschatten. Dabei bilden sich sogenannte Magneteier, Plasmoide, die weggeschossen werden. Geotail registrierte solche Plasmoide im äußersten Bereich seiner Erdumlaufbahn im Abstand von rund 130.000 km von der Erde. Eine neue multinationale Anstrengung wurde eingeleitet, um die seltsamen Ereignisse im Sonnenwind zu erklären.

Geotail bestätigte den Verdacht einzelner Physiker, daß die Polarlichter, die bei sogenannten Unterstürmen auftreten, durch Einflüsse aus dem All hervorgerufen werden. Es wurden neue Sonden vorbereitet, wie Wind und Pol der NASA, Inter-

Schnee von gestern. Mitten auf der riesigen Eiskuppel Grönlands, zu der sich der jährliche Schneefall angesammelt hatte, legten Bohrungen Daten über die Klimaänderungen der letzten 250.000 Jahre frei.
I. Silis und GRIP, Kopenhagen

ball der Russen und Cluster der Europäer. Sie sollten Schwachstellen im Schutzwall des Erdmagnetismus auf der Sonnenseite und an den Magnetpolen aufklären. Wenn der Sonnenwind, wie einige Fachleute glauben, Vorgänge in Bodennähe beeinflußt, konnte die Aufklärung der Vorgänge im Raum um die Erde auch Licht in die Klimafrage bringen. Aber noch gibt es keinen Beweis für solche Zusammenhänge.

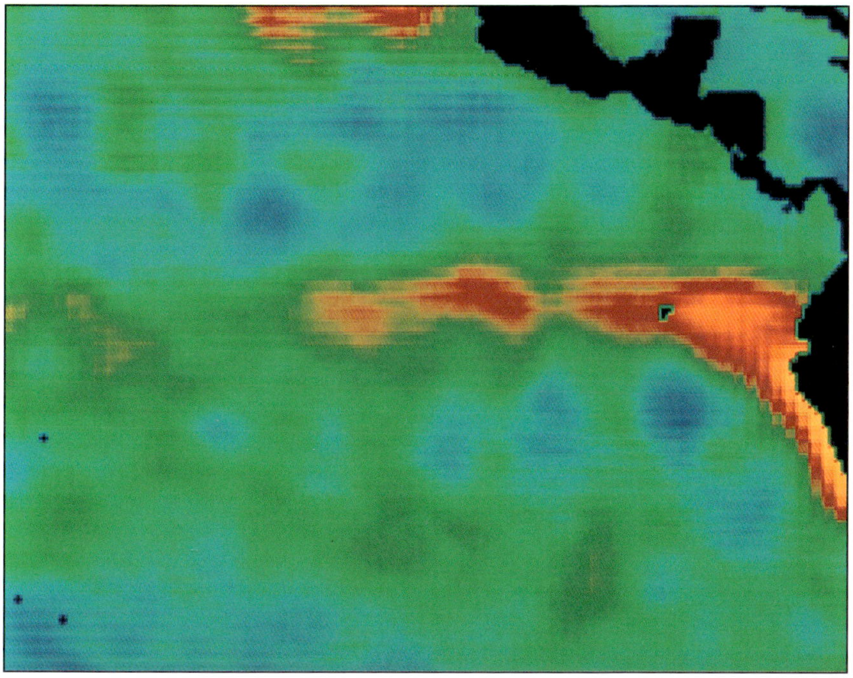

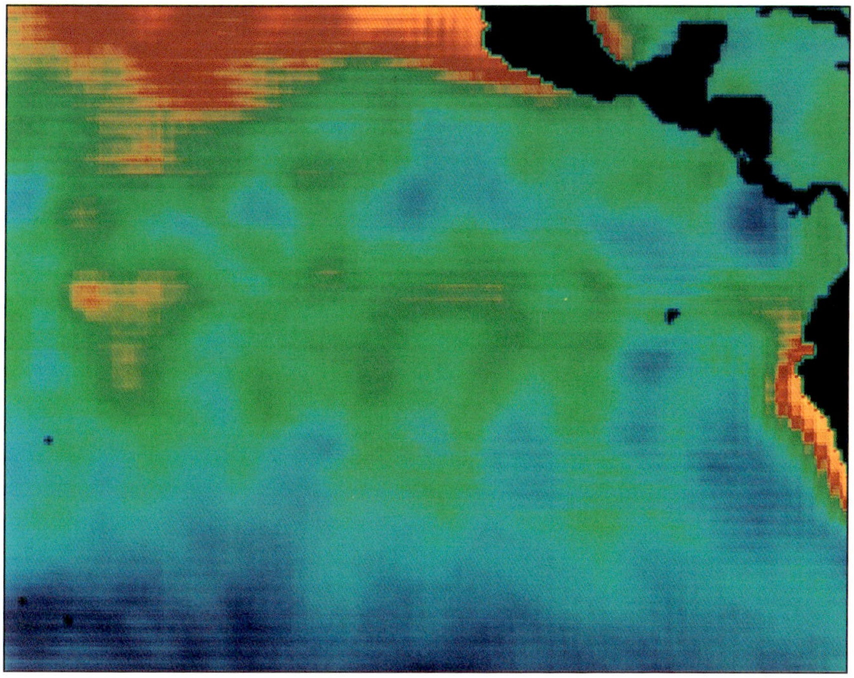

Der El Niño verkompliziert das Klima. Der Satellit ERS-1 registrierte im April 1992 während des sogenannten El Niño Effekts über dem Pazifik am Äquator Höchsttemperaturen der Oberflächengewässer. Die Farbe Orange deutet Temperaturen von 3 Grad über normal an. Nur 28 Tage später (unteres Bild) waren die Temperaturen in dem Gebiet wieder wie sonst.

ERS-1/ESA und ATSM/Rutherford Appleton Laboratorium, Didcot, UK

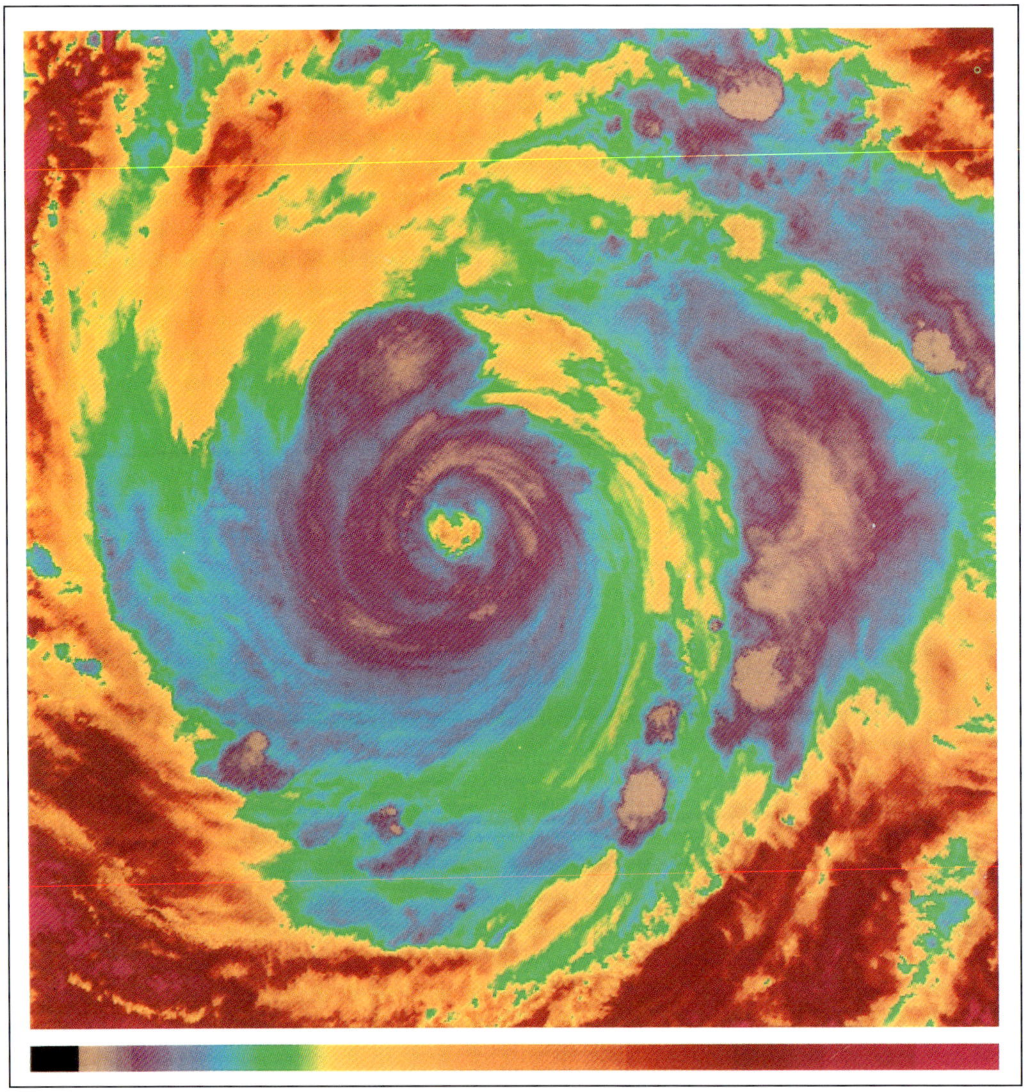

214.2 229.3 244.5 259.7 274.8

Oberflächentemperatur der Wolken im Hurrikan Andrew. Die Aufnahme des Satelliten ERS-1 zeigt den Hurrikan vor der Küste Floridas nach seinem verheerenden Angriff in der Morgendämmerung des 24. August 1992. Die Farben entsprechen Grad Kelvin (0° C = 273K). Während die Wolkenspitzen um das Auge des Hurrikans herum aufsteigen, kühlen sie sich bis auf -70 Grad C ab (lila). Im Auge selbst sind die Wolken etwa 30 Grad wärmer (gelb-braun). Die Verteidiger des vom Menschen erzeugten Treibhauseffekts beziehen sich auf solche Vorgänge, um damit ihre Annahmen zu untermauern.

ERS-1/ESA und ATSM/ Rutherford Appleton Laboratorium, Didcot, UK

Kapitel 6

WOLKEN HEIZEN SICH AUF

Bevor die Sonne im Sommer 1992 den Höhepunkt ihres Zyklus überschritten hatte, brachte sie noch eine Reihe weiterer Satelliten zur Strecke und setzte den Ozeanen der Erde zu. Aus der Höhe des Tropenhimmels pumpt sie Photonen in das Meerwasser, das sie mit seiner azurnen Weite aufnimmt. Das Meer erwärmt sich, befeuchtet die Luft und gibt den Winden Kraft.

Ein Wolkenfeld treibt über dem warmen Ozean vor der Küste Westafrikas gerade so weit vom Äquator entfernt, daß es von der Erdrotation erfaßt und herumgewirbelt wird. Es zwirbelt sich zu einem Hurrikan zusammen und türmt um sein Auge ein Wolkengebirge auf. Im Auge selbst wird die Luft hochgerissen, so daß sich über der Wasserfläche ein Unterdruck bildet. Von der Seite stürzten Luftmassen spiralförmig herein, um ihn auszugleichen. Sie machen die Sache nur schlimmer, weil sie Energie in Form von Wasserdampf mitführen und die Pumpe weiter antreiben.

Der Hurrikan wandert nun westwärts in die Karibik. Das ist ein beängstigendes, aber über tropischen Gewässern alltägliches Ereignis, das mindestens einmal in der Woche da oder dort stattfindet. Die Taifune im Pazifik sind die gewaltsamsten unter ihnen. Die Zyklone im Golf von Bengalen sind tödlich, weil sie im Delta des Ganges die kleinen Fleckchen Land mit ihren Besitzern überschwemmen und ganze Familien ertränken. Im Mai 1991 hatte ein einziger Zyklon in Bangladesch 100.000 Einwohner umgebracht. In unserer ungerechten Welt fand aber der Hurrikan Andrew mehr Aufmerksamkeit, als er 15 Monate später Florida heimsuchte.

Hurrikane lassen sich auf Satellitenbildern leicht erkennen, weil sie wie galaktische Spiralnebel aussehen. Normalerweise herrscht über dem Atlantik Arbeitsteilung. Der europäische Satellit Meteosat sucht den Golf von Guinea nach ersten Anzeichen von Hurrikanen ab, die der amerikanische Satellit GOES-East in die westlichen Gefilde verfolgt. Das war ein guter Küstenschutz.

Sonnenteilchen aus den Sonnenstürmen machten um 1990 dem Satelliten GOES-East und dem kleineren GOES den Garaus. Europa hielt auf einer Umlaufbahn einen alten Meteosat in Reserve. Der machte sich nun nach Brasilien auf, um dort die entstandene Lücke für ein paar Jahre zu schließen. Für die Aufnahmen vom Weg, den Hurrikan Andrew einschlug, war das Europäische Raumfahrtzentrum in Darmstadt zuständig.

Trotz der Warnungen durch den Satelliten verloren 74 Menschen ihr Leben. Der Wirbelsturm raste mit über 200 km/h über Dade County im Staat Florida hinweg und machte 300.000 Menschen obdachlos. Die Sturmschäden beliefen sich auf rund 30 Milliarden Dollar und waren die höchsten in der bisherigen Geschichte.

Nach dem Amt für Hurrikan-Vorwarnung in den USA hätte die Schadenssumme leicht die 100 Milliarden Dollar übersteigen können, wenn Hurrikan Andrew nur 30 km nördlich durch Miami und New Orleans gezogen wäre.

Wie ein Spiralnebel. Ein Hurrikan läßt sich vom Raum aus an seiner eleganten Form erkennen, die oft über seine Gewalttätigkeit hinwegtäuscht. Luft wird spiralförmig von dem Unterdruck in das von einem Wolkengebirge umlagerte Auge hineingerissen. Obwohl es die Advokaten des Treibhauseffekts anders darstellen, sind größere Hurrikane während der jüngsten Erwärmungsphase im Atlantik seltener geworden.

Silvestris/FLPA

Die Umweltschützer benutzten den Hurrikan Andrew als Kronzeugen ihrer Horrorerwartungen. Mit ihren Warnungen zielen sie dorthin, wo es Regierungen, Versicherungsgesellschaften und Öffentlichkeit wirklich weh tut, auf den Geldbeutel. Aber nicht nur Umweltgruppen beuteten das Ereignis aus. Auch John Houghton begann sein populäres Buch *Globale Erwärmung* mit einem Hinweis auf den Hurrikan Andrew und andere Stürme, um die fürchterlichen Folgen der Klimaerwärmung zu veranschaulichen. Etwas später heißt es dort, daß die Zahl tropischer Zyklone nach Berechnungen des Meteorologischen Amtes im Vereinigten Königreich um 50 Prozent zunimmt, wenn sich der CO_2-Gehalt der Luft verdoppelt.

Abgesehen vom Frost benutzten Umweltsprecher alle auffälligen Wetterereignisse, wie Sturm, Hagel, Flut oder Trockenheit als Anzeichen der drohenden Klimakatastrophe, als hätte es solche Unwetter vorher nicht gegeben. Lästigen Leuten mit etwas längerem Erinnerungsvermögen fiel das auf. Sie erinnerten sich, daß die gleichen Unwetter in den siebziger Jahren Vorboten der kommenden Eiszeit sein sollten. Wahrscheinlich war man damals der Wahrheit sogar näher als heute.

Einige Jahre nach dem Hurrikan Andrew errechneten Lennart Bengtsson und Kollegen nach einem Klimamodell, daß im üblichen Treibhausszenario tropische

Zyklone seltener auftreten werden. Die elementare Klimatologie hatte das auch erwartet. Die Gewalt der Winde ergibt sich aus dem Temperaturunterschied zwischen den Tropen und der Polarregion. Dieser Unterschied sollte bei einer allgemeinen Erwärmung abnehmen.

Die sonst miteinander konkurrierenden Klimamodellierer waren sich darüber einig, daß der Hurrikan Andrew auf die Klimaerwärmung zurückzuführen ist. Trotzdem war das falsch. Die Annahme, daß sich bei steigender Temperatur die Ozeane stärker erwärmen und dadurch Hurrikane wie den Andrew anheizen, brach angesichts der verfügbaren Daten in sich zusammen. Die Oberflächengewässer im westlichen tropischen Atlantik und in der Karibik waren in den neunziger Jahren sogar kälter als noch vor dreißig Jahren. Auch war in der Zeit der durchgängigen Erwärmung zwischen 1970 und 1980 die Zahl der Hurrikane um 50 Prozent zurückgegangen.

Aber keine Bange, gute Nachrichten von der Klimafront wollen die Medien nicht hören. So kitzeln Umweltschützer und Versicherungsgesellschaften, fünf Jahre nachdem in Florida die Trümmer weggeräumt waren, noch immer ihre Nerven mit tropischen Zyklonen. Für Leute, die den CO_2-Ausstoß verringern wollen, bewies der Hurrikan Andrew überzeugend, daß der Mensch durch rücksichtslosen Umgang mit dem Klima Kosten verursacht.

Am 2. November 1992 verfolgten Wissenschaftler in Japan, obwohl sich die Sonne eigentlich wieder beruhigen sollte, mit dem Röntgenteleskop einen gewaltigen Ausbruch. Es war der größte, den Yohkoh in seiner Laufbahn erlebt hatte. Er ereignete sich etwas hinter dem westlichen Horizont der sichtbaren Sonnenscheibe in der Atmosphäre.

Der Weltenbummler Ulysses war nach seiner Schleife um den Jupiter auf dem Kurs zum Südpol der Sonne noch fünfmal soweit von der Sonne entfernt wie Yohkoh auf seiner Erdumlaufbahn. Er spürte die Stoßwelle der Sonnenexplosion und maß im vorbeitreibenden Gas Geschwindigkeiten von über 1000 km/sec.

Zu dieser Zeit befand sich Ulysses 20 Grad südlich über der Äquatorebene der Sonne und erlebte alle 26 Tage den Wechsel zwischen schnellem und langsamen Sonnenwind. Dazu kamen nun die Stoßwellen, die sich zwischen den schnellen und langsameren Windströmungen ergeben. Sie wurden „korotierende Interaktionszonen“ genannt, weil sie durch die Drehung der Sonne entstanden. John Simpson, der das Experiment „Kosmische Strahlung“ an Bord von Ulysses betreute, hatte schon 1955 die fast monatlichen Wechsel der kosmischen Strahlung auf der Erde mit den korotierenden Interaktionszonen zu erklären versucht.

Die enormen magnetischen und elektrischen Felder dieser Stoßwellen haben weiterreichende Wirkungen. Sie beschleunigen Atome aus der interstellaren Brise und wandeln sie in eine scheinbare kosmische Strahlung um. Als die Sonne nach dem Höhepunkt von 1990 wieder zur Ruhe kam, wurden solche Massenausbrüche seltener. Ihre Rolle, die kosmische Strahlung wegzufegen, übernahmen nun Stoßwellen aus den korotierenden Interaktionszonen.

Das Schiff Vickers maß in jeder schwülen Minute einmal die Energie der Sonneneinstrahlung, als es im Frühjahr 1993 langsam nördlich der Salomon Inseln im Stillen Ozean kreuzte. Das Forschungsschiff zeichnete auch die von der Meeresoberfläche zur Abkühlung reflektierte Infrarotstrahlung auf. Über solche Untersuchungen und die geduldigen Messungen der Wechselwirkung zwischen Erde und Sonne können Klimamodellierer nur müde gähnen. Sie verändern mit

Der Wolkenjäger. Das Schiff RV Vickers sollte das Zusammenspiel zwischen Sonne, Wolken und Meer untersuchen.
Zentrum für Wolken, Chemie und Klima der Universität von Kalifornien, La Jolla

wenigen Anschlägen auf der Computertastatur das Wetter und berufen dann gleich eine Pressekonferenz ein.

Der Himmel ist dort selten klar. Wenn wie üblich die niedrigen, dicken Wolken fehlen, übernehmen hohe tropische Federwolken ihre Aufgabe als Thermostat der Erde. Sie sind dichter als die gazeartigen Zirruswolken der mittleren Breiten. Die amerikanischen und deutschen Meteorologen waren nicht zum Sonnenbaden in den Stillen Ozean gefahren. Sie wollten in diesem Wärmegebiet herausfinden, wie Wolken den Zu- und Abstrom der Wärme beeinflussen.

Das wärmste Gebiet des Ozeans erstreckt sich 3000 km lang um den Äquator bis nach Neu-Guinea und ist das Herzstück der Zentralheizung unserer Erde. Im Osten bedrängte gerade ein El Niño vom Südpazifik aus das Gebiet mit einer vorübergehenden zusätzlichen Aufwärmung. Im Westen treibt dann eine breite Strömung das warme Wasser über den Indischen Ozean an Südafrika und Florida vorbei bis hinauf nach Europa und Grönland.

Die Arbeit des Schiffes war nur ein Teil eines breiten, auf sechs Monate angelegten Forschungsvorhabens. Seine Messungen wurden von automatischen Meßinstrumenten ergänzt, die an Bojen über den gesamten Wärmegürtel verteilt waren. Hinzu kamen Aufnahmen von Wetterflugzeugen und Satelliten, die das Gebiet überflogen.

Über 25 Wissenschaftler aus Deutschland und den USA betreuten das Experiment unter der Führung von V. Ramanathan, der früher in Chicago, jetzt in La Jolla in Kalifornien arbeitete. In früheren Aufsätzen hatte er gezeigt, daß Wolken verhindern, daß sich das Oberflächenwasser in den wärmsten Meeresteilen über 29,5 Grad erwärmt. Ramanathans These vom Thermostat der Meere hatte die Arbeitsgruppe Houghtons verunsichert. Seine neueren Beobachtungen bereiteten den Klimamodellierern noch mehr Kopfzerbrechen, schon weil sie den Abgabetermin für die Fortschreibung ihrer Klimavorhersage einhalten wollten.

Die Zahlen wollten sich nicht zusammenfügen. Vickers konnte nur einen erstaunlich niedrigen Wärmefluß von der Meeresoberfläche in die Luft messen. Damit fehlte etwa die Hälfte der nötigen Wärmeenergie aus den Tropen, um die Windmaschine anzutreiben. Die Meeresoberfläche erreicht zu wenig Sonnenschein, weil die Wolken zuviel davon absorbieren, nämlich rund 35 Watt pro Quadratmeter.

Jeder Student hatte gelernt, daß die Erde wie eine Pfanne vom Boden her geheizt wird. Die Sonnenstrahlen sollen, wenn Wolken sie nicht zurückspiegeln, nahezu ungehindert auf den Boden oder die Meeresoberfläche gelangen und dort absorbiert werden. Dort bildet sich Wasserdampf, der steigt auf und transportiert genug Wärme in die Höhe, um den Himmel zu erwärmen. Aber es war wie bei einer Unterschlagung in einer Bank. Die Wolken schafften gut ein Sechstel der Sonnenenergie auf ihrem Weg nach unten beiseite.

Wieder in Hamburg und La Jolla waren die Wissenschaftler noch ein Jahr lang über die falsche meteorologische Buchführung erbost. Noch schlimmer war, daß sie sich physikalisch nicht erklären konnten, wie die Wolken sich das Sonnenlicht ergattern. Ramanathan und seine Kollegen wußten, daß sie richtig gemessen hatten, als Robert Cess aus Stony Brook bei New York, und Jeffrey Kiehl aus Boulder Colorado die Satellitenmessungen des Sonnenlichts über dem Wärmegürtel des Ozeans mit den Messungen vor Ort verglichen. Ob sie nach Tasmanien, Colorado, Wisconsin oder Alaska schauten, bei der Himmelserwärmung ergab sich das gleiche Theater.

Wolken absorbieren Sonnenlicht. Die Verdunklung durch Wolken wurde bisher fast ganz mit der Lichtstreuung auf ihrer von der Sonne beschienenen Seite erklärt. Als man 1993 entdeckte, daß die Schwebeteilchen in den Wolken einen nicht unerheblichen Teil der Energie aufnehmen, brachte das die herrschenden meteorologischen Theorien und die Klimaberechnungen durcheinander.

M. Nimmo/FLPA

Die Lehrbücher der Meteorologie stimmten nicht und alle Klimaberechnungen mußten neu beginnen. Obwohl die wichtige Entdeckung im Wesentlichen einfach und komplex in den Einzelbeobachtungen war, mußte ihre Veröffentlichung sorgfältig vorbereitet werden. Sie erschien nicht vor 1995 im Druck.

Die solare Erwärmungstheorie verblaßte wieder. Seit das IPCC sie in Kanton zurückgewiesen hatte, war der Zusammenhang zwischen der Länge der Sonnenfleckenzyklen und der Temperaturentwicklung eine quälende Absonderlichkeit nur für Wissenschaftler, die dem Treibhauseffekt nicht trauten und Interesse an den Sonnenaktivitäten hegten. Dazu kam, daß die fehlende Objektivität der Medien alle Bemühungen untergrub, herauszufinden, was mit dem Erdklima wirklich vor sich ging.

Die meisten Herausgeber in Europa und Nordamerika hatten sich auf den Treibhauseffekt eingestellt. Nur selten räumten sie einer abweichenden Meinung Platz oder Sendezeit ein. Hinzu kam, daß das Interesse der Medien an harten wissenschaftlichen Fakten abnahm und selbst Wissenschaftsjournalisten allmählich der technikfeindlichen und umweltschützerischen Haltung ihrer Umgebung erlagen. Das steigerte sich noch bei der neuen Berufsgruppe, bei den Umweltjournalisten. Ihnen wurde der Treibhauseffekt als wichtigste Aufgabe sozusagen in den Arbeitsvertrag hineingeschrieben.

„Es ist an der Zeit, unsere journalistischen Regeln zu überdenken", sagte Teya Ryan vom Verband der Umweltjournalisten in den USA, und forderte die Medien zur Parteilichkeit auf: „Die ausgewogene Berichterstattung ist manchmal nicht mehr die beste".

Sich überhaupt noch Gehör zu verschaffen, war für nicht linientreue Wissenschaftler in den USA, wo die Wirtschafts- und die konservative Presse Ausweichmöglichkeiten offenhielt, schwer genug. Den dänischen Physikern der Sonne-Erde-Beziehung war es fast unmöglich, ihre Vorstellungen einem Publikum außerhalb Dänemarks mitzuteilen. Wissenschaftsreporter berichten in Europa normalerweise, was in den USA und im eigenen Land geschieht, aber nur selten über Vorgänge in anderen europäischen Ländern.

Wer, von Journalisten mit Geschichtskenntnissen abgesehen, konnte auch irgend etwas aus Dänemark mit einer Gesamtbevölkerung wie Nord Carolina erwarten? Nur die Geschichtskundigen wußten, daß Kopenhagen in den dreißiger Jahren das Mekka der theoretischen Physik war, und daß dänisches Lagerbier seinen guten Geschmack der Entdeckung der Enzyme verdankt, was sich wiederum für die Ozeanographie dadurch auszahlte, daß Carlsberg das arabische Meer kartenmäßig erfassen ließ.

Anfang 1993 wurde die Weltöffentlichkeit ein wenig auf die Erkenntnisse von Friis-Christensen und Lassen aufmerksam. Die ESA bereitete eine Solarmission vor und regte dazu eine mehrsprachige Fernsehsendung über die Wissenschaft von der Sonne und ihre Bedeutung für das menschliche Leben an. Sie versprach einem holländischen Produzenten und einem britischen Autor finanzielle Unterstützung für den Fall, daß eine gewisse Anzahl von Sendeanstalten in Europa und anderswo bereit wären, die Serie zu senden.

In der immer lauteren Fernsehwelt mit ihren vielen Kanälen geben die Zapper den Ton an. Für Zuschauer, die sich nur noch für wenige Minuten konzentrieren können, läßt sich eine 100 Minuten lange Sendung über die Sonne nur schwer vermarkten. Auf Vorschlag des holländischen Produzenten griff der Autor die dänischen Erkenntnisse heraus. Die ersten Seiten seiner Vorlage schmückten herrliche Bilder von Stoßwellen, danach begann es mit den Sätzen:

„Der Treibhauseffekt könnte eine bloße Einbildung sein, behaupten einige Wissenschaftler, welche die Ursache unseres Klimas und unseres Lebens studieren, nämlich die Sonne. Auf der Erde wurde es wärmer, das ist keine Frage. Aber neueste Untersuchungen rütteln an der verbreiteten Vorstellung, daß dafür ein vom Menschen verursachter Treibhauseffekt die Schuld trägt. Sie hingegen behaupten, die Strahlung der Sonne habe zugenommen. Das könnte bedeuten, daß die geläufigen politischen Bestrebungen und öffentlichen Sorgen über CO_2-Emissionen in die falsche Richtung zielen. Das ist eine große Geschichte, von der die Welt widerhallen wird".

Die Vorlage fand bei mehr als einem dutzend Fernsehanstalten in mehreren Ländern Interesse. Aber niemand wagte es, dafür die Federführung zu übernehmen. Als sich bis Ende 1993 nichts tat, zog die ESA ihr Angebot zurück und das Projekt fiel ins Wasser. Die Vorlage hatte viele Sender auf die dänische Entdeckung aufmerksam gemacht, aber niemand wollte mit der Sache in Verbindung gebracht werden.

1991 trat Knud Lassen seinen Ruhestand an. Er hatte nun mehr Zeit als Eigil Friis-Christensen, um sich seinem Hobby, den Sonnenflecken zu widmen. Wöchentlich tauchte er mehrere Male in dem dänischen Meteorologischen Institut auf, um Informationen über die Veränderungen der Sonnenzyklen zu sammeln. Er arbeitete sich historisch ins 18. Jahrhundert und in frühere Zeiten vor, obwohl ältere Daten über Sonnenflecken und Klimaerscheinungen nur mit Sorgfalt zu gebrauchen waren. Friis-Christensen, der inzwischen mehr beschäftigt war als je zuvor, stand ihm als Diskussionspartner zur Verfügung. Mit seinem Computer sollte die wachsende Datenmenge analysiert und graphisch dargestellt werden.

Die beiden fanden in ihrem Institut eine ruhige Ecke. Die Klimaspezialisten des Instituts hatten zwar zusammen mit den anderen dänischen Delegierten die Treibhaushypothese des IPCC unterstützt. Aber die Untersuchung der Sonne und ihres Beitrags zur Klimaerwärmung gehörte ausdrücklich zu den Aufgaben Friis-Christensens und seiner Abteilung Physik der Sonne-Erde-Beziehung. Eine für die Öffentlichkeit bestimmte Institutsbroschüre zeigte die Graphik mit den beiden fast deckungsgleichen Kurven über die Klimaerwärmung und die Länge der Sonnenzyklen kommentarlos neben Abschnitten, die über die Arbeit des Instituts für die Treibhaushypothese berichteten. In Kopenhagen schlossen beide Möglichkeiten einander noch nicht aus.

Das entsprach durchaus Knud Lassen. Er beurteilte aus wissenschaftlichen Gründen die Folgen seiner Arbeit vorsichtiger als Friis-Christensen. Obwohl er als Ruheständler freier war, betonte Lassen stets, daß er sich auf kein Argument der allgemeinen oder Wissenschaftspolitik einlassen wolle. Als lebenslanger Beobachter der wissenschaftlichen Auseinandersetzung wußte er, daß Ansichten, die zunächst als gegensätzlich gegolten hatten, schließlich doch versöhnt wurden. So erwartete er einen Kompromiß zwischen der Treibhaus- und der Sonnenhypothese.

„Wir haben natürlich unsere Auffassung" sagte Lassen zu Friis-Christensen, „aber ich denke nicht, daß das schon die ganze Geschichte ist". Friis-Christensen war sich aber sicher, daß das IPCC die Sonneneinwirkung bewußt unterbewertete.

Lassens Klimadaten aus dem 18. Jahrhundert erlaubten es, die Dauer der Sonnenzyklen und die Klimaänderungen bis weit vor die Industrialisierung zurückzuverfolgen. Wenn das CO_2 aus dem Verbrauch fossiler Brennstoffe irgend eine Auswirkung haben sollte, die der Treibhaushypothese irgendwie entsprach, dann mußte die Kurve über die Länge der Sonnenzyklen und die über die Temperaturschwankungen zwischen dem frühen 18. und dem späten 20. Jahrhundert deutlich auseinanderklaffen. Doch die Kurven blieben traut beieinander.

Friis-Christensen schloß aus dem Datenmaterial über die Wirkungen der Sonne, daß für den zusätzlichen Treibhauseffekt wenig Platz bleibt. Er wollte mit dieser Meinung aber noch nicht vor die Öffentlichkeit treten. Da er aber stärker im Schußfeld stand, sprach er die Bedeutung seiner Erkenntnisse für die Wissenschaft deutlich aus.

„Wissenschaft hat mit Unterschieden und nicht mit Konsens zu tun" sagte Friis-Christensen. „Ich werde mit meiner wissenschaftlichen Ansicht nicht deshalb hinterm Berg halten, weil sie nicht als politisch korrekt gilt".

Für die Diskussion der Solarhypothese ließ sich kein Organ finden. Da bot die schwedische Elektrizitätswirtschaft zu ihrer Jahrhundertfeier eine gute Gelegenheit. Sie hatte Friis-Christensen zusammen mit Bert Bolin, dem Vorsitzenden des IPCC, gemeinsam zu je einem Vortrag eingeladen. Bolin hielt sich an die Treibhausgeschichte, Friis-Christensen zeigte seine Bilder, die auf solare Ursachen der Klimaänderungen hindeuten. Obwohl Bolin Friis-Christensen zu seinem Vortrag gratulierte, kam es zwischen den Lagern zu keinem Gedankenaustausch.

Zur Veranstaltung wurde eine Broschüre herausgegeben, die Friis-Christensen mit zwei schwedischen Wissenschaftlern schrieb. Ihr Titel war *Das Klima der Erde - natürliche Schwankungen und menschliche Einflüsse* und wurde von Elforsk, dem gemeinsamen Unternehmen für Forschung und Entwicklung der schwedischen Elektrizitätsfirmen, herausgegeben. Sie bot einen Überblick über den Wissensstand zum Klimawandel und war ausgewogener als alles, was man sonst auf dem Markt fand. Friis-Christensens Beitrag wertete den Treibhauseffekt nicht völlig ab, nutzte aber die Gelegenheit, das Argument, mit dem Houghton und Tom Wigley ihn hatten ausschalten wollen, umzukehren, und forderte, die solaren und die Treibhauseffekte gemeinsam in Betracht zu ziehen.

„Modellrechnungen zeigen", schrieb Friis-Christensen, „daß der errechnete Temperaturanstieg, der sich aus einer Verdopplung des CO_2-Gehalts ergeben würde, drastisch (etwa auf die Häfte) reduziert werden muß, wenn die Effekte, die von der Sonne ausgehen, in den Modellen berücksichtigt werden".

„Seht Euch das an!", sagte die Umwelt- und Treibhauslobby und deutete auf die Elforsk Broschüre. „Die bösen Energiefirmen, die für das ganze CO_2, das uns brät, verantwortlich sind, unterstützen die Sonnenleute". Zu ähnlichen Anwürfen kam es in den USA, wo Öl- und Kohlefirmen eine antigrüne Bewegung ins Leben gerufen und wissenschaftliche Arbeiten, die ihre Sache unterstützten, veröffentlicht hatten.

Bolins IPCC ist eine politische Organisation. Sie wurde von Regierungsvertretern und übergeordneten Stellen eingerichtet und betrieben. Ihre Arbeit zielt auf eine allgemeine Klimakonvention. Regierungsstellen sorgen dafür, daß die Vertreter der Treibhaushypothese den Löwenanteil der Forschungsgelder erhalten. Trotzdem nimmt Bolins Schiedsapparat und Houghtons Arbeitsgruppe für sich strikte Wissenschaftlichkeit in Anspruch. Sie lassen es zu, daß die vernünftigsten Einwände gegen die Treibhaushypothese als „politisch motiviert" in Verruf gebracht werden.

Die Sonnenphysik, mit der Friis-Christensen sein Gehalt verdiente, ließ ihm kaum noch Zeit für seine Sonnenhypothese. Er war in das Satellitengeschäft eingestiegen. Seit einigen Jahren führte er nun schon eine Gruppe von Wissenschaftlern in Kopenhagen, welche die dänische Regierung von der Notwendigkeit eines eigenen, kleinen Forschungssatelliten namens Ørsted überzeugen wollten. Ørsted sollte nur 60 kg wiegen, die Größe eines prallen Koffers haben und im All einen 8 Meter langen Ausleger von sich weghalten. Die wichtigsten wissenschaftlichen Instrumente sollten an der Spitze des Auslegers wie Matrosen am Mast hängen.

Damit wollte man ein genaueres Bild von dem Magnetfeld der Erde bekommen. Die Sensoren in Kombination mit einem Ortungsgerät für Sterne wurden an der technischen Universität Dänemarks entwickelt. Man versprach sich viele Ergebnisse der Mission. Friis-Christensen selbst hoffte auf neue Erkenntnisse über die Wechselwirkung zwischen dem Sonnenwind und dem Magnetfeld der Erde, die für die Klimafrage wichtig sein können.

Die Bemühungen hatten Erfolg. Die dänische Regierung unterstützte Ørsted. Nun war höchste Eile geboten, um den Flug bis 1996 vorzubereiten. Die NASA übernahm es, den Satelliten kostenlos auf seine Umlaufbahn über die Pole zu bringen. Die französische Raumagentur steuerte ein Instrument bei. Die Zustimmung zum Ørsted-Projekt war zum großen Teil der beruflichen Anerkennung zu danken, die sein Leiter, Friis-Christensen zu Hause und in Übersee genoß.

Um den Satelliten bauen, ausstatten und in Gang bringen zu können, hatte Friis-Christensen mit drei Ministerien in Dänemark, mit der NASA, der französischen und der europäischen Raumfahrtbehörde zu verhandeln. Dazu kamen acht Firmen und Institute, die am Projekt mitarbeiteten. Am eigenen Institut mußte Friis-Christensen ein Datenzentrum für die Mission einrichten und es mit dem eigentlichen Kontrollzentrum, sowie drei Bodenstationen abstimmen. Dann gab es noch eine Verbindung nach Argentinien. Die NASA hatte nämlich vorgeschlagen, den von der Technischen Universität Dänemark entwickelten Magnetsensor auch an dem argentinischen Satelliten SAC-C anzubringen, der 1998 starten soll.

Das Raumfahrtengagement Friis-Christensens als Leiter der Mission Ørsted, kam zu seiner übrigen Arbeit mit den verschiedenen Bodenstationen, um das Magnetfeld und die Nordlichter zu beobachten, noch hinzu. Ein weiterer neuer Aufgabenbereich war die Mitarbeit bei dem Projekt Cluster der Europäischen Raumfahrtbehörde, bei dem vier Satelliten gleichzeitig Beobachtungen durchführen sollten. Das Projekt sollte 1995 starten. Nebenbei hielt er noch Vorlesungen an der Universität Kopenhagen.

Erstaunlich, daß er überhaupt noch Zeit fand, mit Lassen an der Sonnenhypothese zu arbeiten. Die beiden Männer trafen sich ein- bis zweimal pro Woche, meistens am Abend. Friis-Christensen diente Lassen gern als Sparringpartner, ebenso sein Sekretär. Der hielt sein Stenographieren für den Engpaß der Zusammenarbeit und drängte seinen früheren Chef, sich endlich selbst einen Computer anzuschaffen. Zur eigenen Verwunderung fand Lassen in den historischen Unterlagen mehr und mehr Beweise für seine These, daß die Länge der Sonnenzyklen das Leben auf der Erde nachhaltig beeinflußt. Hinweise, daß Erwärmungen oder Abkühlungen von der Sonne bedingt waren, fanden sich überall, besonders als Wissenschaftler, die den Aufsatz der Dänen 1991 in *Science* gelesen hatten, eigene Beobachtungen beisteuerten.

Ein hervorragendes Beispiel betraf China und flatterte Lassen als Vorabdruck aus Stony Brook bei New York auf den Schreibtisch. Sultan Hameed und Goafa Gong hatten eine Liste über die Frühlingsanfänge im Jangtse Tal zwischen 1580 und 1920 zusammengetragen. Lassen gefiel besonders, daß die Wissenschaftler zu ihrer eigenen Kurve ab 1720 auch seine Kurve über die Länge der Sonnenzyklen gestellt hatten.

Die Daten über den Frühlingsbeginn hatten Hameed und Gong in Tagebüchern, Berichten und anderen Schriften gefunden. Sie wurden durch einen offiziellen Bericht über den jeweils letzten Schneefall im Jahr ergänzt, der achtzig Jahre des 18. Jahrhunderts umfaßte. Die Daten ließen gut erkennen, um wie viele Tage der Frühling in Südchina in jedem Jahr früher oder später eingesetzt hatte.

Der Frühlingsbeginn lag im 18. Jahrhundert gut drei Wochen früher als während der Kleinen Eiszeit am Ende des 17. Jahrhunderts. Die Kurven ließen sich im 20. Jahrhundert anhand offizieller Wetterberichte fortschreiben. Daraus ergab sich, daß der Frühjahrsbeginn bis zum Jahr 1950 immer weiter vorrückte, sich aber in der folgenden Abkühlungsphase wieder verzögerte.

Die Klimakurven vom Jangtse und die Kurve über die Länge der Sonnenzyklen stimmten gut überein. Als der Vorabdruck bei Lassen einging, arbeitete er an der Reihe von Zyklen, die bis zum Jahr 1500 zurückreicht. Sie wurde nur vom Maunder Minimum unterbrochen, weil sich damals fast keine Sonnenflecken feststellen ließen. Er konnte den Vergleich also noch über die Zeitreihe von Hameed und Gong hinaus zurückverfolgen und die Phase des sehr frühen Frühlingsbeginns in China um 1730 mit den damaligen, sehr kurzen Sonnenzyklen von knapp 10 Jahren in Verbindung bringen.

Politische Korrektheit erschwert jedem das Leben, der wirklich entdecken will, wie die Natur mit dem Planeten umgeht oder wie dieser möglicherweise auf die Übeltaten seiner menschlichen Bewohner reagiert. Man braucht nur den Treibhauseffekt zu hinterfragen, schon ist man ein Feind des Umweltschutzes. Wenn man noch ein Studierzimmer in Mahagoni hat, den Wagen mit verbleitem Benzin

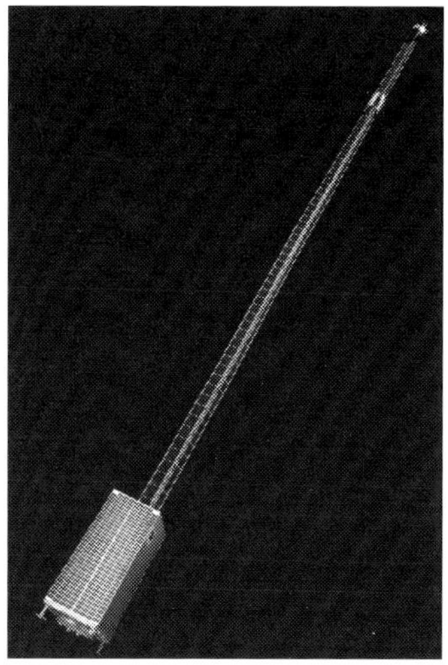

Der dänische Satellit Ørsted. Er sollte über die Erdpole kreisen und den Erdmagnetismus mit hoher Genauigkeit messen. Auffallend der lange Ausleger, der die Instrumente weit vom magnetischen Innenleben der Sonde fernhält. Wissenschaftler aus vielen Ländern begleiteten die Ørsted-Mission, um die Wirkung des Sonnenwindes auf das Magnetfeld der Erde zu untersuchen. Projektleiter war Eigil Friis-Christensen.

Dänisches Meteorologisches Institut

fährt und zur Erholung auf die Jagd geht und seltene Tiere jagt, steht man gewiß im Sold der Ölgesellschaften.

Umweltschützer haben CO_2 zum Schadstoff erklärt, an dem unsere Erde ersticken wird. So viel Leichtfertigkeit kann niemand dulden, der weiß, daß sich die Pflanzen, von denen wir leben, aus CO_2 und Wasser bilden. Der sogenannte Schadstoff ist der Grundstoff des Lebens, den die Pflanzen lieben, wie die Gärtner wissen, die um höherer Erträge willen die Luft im Treibhaus mit CO_2 anreichern.

Einer der Hauptautoren für John Houghtons Bericht *Klimawandel* wechselte die Front, als er überlegte, daß es sich in der Welt, die der IPCC-Bericht ankündigte, viel besser leben läßt. James Melillo aus Woods Hole in Massachusetts war kein Niemand, sondern der stellvertretende wissenschaftliche Leiter des Internationalen Geosphäre-Biosphäre Programms. Melillos Ökologiezentrum in Woods Hole arbeitete zusammen mit dem Forschungszentrum für Komplexe Systeme in Durham, im Staat New Hamshire an einem Weltmodell über das Leben der Landpflanzen. Sie legten dabei die Verdopplung des CO_2-Gehalts in der Luft mit allen Folgen zugrunde, die sich aus vier Klimamodellen ergeben hatten.

Die Klimaänderung an sich zeigte erstaunlich geringe Auswirkungen. Der Pflanzenwuchs sollte in den tropischen Wäldern abnehmen. Das machten entsprechende Zunahmen in den nordischen Wäldern und Savannen leicht wieder wett. Insgesamt würde der Pflanzenwuchs bei gestiegenem CO_2-Angebot um 16 Prozent zunehmen. Faßt man alle direkten und indirekten Auswirkungen des zusätzlichen CO_2-Angebots zusammen, steigert sich die Produktivität aller Pflanzenarten im Durchschnitt.

Die ungünstigsten Annahmen der Klimamodelle ließen noch 20 Prozent Wachstumsteigerung erwarten, andere sogar 26 Prozent. Natürlich war es eine Lästerung zu behaupten, die Steigerung des CO_2-Gehalts könnte für das Leben auf der Erde von Vorteil sein. Einige Einzelheiten waren den Umweltschützern besonders zuwider, zum Beispiel, daß gerade in der Wüste das Pflanzenwachstum um 50 Prozent zunehmen soll. In einer Luft mit mehr CO_2 verlieren die Pflanzen weniger Wasser, wenn sie das benötigte CO_2 aufnehmen.

Das Modell ließ sich noch verbessern. Die Wissenschaftler wollten noch Änderungen der Vegetationsarten, Auswirkungen auf Kulturpflanzen und mögliche Einschränkungen durch fehlende Verfügbarkeit von Phosphor im Boden berücksichtigen. Daher waren sie mit ihren Schlußfolgerungen noch sehr vorsichtig.

„Dies ist erst eine vorläufige Analyse, um die Diskussion anzuregen", erklärte David Kicklighter, der das Modell in Woods Hole betreute, einem Reporter. Die Geschichte stammte also von einem der führenden wissenschaftlichen Ökologen. Als sie in einer Londoner Zeitung erschien, hackte der Gründer des Magazins *The Ecologist* eine halbe Stunde auf dem Reporter und seiner Unverantwortlichkeit herum, weil er erwähnt hatte, daß an CO_2 auch etwas Gutes dran ist.

Die Dänen kannten den physischen Mechanismus, über den die Sonne Klimaschwankungen auslöst, noch nicht. Dagegen plagten sich einige amerikanische Astronomen damit, solche Schwankungen allein aus der Strahlungsintensität der Sonne abzuleiten. In der Zeitschrift *Energie* veröffentlichten 1993 Sallie Baliunas aus Cambridge in Massachusetts und Robert Jastrow vom Mount Wilson Observatorium in Kalifornien einen Überblick über ihre jahrelange Erforschung anderer sonnenähnlicher Fixsterne. Diese Sterne zeigen zyklische Schwankungen ihres Magnetfelds, die den Sonnenzyklen ähneln. Auch bei ihnen schwankt die Dauer

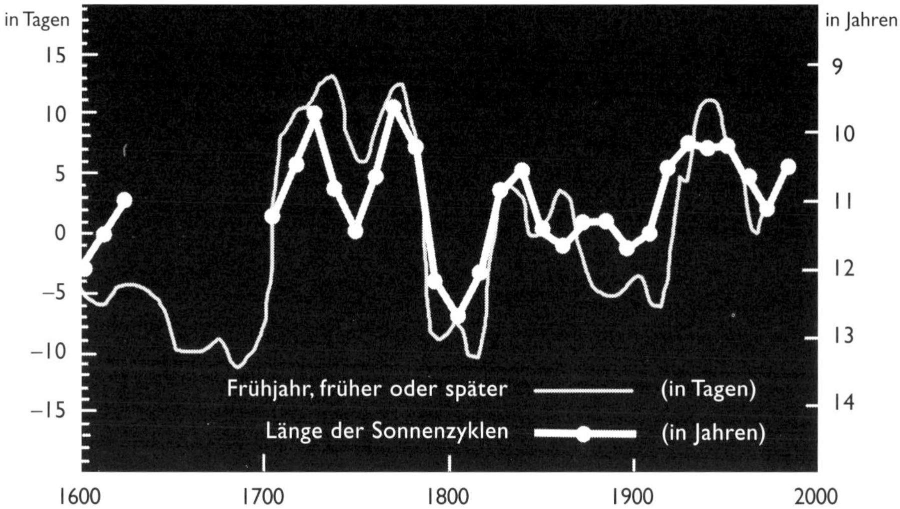

Chinesen verdanken der Sonne viel. Je nach Länge des Sonnenzyklus setzte das Frühjahr im Jangtse Tal, in China früher oder später ein. Die dünne Kurve bezieht sich auf historische Daten über den Frühjahrsbeginn in China. Sie wurden an der Universität New York zusammengetragen und ausgewertet. Die dänischen Forscher erkannten Schwankungen, die gut mit ihrer Kurve über das Hochfahren und Drosseln des magnetischen Sonnenmotors, das sich an der Dauer der Sonnenzyklen zeigt, übereinstimmen.

Nach K. Lassen und E. Friis-Christensen 1995

der Zyklen und damit verbunden ihre Helligkeit. Das unterstützte die Entdeckung von Friis-Christensen und Lassen, daß zwischen den zeitlichen Veränderungen der Sonnenzyklen und den Schwankungen der Durchschnittstemperatur auf der Nordhalbkugel der Erde ein Zusammenhang besteht.

Das Mount Wilson Observatorium war, als Edwin Hubble dort in den zwanziger Jahren nachgewiesen hatte, daß sich das Universum ausdehnt, das berühmteste astronomische Zentrum der Welt gewesen. Die Straßenbeleuchtung von Los Angeles und andere noch größere Teleskope an besser geeigneten Plätzen werteten es ab, so daß es nur noch dazu taugte, regelmäßig die Helligkeit von Fixsternen zu untersuchen. Das war aber nötig, um langfristige Schwankungen zu bemerken. Seit 1966 untersuchte man also die Aktivitäten von rund hundert Fixsternen, von denen etwa zehn der Sonne an Masse und Alter glichen. Beobachtet wurde anhand des charakteristischen Lichts bestimmter Kalzium-Ionen, die der Oberflächenmagnetismus der Sonnen aktiviert.

Nach Beobachtungen von über 25 Jahren zeichnete sich ab, daß der Magnetismus fast aller sonnenähnlichen Sterne wie bei der Sonne in Zyklen schwankt. Wenn besonders kurze Zyklen mit einer größeren Zahl von Sonnenflecken einhergingen, konnte etwas Ähnliches auch bei den anderen Sonnen geschehen.

Besonders eingehend hatte man den Stern Piscium 107 im 24 Lichtjahre entfernten Sternbild der Fische untersucht. Er hatte seit 1966 drei Schwankungstäler mit einer Zyklusdauer von rund 10 Jahren durchschritten. Die Zyklen acht anderer Sterne dauerten zwischen acht und zwölf Jahren.

Seit 1984 maß Sallie Baliunas mit Kollegen am Lowell Observatorium in Arizona die Lichtintensität der Fixsterne, deren Magnetismus von Mount Wilson aus beobachtet wurde. 1984 erreichte der Stern 107 Piscium gerade den Höhepunkt seiner Aktivität, um 1991 auf sein Minimum zurückzufallen. In dieser Phase ergaben Messungen in Lowell einen Rückgang der Helligkeit von 0,6 Prozent. Das war viel mehr, als je an der Sonne beobachtet worden ist.

Bis dahin hatte man an den Sternen noch nichts entdeckt, was den Schwankungen der Zyklendauer gleichkam. Da ereignete sich etwas Außergewöhnliches. Piscium 54 war etwas weiter entfernt als Piscium 107. Zwischen 1966 und 1977 beobachtete man auf Mount Wilson, beim Piscium 54 das gleiche, zyklische Auf und Ab des Magnetismus wie bei den anderen Sternen. 1980 stürzte der Magnetismus plötzlich und ohne Vorwarnung ab und blieb seitdem gering.

Die Vorgänge im Piscium 54 erinnerten Baliunas und Jastrow an das, was ihrer Meinung nach während des Maunder Minimums im 17. Jahrhundert auf der Sonne geschehen sein konnte. Damals war man enttäuscht, keine Sonnenflecken zu sehen, und die Kleine Eiszeit durchlief ihre kälteste Periode. Auch ein anderer der sonnenähnlichen Sterne schien in einem Maundertief zu liegen. Beim Tau Ceti, der elf Lichtjahre entfernt im Sternbild Cetus steht, gab der Magnetismus seit 1966 kaum einen Muckser von sich.

Baliunas und Jastrow bauten ihren Vergleich zwischen den Zyklen der Sonne und denen der anderen Sterne weiter aus. Zunächst hatten sie gezeigt, daß die Helligkeit der Sterne mit den Änderungen ihres Magnetismus schwankt. Dann zeigten sie, daß die Schwankung umso ausgeprägter ausfallen, je kürzer die Periode dauert. Das Verhalten der Sonnenflecken bestätigte die Annahme Baliunas und ihrer Kollegen.

„Die Ergebnisse legen nahe", schrieben Baliunas und Jastrow, „daß es sich bei der Beziehung zwischen den Änderungen der Sonnenzyklen und der durchschnittlichen Erdtemperatur, die Friis-Christensen und Lassen bemerkt hatten, um einen deutlichen physikalischen Zusammenhang und nicht nur um eine zufällige Entsprechung handelt".

Baliunas und Jastrow leiteten daraus ab, daß geringe Schwankungen der Helligkeit von nur 0,4 Prozent die Erholung der Erde von der kleinen Eiszeit um 1700 und die Erwärmung im 20. Jahrhundert ganz oder zum großen Teil erklären können. Bei anderen sonnenähnlichen Sternen wurden Änderungen um bis zu 0,6 Prozent festgestellt. Das kann bedeuten, daß die Variationsmöglichkeiten der Sonne wegen der kurzen Zeitspanne unterschätzt werden, während Satelliten bisher nur die Helligkeit des Sonnenlichtes beobachten konnten.

Der indirekte Nachweis über einen Zusammenhang zwischen der Helligkeit des Sonnenlichts und der Länge des Sonnenzyklus erfreute die Vertreter der solaren Klimahypothese. Hätten Friis-Christensen und Lassen nicht schon vorher die Bedeutung der Länge der Sonnenzyklen für die Klimaschwankungen bemerkt, hätten diese Beobachtungen an den Fixsternen sehr gut einen anderen auf die gleiche Idee bringen können. Die Unterdrückung der zyklischen Bewegung auf den Sternen Piscium 54 und Tau Ceti unterstützen sehr eindrücklich die Annahme, daß sich so etwas im 17. Jahrhundert auf der Sonne ereignet haben könnte.

Die Angaben, die Baliunas und Jastrow über die Schwankungsbreite des Sternenlichts machten, riß auf der Erde niemanden vom Stuhl. Sie stimmten im Großen und Ganzen mit den Schätzungen über Schwankungen der Sonnenaktivität überein, mit denen das IPCC glaubte, leben zu können. Noch fehlte die Entdekkung eines Übertragungsmechanismus, der die Treibhaushypothese widerlegen konnte.

Kaiserliche Reverenz an die Sonne. Die rote Robe, die der japanische Kronprinz bei seiner Hochzeit 1993 trug, symbolisiert den Schein der Sonnengottheit Amaterasu, japanisch Himmelsschein, der er sich mit seiner Gattin weihte. Im Shintokult lebt die Verehrung der Sonne fort, die allgemein verbreitet war, bevor spätere Religionen sie verdrängten.

Popperfoto

Wir wiederholen noch einmal die Fragen, mit denen wir schon den Wissensstand von 1989 umrissen hatten, um nun den Stand im Jahr 1993 zu umreißen. Das kann dem Leser helfen, sich halbwegs ein Bild vom bisherigen Stand der Auseinandersetzung zu machen.

Zur Sonne:

Hat die Sonne Einfluß auf Klimaänderungen der Erde, die Jahrzehnte oder Jahrhunderte dauern?
Möglicherweise. Den besten Hinweis lieferte 1993 Friis-Christensen und Lassen mit ihrem graphischen Vergleich zwischen der Entwicklung der Durchschnittstemperatur und der Änderung der Sonnenaktivität, die sich in der Länge ihrer Zyklen ausdrückt.

Überzeugt die Physik der solaren Klimahypothese?
Nein. Auch wenn sich die Sonnenaktivität offensichtlich hektisch ändert, fehlt die Erklärung, wie die Zyklendauer die durchschnittliche Erdtemperatur beeinflussen kann.

Können Änderungen an der Helligkeit des Sonnenlichts die durchschnittliche Erwärmung im 20. Jahrhundert erklären?
Zu einem gewissen Grad, aber nicht vollständig.

Läßt sich in der Sonne ein anderer ausreichender Grund finden?
Wer weiß?

Können neue Raumsonden solche Mechanismen erkunden?
Möglicherweise. Yohkoh, Ulysses und Geotail lieferten bereits völlig neue Erkenntnisse über die Eruptionsvorgänge in der Sonne und ihre Folgewirkungen im Sonnenwind .

Welche Klimaentwicklung erwartet die solare Klimahypothese für das 21. Jahrhundert?
Es gibt noch keine Hinweise dafür, daß die solaren Effekte der möglichen Klimaerwärmung durch den Treibhauseffekt widersprechen.

Zum Treibhauseffekt

Erwärmen Treibhausgase aus menschlicher Produktion die Erde?
Im Prinzip sollten sie das tun. Aber es sieht 1993 noch so aus, als würde ihre Wirkung auf das Klima durch zusätzlichen Staub aus menschlicher Produktion abgemildert.

Überzeugt die Physik des Treibhauseffekts?
Was 1989 noch eine glatte Sache war, erwies sich nun als zu sehr vereinfacht. Staub, mehrdeutige Wirkungen des Wasserdampfs und die Wolken machten alles komplizierter und im Detail fragwürdig. Es wurde mehr behauptet als überzeugt.

Versteht die Meteorologie die Wolken gut genug, um Auswirkungen menschlicher Tätigkeiten auf das Klima abwägen zu können?
Wohl nicht. Die Entdeckung, daß Wolken Licht absorbieren, macht die Annahmen über die Rolle der Wolken in den Klimamodellen höchst zweifelhaft.
Sind die Vorhersagen der Klimamodelle glaubwürdig?
Die Modelle müssen von Grund auf überholt und weitere Einflüsse - besonders die Auswirkung von künstlichem SO_2 - berücksichtigt werden, um zu realistischen Aussagen zu kommen. Die Vorhersagen von 1990 können nicht mehr als glaubwürdig gelten.

Können Wettersatelliten eine Treibhauserwärmung auf der Erde feststellen?
Das ist noch immer ihre wichtigste Aufgabe, aber ihre Ergebnisse unterstützen die Treibhaushypothese bisher nicht.

Welche Veränderungen lassen sich aufgrund der Treibhaushypothese für das Klima im 21. Jahrhundert erwarten?
Die offiziellen Vorhersagen aus dem Jahr 1990 über eine Klimaerwärmung von über 3 Grad C bis zum Jahr 2100 mußten im Hinblick auf die Auswirkungen des vom Menschen erzeugten Staubs zurückgenommen werden.

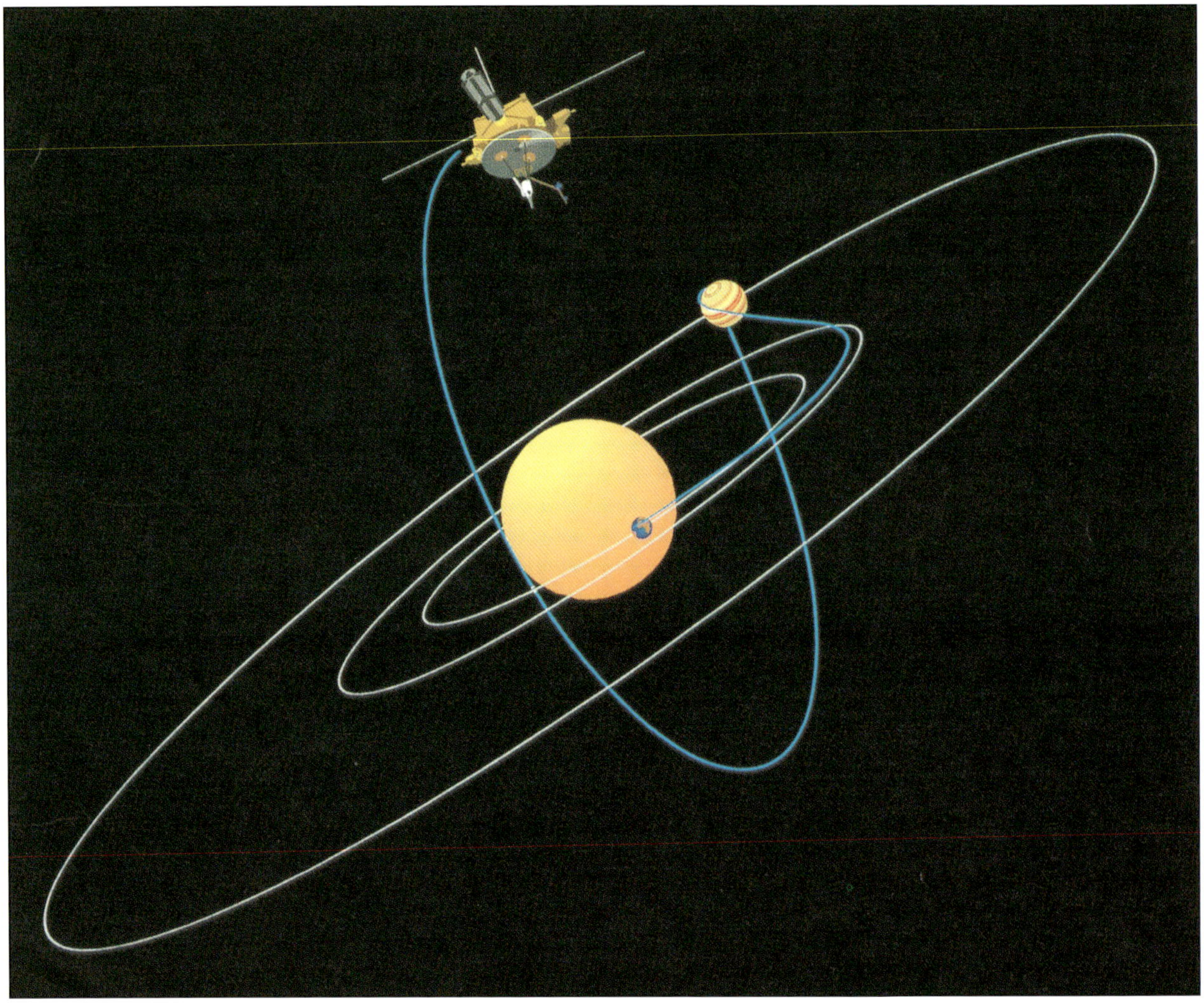

Rund um die Pole der Sonne. Nach dem Umweg um den Planeten Jupiter erreichte die Sonde Ulysses 1994/5 den Höhepunkt ihrer Laufbahn, als sie einmal über beide Polarregionen der Sonne hinweggeflogen war. Ihre Aufzeichnungen über den Magnetismus der Sonne und seinen Einfluß auf die kosmischen Strahlen verblüffte die beteiligten Wissenschaftler aus Europa und Amerika.

ESA

Kapitel 7

WELCHER SÜDPOL ?

Egil Friis-Christensens große Frage war immer noch, wie die Sonne das klimatische Unheil heraufbeschwören kann. Diese Frage bewegte ihn mehr als alle öffentlichen Debatten, mehr noch als die zusätzlichen historischen Belege Lassens für den Zusammenhang zwischen Dauer der Sonnenzyklen und Klimaänderungen. Wenn die Sonne die Ursache für alle oder die meisten Klimaschwankungen seit dem 18. Jahrhundert sein sollte, und die Intensität des Sonnenlichts nur so geringfügig schwankte, wie es anerkannte Astronomen behaupten, dann mußte ein anderer starker, physikalischer Mechanismus das Wetter auf der Sonne an das der Erde koppeln. Wo steckte die fehlende Verbindung?

Im Juni 1993 sorgte ein Kolloquium in Boulder, Colorado für frischen Wind in Friis-Christensens Gedanken. Dort erörterten Astronomen die Schwankungen in der Strahlung der Sonne und anderer Fixsterne. Unter ihnen gab es einige Zweifler an der Geschichte mit dem Treibhauseffekt. Bei dem Treffen stieß Friis-Christensen auf einen Astronom aus Nordirland, John Butler aus Armagh, der erfreuliche Neuigkeiten für ihn hatte.

Am Observatorium in Armagh hatte man in einem Winkel handschriftliche Aufzeichnungen über Lufttemperaturen entdeckt, die bis ins 18. Jahrhundert zurückreichten. Diese unerwartete Quelle verlängerte den Zeitraum, für den mit Instrumenten gemessene Temperaturen vorlagen, um gut zweihundert Jahre nach rückwärts. Die Meßergebnisse paßten gut zu der dänischen Graphik über die unterschiedliche Dauer der Sonnenzyklen. Am auffälligsten war die Übereinstimmung zwischen der kurzen Wärmeperiode in den Jahren von 1840 bis 1860 und der Verkürzung der Sonnenzyklen in dieser Zeit. Die Erwärmung war nach Butler der Grund, weshalb sich Mehltau rasch ausbreiten und die Kartoffelernte vernichten konnte, was schließlich 1846 zum großen Hunger in Irland geführt hatte.

Butler bat Friis-Christensen gemeinsam der Europäischen Kommission ein internationales Forschungsprogramm vorzuschlagen, das die fehlende Verbindung zwischen Klima und Sonnenaktivität suchen sollte. Dahinter stand die Idee, aus der Art, wie die Bäume auf die Klimaänderungen in Irland im 18. Jahrhundert reagiert hatten, eine Skala für entsprechendes Pflanzenverhalten zu erstellen. Mit Hilfe der in Armagh und Cork gefundenen Klimadaten ließen sich die Jahresringe der Mooreichen, an denen Michael Bailey in Belfast arbeitete, näher deuten. Aus den Jahresringen konnte man den Zuwachs erkennen und wie es den Bäumen ergangen war. Dazu sagte die Radiokarbon-Methode etwas über das Sonnenverhalten.

Mit Hilfe der Physik der Sonne-Erde-Interaktion aus Kopenhagen, ließ sich - so dachte Butler - ein schöner englisch-irisch-dänischer Umweltbeitrag für das vierte Forschungsprogramm der Europäischen Kommission erstellen. Friis Christensen war aber viel zu beschäftigt, um seine Mitarbeit zusagen zu können. Er glaubte aber, im dänischen Meteorologischen Institut jemanden zu finden, der unter seiner Anleitung mitarbeiten würde, zumal wenn es dafür von auswärts Geld gäbe.

Schon das Ausfüllen der Fragebögen für die Kommission war entmutigend. Aber Butler wollte das übernehmen. Friis-Christensen wollte einen Beitrag aus der Sicht der Physik der Sonne-Erde-Interaktion beisteuern. Wieder in Kopenhagen, schaute er in seine Schreibtischschublade mit den Problemfällen und seinen Klimaunterlagen und dachte über die fehlende Verbindung zwischen Sonnenaktivität und Klima nach.

Es gab physische Einwirkungen von der Sonne auf das Erdklima, aber die erstreckten sich über zu große Zeiträume, um für Klimaänderungen in wenigen Jahrzehnten wichtig zu sein. Aber auf diese kam es bei der jetzigen Klimaänderung und der Solarhypothese an. Die Umlaufbahn der Erde um die Sonne eierte und verschob sowohl den Abstand als auch die Lage der Sommersonnenwende. Das war für Eiszeiten wichtig, die sich über Jahrtausende erstrecken. Die Sonne konnte bei ihrer Wanderung durch die Milchstraße in Zonen dichterer interstellarer Gase geraten, welche die Heliosphäre schrumpfen lassen und damit verdichten könnten. Auch das würde den Zeitrahmen sprengen.

Die meisten damals bekannten Vorstellungen über den Einfluß der Sonne auf Klimaschwankungen im Bereich von Jahrzehnten und Jahrhunderten setzten auf zwei gut bekannte Möglichkeiten und einen kühnen Versuch. Neben den Änderungen bei der Ausstrahlung des Sonnenlichtes kamen nur noch die Einwirkung des Sonnenwindes auf die Erde, die man an den Polarlichtern erkennen konnte, in Frage. Wenn Böen des Sonnenwindes magnetische Teilchen durch das Magnetfeld der Erde jagen, laden sie genug elektrische Energie in der Atmosphäre ab, um herrliche Polarlichter zu erzeugen. Sie überfluten die äußere Atmosphäre und laden sie elektrisch auf, wie es Friis-Christensens Meßinstrumente festgestellt haben.

Aber die Polarlichter liegen in der Regel sehr hoch, etwa 100 km über dem Boden, wo die Luft schon sehr dünn ist. Sie führen nur ein Zehntausendstel der Energie der Sonnenstrahlung mit. Um das Klima beeinflussen zu können, mußte ein entsprechender Effekt in die untere Atmosphäre eingebracht und dabei um ein Vielfaches verstärkt werden. So hatte man überlegt, ob im Bereich des Polarlichts nicht Antizyklone entstehen könnten, die warme Luft in die Polarregion bringen. Trotz vieler Jahre angestrengten Nachdenkens und Suchens konnte niemand irgendeine handfeste Verbindung zwischen Polarlicht und Klima knüpfen. Trotzdem wollte Friis-Christensen die Suche nach einer solchen Verbindung fortsetzen.

Ihn interessierte besonders die kosmische Strahlung. Sie konnte zwar hervorragend und in vieler Hinsicht Verhaltensänderungen der Sonne anzeigen, zum Beispiel dadurch, daß sie nach größeren Sonnenausbrüchen plötzlich ausblieb. Sie ließ den elfjährigen Sonnenzyklus erkennen und langfristige sich über Jahrhunderte und Jahrtausende erstreckende Änderungen, die sich nach der Radiokarbon-Methode im Holz ablesen ließen. Die kosmische Strahlung hatte als möglicher Mittler zwischen Sonne und Klima bisher wenig Aufmerksamkeit gefunden.

Für Sonnenexperten und Klimatologen waren Änderungen der kosmischen Strahlung so etwas wie Sägemehl, welche auf gewaltige Vorgänge in der Sonne hindeuteten und auf einige offensichtlichere Erscheinungen auf der Erde. Spekulationen darüber, daß die kosmischen Strahlen auf das Wettergeschehen einwirken könnten, gerieten in große Schwierigkeiten. Wenn schon das Polarlicht kaum Auswirkungen erkennen ließ, so war die Energie der kosmischen Strahlen am Erdboden noch viel geringer. Wenn es auch bemerkenswert ist, daß die Galaxie mit ihren atomaren Geschossen genausoviel Energie einbringt wie Licht, so war das insgesamt nicht mehr als der milliardste Teil der Energie des Sonnenlichts.

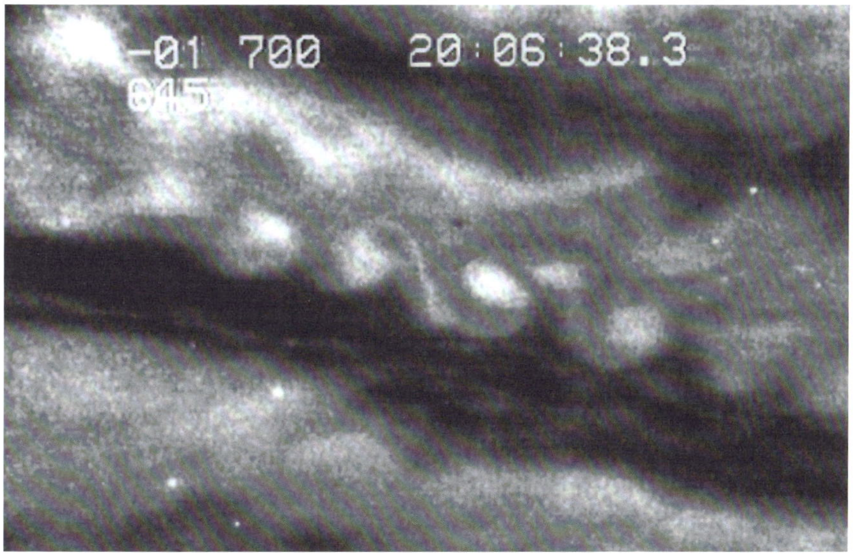

Phantasiegebilde des Polarlichts. Typischerweise erscheinen Polarlichter (oberes Bild) wie Vorhänge, die in Bögen vom Himmel hängen. Harald Frey aus München nahm mit einer speziellen Fernsehkamera Einzelheiten auf (unteres Bild). Er richtete in Nordskandinavien die Kamera senkrecht in die Linien des Erdmagnetfelds. Auf seinen Videos sieht man Wirbel tanzen, die sich auf einer Linie in entgegengesetzte Richtungen bewegen. Die Gestalten elektromagnetischer Verwirbelungen im Raum werden von natürlichen Elektronenstrahlen, die entlang der Magnetlinien einfallen, auf die oberen Luftschichten projiziert. Ungelöst bleibt die Frage, ob Polarlichter auf das Wetter am Boden Einfluß nehmen können.

Photo: Silvestris/FLPA; TV Image: Max Planck Institut für außerterrestrische Physik, Garching

Friis-Christensen wußte wohl, daß sich die kosmische Strahlung auch anders betrachten ließ. Sie dringt viel tiefer in die Atmosphäre ein als die Partikel des Polarlichts. Sie vermehrt sich zu ganzen Schauern von Teilchen, von denen einige bis zum Boden vordringen. Jedes Teilchen, das durch die Luft springt, reißt von Atomen Elektronen los und läßt einen Schweif geladener Atome und Elektronen, die gemeinsam Ionen genannt werden, hinter sich zurück. Die meisten Ionen fallen in der Höhe von rund 12 km über dem Boden an.

In Begleitung der kosmischen Teilchen treten solche auf, die direkt aus der Sonne und zwar aus Sonneneruptionen stammen. Beide Teilchenarten stehen in umgekehrtem Verhältnis zueinander. In Zeiten hoher Sonnenaktivität nehmen die Sonnenteilchen zu und die kosmische Strahlung aus den Tiefen der Galaxie nimmt ab. Das gilt für die höhere Sonnenaktivität im allgemeinen und nach der Forbush-Minderung auch für einzelne Ausbrüche und Protuberanzen. Wenn also diese Teilchen überhaupt einen Einfluß auf das Wetter ausüben, dann müssen Sonnenpartikel und solche aus der Galaxie in entgegengesetzter Richtung wirken. Manche Fachleute erkannten in Sonnenausbrüchen den Schlüssel zum Geheimnis der solaren Einwirkung auf das Klima.

„Wir müssen eine 1:1 Beziehung herstellen" meinte Jean Claude Pecker, der Sprecher der französischen Solarphysik, „nämlich zwischen bestimmten Arten von Ausbrüchen und bestimmten meteorologischen Wetterereignissen".

Die tiefere Atmosphäre über den Erdpolen erwärmt sich nach Eruptionen auf der Sonne und dehnt sich aus. Cor Schuurmans von De Bilt in den Niederlanden führt das auf Partikel aus den Sonnenfackeln zurück. 1965 veröffentlichte er seine Beobachtungen über die Erwärmungen der Polarregion in der Zeit zwischen 1957 und 1958, als ungewöhnlich viele Sonnenflecken zu sehen waren. Schuurmans nahm an, daß die hohe Sonnenaktivität zwischen 1946 und 1950 für die ungewöhnliche Häufigkeit von Südwestwinden über dem östlichen Atlantik verantwortlich war.

Nach einem Sonnenausbruch zählt man, wenn auch nur wenige Tage lang, deutlich mehr Teilchen aus der Sonne als kosmische Strahlenteilchen. Selbst in Zeiten hoher Sonnenaktivität kann der Abstand zwischen einzelnen Eruptionen gut einen Monat betragen. Abgesehen von den außergewöhnlichen Ausbrüchen, die nur dreimal in zehn Jahren vorkommen, führen die Sonnenteilchen weniger Energie mit sich als die kosmische Strahlung und dringen auch weniger tief in die Erdatmosphäre ein. Satelliten registrieren oft Wolken von Sonnenteilchen, welche die zur Beobachtung kosmischer Strahlen am Erdboden eingerichteten Stationen meistens nicht mehr wahrnehmen. Das legt den Schluß nahe, daß es auf die Sonnenteilchen aus den Explosionswolken der Sonne weniger ankommt als auf den ständigen Zustrom kosmischer Strahlen aus den Tiefen der Milchstraße.

Das Magnetfeld der Erde gewährt nur teilweise Schutz gegen die kosmische Strahlung. Es vermag gegen sie viel weniger auszurichten, als gegen die schwächeren Teilchen des Sonnenwindes. Aber der Schutzschild ist stark genug, um große geographische Unterschiede zu bewirken. In den Tropen trifft nur ein Viertel der kosmischen Strahlung am Erdboden auf, die an den Polen niedergeht. Am oberen Rand der Atmosphäre ist der Unterschied noch größer. Die wenigen kosmischen Teilchen, die den Schutzschild in Höhe der Tropen durchschlagen können, sind extrem energiereich und erzeugen ganze Schauer anderer Teilchen. Wenn von den Teilchen irgendeine Wirkung auf das Wetter ausging, sollten sich also auch geographische Unterschiede bemerkbar machen.

Aber was für eine Wirkung konnte das sein? Die meisten Ionen bilden sich in der unteren Stratosphäre und liegen damit viel näher an der Wetterzone als die Polarlichter. Die kosmische Strahlung könnte demnach das Verhalten der Gase, des Dampfes und der Aerosole im mikroskopischen Bereich beeinflussen.

In seiner Schreibtischschublade hatte Friis-Christensen einen Aufsatz, den Edward Ney aus Minneapolis schon vor 30 Jahren geschrieben hatte. Ney war für seine Wettererkundung mit hochfliegenden Ballonen berühmt. Zunächst wollte er auf diese Weise originale kosmische Teilchen einfangen, bevor sie in der Atmosphäre zerbrechen.

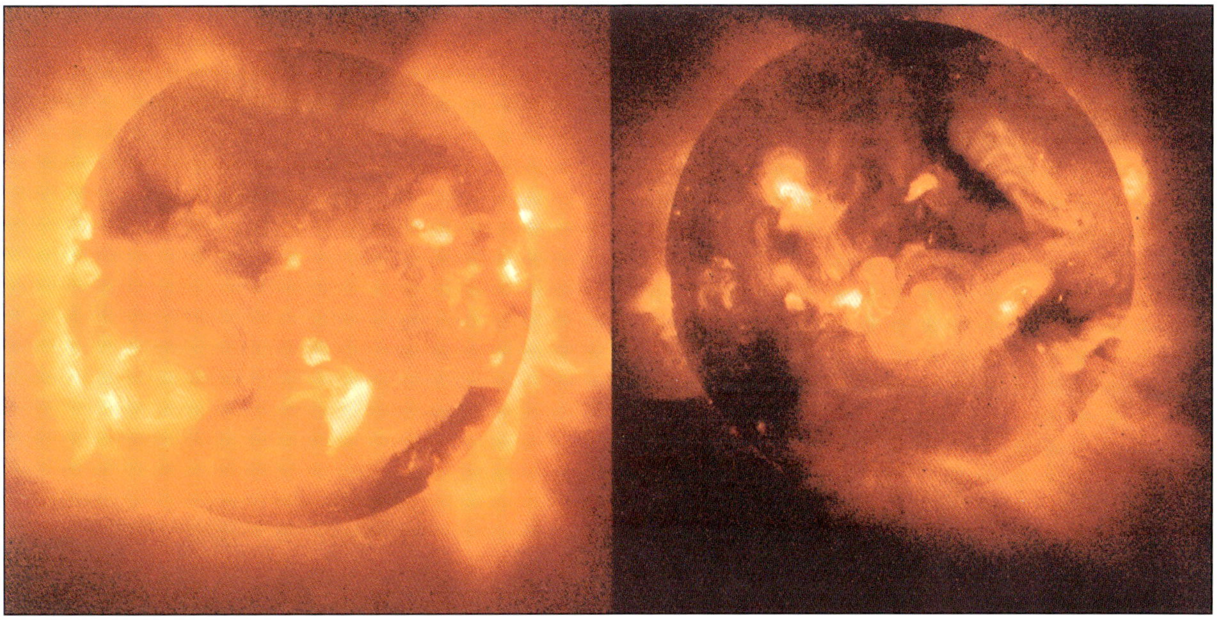

Die Sonne beruhigt sich. Die Bilder Yohkohs von der heißen Atmosphäre der Sonne änderten sich im Laufe der Jahre. In Zeiten vieler Sonnenflecken (links 1991) war die Atmosphäre aufgewirbelt. Wenn die Zahl der Flecken zurückgeht (rechts 1994) legt sich die Sonnenaktivität. Die Röntgenbilder zeigen immer größere dunkle und kältere Felder. Man nannte sie Löcher in der Korona. Aus ihnen bläst der sehr schnelle Sonnenwind.
Yohkoh Team

1959 veröffentlichte Ney die Idee, kosmische Strahlen könnten Stürme abschwächen und die Zahl der Gewitterwolken dadurch vermindern, daß sie die Luft leitfähiger machen. Er vermutete, es könnte kälter werden, wenn die Sonnenaktivität zunahm. Damit widersprach er den üblichen Vermutungen seit Herschels Entdeckung, die viele Sonnenflecken mit wärmerem Wetter in Verbindung brachten. Die Vermutungen Neys waren es wert, überprüft zu werden.

Die kosmischen Strahlen stiegen immer höher auf Friis-Christensens Liste der Untersuchungen, die nötig waren, um die Verbindung zwischen Sonne und Erdklima zu entdecken. In seinem Vorschlag für die Europäische Kommission ging er neben den irischen Klimauntersuchungen an Mooreichen besonders auf die Polarlichter und die kosmischen Strahlen ein, die wechselnde Einwirkungen der Sonne auf das Klima erkennen ließen. Da sich Butler in Armagh um die Papiere kümmern wollte, legte Friis-Christensen die Frage solange zur Seite, bis ein Vertrag mit der Europäischen Kommission zustande kommen würde. Dann wollte er jemanden an diese Arbeit setzen.

Im Februar 1994 registrierte die Sonde Ulysses auf ihrer Umlaufbahn um die Sonne Teilchen aus einer Eruption. Zum Erstaunen der Fachleute erfolgte der Ausbruch auf der Sonne etwa 20 Grad nördlicher Breite. Die Teilchen trafen die Sonde aber im Anflug auf die Antarktis der Sonne bei über 50 Grad südlicher Breite. Das war so, als würde man den Donner von Mexiko in Patagonien; an der Südspitze Amerikas hören.

„Ulysses teilt uns mit, daß die Regionen der Heliosphäre auf eine Weise miteinander verbunden sind, die wir uns nicht vorstellen können", berichtete Richard Marsden aus dem Wissenschaftlerteam des Projekts.

Ulysses badete zu dieser Zeit gerade im schnellen Sonnenwind aus der südlichen Polarregion der Sonne. Die letzte Brise aus der nördlichen Magnetsphäre der Sonne hatte ihn im April 1993 getroffen. Doch der 26-Tage Wechsel zwischen dem langsamen Wind aus der Äquatorgegend und dem schnellen Wind aus der Polgegend setzte sich noch bis Juli 1993 fort. Die Wissenschaftler nutzten die Gelegenheit, um die Zusammensetzung der beiden Arten von Sonnenwind zu untersuchen.

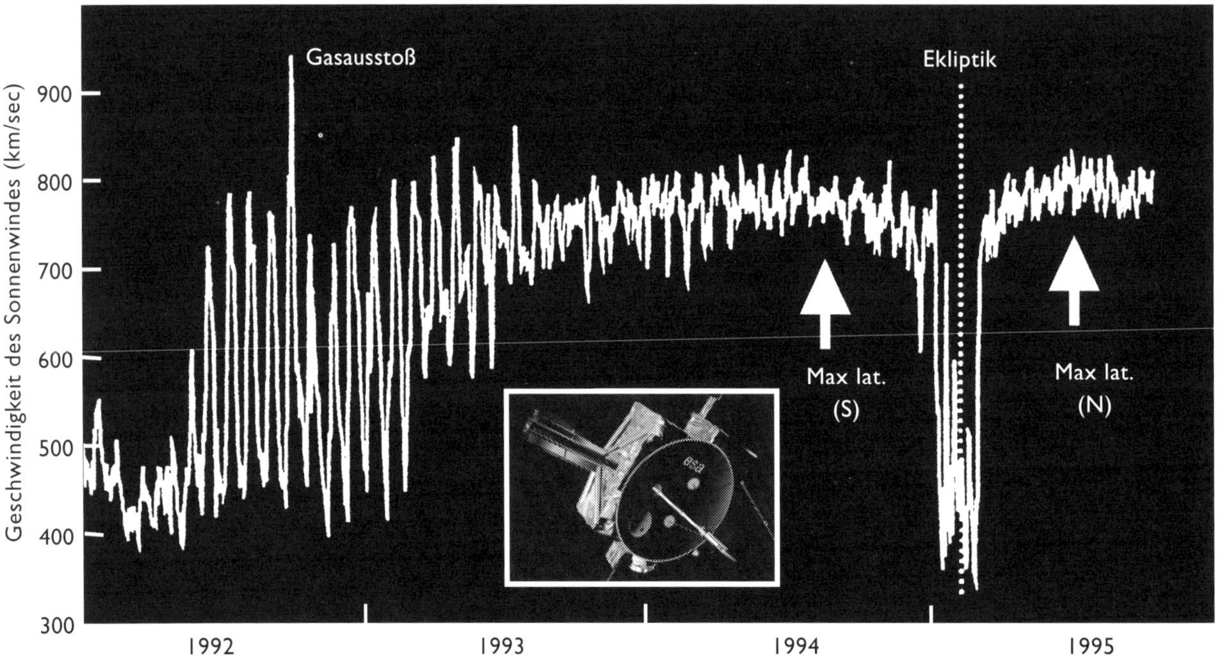

Zwei Arten von Sonnenwind. Wie ein Segler vorherrschende Windrichtungen auf der Erde feststellt, bemerkte Ulysses Winde, die aus unterschiedlichen Gegenden der Sonne herwehen. Bis Mitte 1992 bewegte sich die Sonde im langsamen Sonnenwind der Äquatorzone. Nun näherte sie sich höheren Breitengraden der Sonne und geriet in den schnelleren Wind aus der Polarregion. Da die Sonnenachse schräg liegt, kommen und gehen die Winde mit jeder Umdrehung. 1994 war Ulysses diesem Wind ständig ausgesetzt. Nach Verlassen der südlichen Polargegend durchkreuzte die Sonde rasch den langsamen Sonnenwind der Äquatorgegend und geriet wieder in den schnellen Wind der nördlichen Polargegend. Reibereien zwischen dem raschen und dem langsamen Sonnenwind erfüllen die Sonnensphäre und zerstreuen die kosmische Strahlung, bevor sie die Erde erreicht.

Ulysses/ESA und NASA, und das SWOOPS Team

„Unsere Instrumente bemerken überraschende Unterschiede", sagte Johannes Geiss aus Bern. „Wir messen in der Atmosphäre über den niedrigen Breitengraden der Sonne, aus denen der langsame Sonnenwind stammt, Temperaturen um die 1,8 Millionen Grad. Einige hunderttausend Grad niedriger liegt die Temperatur in den dunklen Löchern der Korona, aus denen der schnelle Sonnenwind herausschießt. Obwohl der langsame Wind aus heißeren Gegenden stammt, führt er weniger Sauerstoff- oder Stickstoffteilchen mit, die sich nur schwer ionisieren lassen. Diese Elemente müssen bereits in der Chromosphäre unterhalb der Sonnenatmosphäre fehlen".

Ulysses erreichten Stoßwellen des Sonnenwindes noch in viel höheren Breitengraden als erwartet. Die letzte traf ihn im März 1994 bei 55 Grad südlicher Breite. Die Planer der Mission hatten die Polarregion bei 70 Grad beginnen lassen, die Ulysses Ende Juni erreichte.

André Balogh aus London war für die Magnetmeßgeräte an Bord von Ulysses zuständig. Er lieferte täglich Karten der sich ständig ändernden Sonnenoberfläche mit dem genauen Standort von Ulysses.

„Nun befindet sich Ulysses in einer Zone hoher Breite", bemerkte er. „Das Magnetfeld der Sonne schlägt schief in südliche Richtung in den Raum aus. Die Sonnenrotation verdreht es dabei wie einen Korkenzieher. Es gibt auch viele Wellen, die sich von der Sonne weg bewegen und möglicherweise den Sonnenwind beschleunigen".

Die Vorarbeit für das Ørsted-Projekt war aufwendig. Friis-Christensen hätschelte und tätschelte sein wissenschaftliches Team von neun Forschern aus Dänemark und Frankreich, welche die Instrumente für den Satelliten vorbereiteten. Zusätzlich gingen rund achtzig Vorschläge von Forschergruppen aus aller Welt ein, die unbedingt an der Ørsted-Mission teilnehmen wollten. Nach aufwendigen Prüfungen fiel die Auswahl auf nur fünfzig Gruppen. Trotzdem hatte Friis-Christensen noch immer mit einer großen Zahl von Forschern des Erdmagnetfeldes zu tun.

Die wissenschaftliche Projektleitung selbst eines solchen Babysatelliten wäre für die meisten Menschen ein Vollzeitjob. Doch er fand noch Kraftreserven, um in der Klimafrage weiterzuarbeiten. Friis-Christensen half Lassen beim Verfassen des gemeinsamen Aufsatzes über die Dauer der Sonnenzyklen und die Temperaturbewegung am Boden der Nördlichen Halbkugel bis zurück zum Jahr 1500.

Der neue Aufsatz faßte viel von der historischen Arbeit Lassens zusammen. Teilweise sichtete er auch die Arbeiten anderer, welche die Sonnenzyklen weiter zurückverfolgt hatten. Erst seit 1749 liegen zuverlässige Berichte über die Häufigkeit der Sonnenflecken vor. Für die Zeit helfen relativ gute Berichte über niedrig auftretende Polarlichter weiter, die außerhalb der Arktis zu sehen waren. Wenn Leute am Himmel seltsame Lichterscheinungen sehen, schrieben sie das oft auf. Andere trugen solche Berichte zusammen.

Als Spezialist für Polarlichter wußte Lassen natürlich, daß die Höhepunkte dieser Erscheinungen nicht unbedingt mit den Höhepunkten im Sonnenzyklus übereintreffen. Daher glaubte er, nur das Fehlen solcher Berichte ließe sich als eindeutigeres Anzeichen für die Ruhephase der Sonne werten. So grenzte er viele Minima des Sonnenzyklus in der Zeit zwischen 1500 bis 1749 ein. In der Mitte des 17. Jahrhunderts blieb ihm allerdings ein Loch von 33 Jahren, für das er keine überzeugenden Daten fand. Aus den Abständen zwischen den Ruhephasen konnte Lassen die Dauer der Sonnenzyklen ermitteln. Er überprüfte seine Methode, indem er auf die gleiche Weise die Berichte über Polarlichter bis ins 20. Jahrhundert hinein auswertete. Die Zyklendauer, die sich aus ihnen ermitteln ließ, deckte sich mit derjenigen, die er aufgrund der Sonnenflecken berechnet hatte.

Die Änderungen der Zyklendauer ließ sich nun für den Zeitraum von 1579 bis 1987 in einer Kurve darstellen und mit den Schwankungen der Durchschnittstemperatur, die andere Wissenschaftler über der Landfläche der Nordhalbkugel ermittelt hatten, vergleichen. Wie beim ersten Vergleich für die Zeit zwischen 1851 und 1987, ergab sich wieder eine erstaunlich hohe Übereinstimmung zwischen beiden Kurven. So fielen die besonders warmen Zeiten um 1590 und 1750 in relativ kurze Zyklen und die längeren Zyklen gingen mit relativ tieferen Temperaturen um 1610 und 1800 einher. Selbst wenn man alle Unsicherheiten sowohl bei den Sonnenflecken wie bei den Klimadaten berücksichtigte, mußte der Einfluß der Sonne doch so klar und stark sein, daß es zu so einer Verwandtschaft zwischen den Kurven kommen konnte. Den Aufsatz ergänzte ein Hinweis auf die Arbeit aus Stony Brook, die gezeigt hatte, daß der Frühlingsbeginn im Tal des Jangtse in China auch den Stimmungsschwankungen der Sonne gehorchte. Der Vergleich mit dem regionalen Beispiel schmückte ihre Geschichte.

„Die Frühjahrstemperatur dieser Gegend Asiens schwankte während der letzten 300 Jahre in Übereinstimmung mit der Sonnenaktivität", konnten Lassen und Friis-Christensen erklären.

Bevor sie die Endfassung ihres Aufsatzes an die Zeitschrift *Journal of Atmospheric und Terrestrial Physics* schickten, fügten sie ihr noch einige brave Bemerkungen über ihren Streit mit den Vertretern der Treibhaushypothese bei. Sie unterstellten, daß die Computermodelle die Wirkung wechselnder Sonnenstrahlung nicht ausreichend geographisch genau erfassen. Ihre Schlußbemerkung machte deutlich, wie Friis-Christensen dachte: „Eine andere Möglichkeit ist, daß es nicht auf die Schwankungen der Helligkeit ankommt, sondern eher auf die Wirkung energiereicher Teilchen".

Um Friis-Christensen mit der kosmischen Strahlung zu reizen, flattere ihm im Sommer 1994 eine Ausgabe der geophysikalischen Zeitschrift *Eos* auf den Tisch. Auf der Titelseite prangte prominent der Aufsatz von Brian Tinsley aus

Luftelektrizität. Eine amerikanische Hypothese aus dem Jahr 1994 besagt, die Sonne beeinflußt die Wolkenbildung dadurch, daß sie die elektrische Ladung der Luft (im Bild ein Gewitter in den Tropen Australiens) umverteilt, indem sie die kosmische Strahlung verändert. Diese Hypothese verband die kosmische Strahlung mit den Wolken und war daher, aus heutiger Sicht, ein Schritt in die Richtung der späteren dänischen Entdeckungen.

Ecoscene/Dannett

Dallas mit dem Titel „Ein Sonnenwind-Mechanismus für Wetter- und Klimaänderungen wird vorgeschlagen". Lassen und Friis-Christensen hatten früher schon einen Aufsatz Tinsleys aufgegriffen, in dem er den Austausch zwischen den Energieteilchen und der elektrischen Ladung in der Atmosphäre untersucht hatte. Nun hatte Tinsley seine Ideen weiterentwickelt.

Er hatte sich mit Tausenden von Gewittern beschäftigt, die ständig und gleichzeitig in den Tropen niedergehen, und der elektrischen Ladung, die sie in die Luft pumpen. Die Ladung legt sich in der mittleren Atmosphäre, etwa in Wolkenhöhe, mit einer Spannung von 250.000 Volt gegenüber dem Boden rings um die Erde. Nach Tinleys Meinung beeinflußt die kosmische Strahlung die Leitfähigkeit der Luft und damit den Weg, auf dem sie zur Erde zurückfließt. Ballonmessungen über Minnesota hatten ergeben, daß die elektrische Ladung in der Luft zurückgeht, wenn die Sonnenflecken zunehmen.

Tinsley sagte deshalb voraus, daß in hohen Breiten die elektrische Ladung in Wolkenhöhe dann, wenn die Sonne unruhig und die kosmische Strahlung unterdrückt wird, zunimmt. Die Ladung fördert die Bildung von Eiskristallen in den Wolken. Dieser Prozeß setzt Wärme frei und löst in der Atmosphäre Konvektionen aus. Die Wolken würden sich dann auch auf das Klima auswirken. Das war eine schlaue aber komplizierte Geschichte. In niedrigeren Breiten wäre dagegen die Ladung der Atmosphäre zu hoch und würde dort die Schwankungen der kosmischen Strahlung überdecken.

Das Papier landete in Friis-Christensens Schublade. Ernsthaft damit auseinandersetzen wollte er sich erst, wenn der Vertrag mit der Europäischen Kommission durchgekommen war und er mit Unterstützung bei der Untersuchung der Sonneneinwirkungen auf das Klima rechnen konnte. In der Zwischenzeit konnte er nur darüber spekulieren, daß der kühnere Versuch wohl der bessere ist, und daß die Sonne die kosmische Strahlung verändert und erst dadurch das Wetter auf der Erde beeinflußt.

Die Europäische Raumfahrtbehörde verschaffte der Arbeit Eigil Friis-Christensens und Knud Lassens eine kurze aber nachdrückliche Publizität. Sie erstellte ein Video mit schönen Computeranimationen von der Ankunft der Sonde Ulysses über dem Südpol der Sonne. Auf dem Aufdruck hieß es:

> „Die Sorge über den Klimawandel auf der Erde macht die Sonnenforschung dringlicher. Einige Fachleute bezweifeln schon, daß die jüngste Klimaerwärmung wirklich auf CO_2 zurückzuführen ist. Dänische Wissenschaftler wollen herausgefunden haben, daß die Beschleunigung der Sonnenaktivität die Klimaerwärmung besser erklärt. Berichte über Änderungen der Sonnenaktivität reichen Jahrtausende zurück. Sie lassen wiederholt Änderungen von einem Jahrhundert zum nächsten erkennen. Wer will die Umwelt auf der Erde ohne ausreichende Kenntnisse über die Sonne, die uns erwärmt und das Leben schenkt, begreifen?"

Ähnliche Hinweise auf die Arbeiten Friis-Christensens und Lassens folgten in anderen Videos und Broschüren, welche die Agentur im Zusammenhang mit der SOHO und Cluster Mission herausgab. Obwohl sie auf französisch und englisch breit unter Journalisten und Sendeanstalten vieler Ländern gestreut wurden, erzeugte die Geschichte nur ein wenig Neugier, aber kein ernsthaftes Interesse.

Um die Heliosphäre aus einem anderen Blickwinkel zu beobachten, sollte

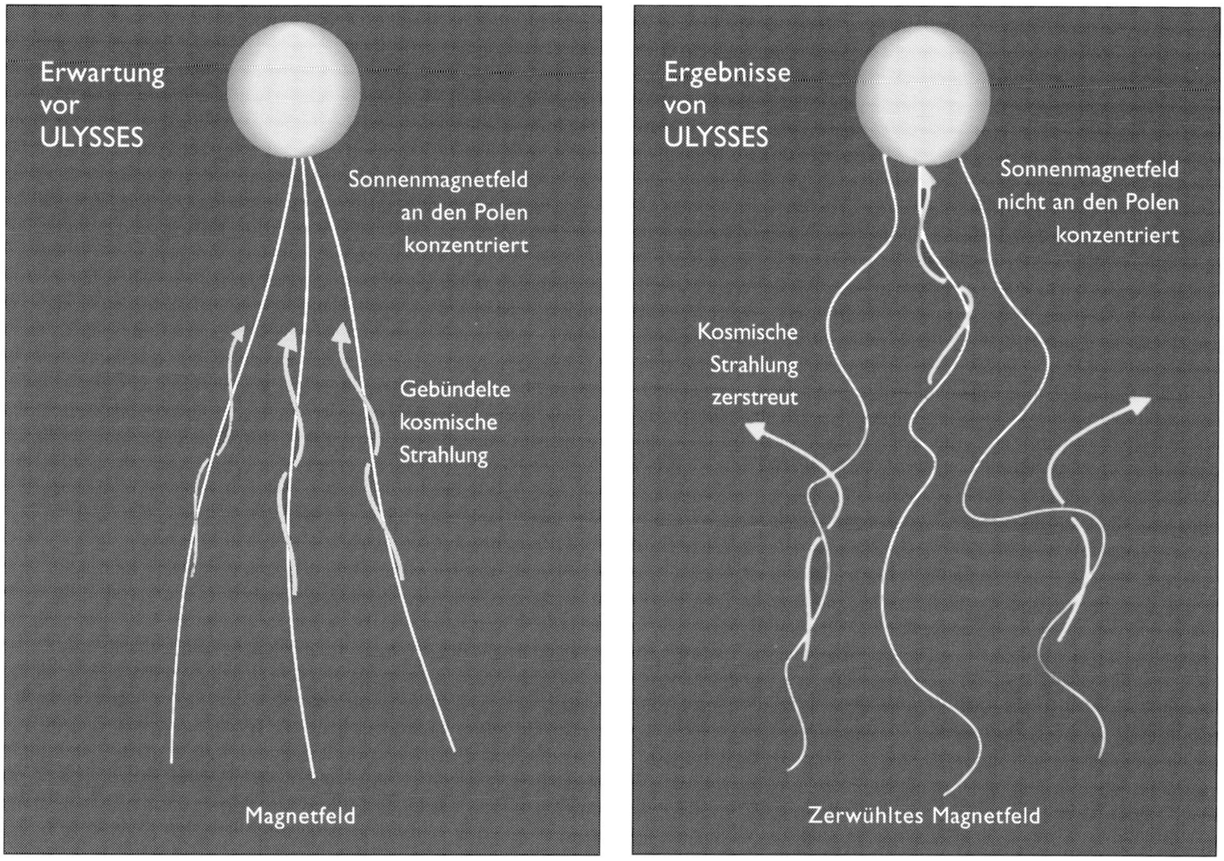

Überraschungen am Südpol der Sonne. Bevor Ulysses im September den Südpol der Sonne erreichte, glaubten viele Wissenschaftler ein gewaltiges Magnetfeld würde hier Mengen kosmischer Strahlen zu den Polen schleusen. In Wirklichkeit ändert sich der Zustrom kaum, weil starke magnetische Wellen die kosmische Strahlung zerstreuen und der Magnetismus nicht weiter zunimmt.

Ulysses am 13. September 1994 mit 80,2 Grad die höchste Breite im Süden der Sonne erreichen.

Wie bei der Erde liegen die Magnetpole der Sonne etwas versetzt neben der Rotationsachse, die 90 Grad Breite festlegt. Daher erwartete man, daß die Sonde direkt über den Magnetpol der Sonne hinwegfliegen würde. Der Theorie nach sollte das Magnetfeld in Polgegend stark zunehmen und die kosmischen Strahlen aus der Milchstraße sollten in die Detektoren der Sonde einströmen, ohne von der Sonnenaktivität behindert zu werden.

Aber im Lauf der Woche änderte sich das Magnetfeld kaum und die kosmische Strahlung nahm nur wenig zu. Statt dessen meldeten die Magnetmeßgeräte der Sonde starke magnetische Wellen, die aus der Polarregion der sonst ruhigen Sonne hervortraten und mithalfen, die kosmische Strahlung zu zerstreuen. Diese Wellen änderten wohl ihre Richtung, aber nicht die Intensität des Magnetfeldes.

„Es ist so, als wäre da jemand in der Sonne, der die Magnetlinien mit dem Hammer bearbeitet" bemerkte André Balogh in einer Rede über die Experimente, mit denen der Magnetismus der Sonne gemessen wird.

Als sich die wissenschaftliche Arbeitsgruppe im September im Laboratorium der ESA in Noordwijk traf, um die Route der Sonde über den Südpol zu überdenken, mischte sich in den Jubel über den Erfolg der Ulysses Mission schon das Erstaunen über das eigenartige Sonnenverhalten. Die Lehrbücher mußten neu geschrieben werden, und John Simpson konnte nicht, wie er sich all die Jahre während der Vorbereitung und des Fluges immer gewünscht hatte, unbeeinflußte kosmische Strahlen bekommen.

Oben: Der amerikanische Satellit Wind. Er sollte, wie der Name sagt, den Sonnenwind erkunden.

NASA

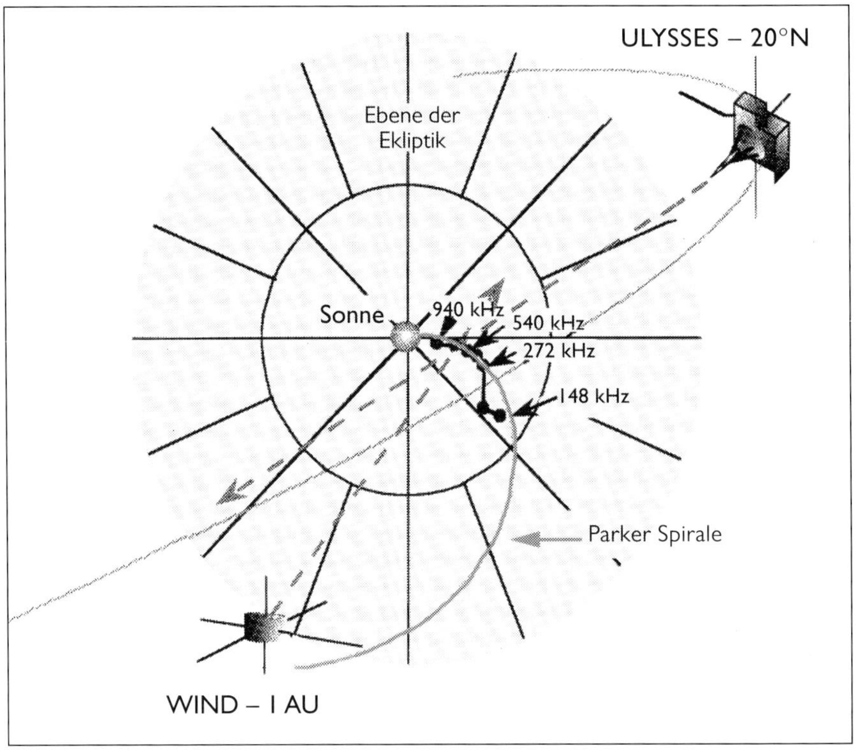

Rechts: Schemazeichnung vom Magnetfeld der Sonne. Die schwarzen Punkte geben den Weg energiereicher Elektronen auf einer Magnetlinie der Sonne am 7. April 1995 wieder. Sie machten durch die Ausstrahlung von Radiowellen, die ihre Frequenz in dem Maße minderten, in dem die Elektronen Energie verloren, auf sich aufmerksam. Die dreidimensionale Aufnahme der Quellen dieser Radiowellen war nur mit zwei weit von einander entfernten Beobachtungssonden möglich. Ihre Flugbahn wird hier auf der Ebene abgebildet, auf der sich die Planeten um die Sonne bewegen. Die Umdrehung der Sonne zwirbelt das Magnetfeld zu einer Spirale zusammen, wie es Eugene Parker schon vor über 30 Jahren vorgeschlagen hatte.

Wind/NASA und Ulysses/ESA und NASA, mit freundlicher Erlaubnis von R.A. Hoffmann, NASA Goddard

Die Intensität der kosmischen Strahlung hatte auf Ulysses' Reise zum Jupiter und von dort zur Sonne ständig zugenommen, aber wohl nur deshalb, weil sich die Sonne auf das Minimum ihres Zyklus hinbewegte und daher selbst schwächer strahlte. Eine allgemeinere Entdeckung des Ulysses war, daß die Sonne kosmische Strahlen von allen Seiten, von denen sie sich zu nähern versuchen, abstößt. Obwohl die Magnetwellen von den Polen her einen Teil dieser Arbeit übernehmen, gab es auch noch den ständigen Einfluß aus der Äquatorzone, wie sich an den ununterbrochenen Veränderungen der kosmischen Strahlung im 26-Tage-Rhythmus zeigte. Offensichtlich wirkten die „korotierenden Interaktionszonen" auf die kosmische Strahlung sogar in den niedrigen Breiten, in denen eine Umdrehung der Sonne 36 Tage dauerte.

Balogh brachte das Erstaunen der Wissenschaftler auf eine kurze Formel: „Wir begaben uns zum magnetischen Südpol der Sonne, aber er war dort nicht".

Die NASA-Sonde Wind erreichte am 1. November 1994 ihre Umlaufbahn im Sonnenwind vor der Erde. Manöver um den Mond dienten dazu, sie weiter und weiter hinaus in Richtung Sonne zu bringen. Wind arbeitete auf der anderen Seite der Erde wie die japanische Mission Geotail. Geotail hatte gerade zwei Jahre Beobachtungen weit draußen im Magnetschweif der Erde hinter sich und sollte wieder auf eine engere Umlaufbahn um die Erde gebracht werden.

Ulysses und Wind arbeiteten zusammen, wenn sie ihre Strahlenmeßgeräte auf die Strahlungspakete, welche die Sonne auswarf, richteten. Die Teilchen bewegen sich im Sonnenwind nicht auf geraden Linien, sondern folgen den Spiralarmen des Magnetfeldes, welche die Sonnenumdrehung erzeugt hat. Die Existenz solcher Spiralen kannte man seit vielen Jahren. Die Zusammenarbeit von Wind und Ulysses ergaben aber die ersten stereoskopischen Bilder dieser Ausstrahlung. Mit wachsendem Tempo wurde nun die Sonne in ihrem windigen Reich enttarnt.

Auch die Kunstfertigkeit der Klimamodelle kam mit neuen Supercomputern rasch voran. Gerade als der Welt die ersten rohen Klimavorhersagen 1990 vorgelegt wurden, arbeiteten Gruppen hart daran, die Programme zu verbessern. Die Hauptaufgabe bestand darin, die Ozeane in den Programmen angemessen darzustellen. Das betraf ihren Austausch mit der Luft und ihre Möglichkeiten, dank ihres riesigen Wärmegehalts eine Klimaerwärmung erst verzögern und dann aufrechterhalten zu können.

Wie es in der Welt des Golfes geheiligte Plätze wie zum Beispiel Augusta, Pebble Beach oder St. Andrew gibt, so besitzt auch die computerisierte Klimatologie ihre besondere Geographie. An einem Dutzend ihrer ersten Adressen rund um die Welt liefen auf Supercomputern umfangreiche Programme über den Austausch zwischen Meer und Luft und machten daraus Klimavorhersagen. Altäre dieses Luft-Wasserkults wurden zuerst in Princeton errichtet, dann folgten Boulder, Bracknell und Hamburg. 1995 arbeiteten die Supercomputer des Kults zwischen Melbourne und Paris. Einige davon waren unmittelbar in dem kleinen Kreis der Hauptautoren des letzten IPCC Berichts vertreten. Aber alle arbeiteten direkt oder indirekt für Houghtons Arbeitsgruppe.

Die Systeme begannen aber erst zu laufen, als neue Anforderungen aufgetaucht waren, weitere Einflußnahmen des Menschen auf das Klima zu untersuchen. Aus menschlicher Produktion gelangten schwefelhaltige Stäube in die Luft. Sie ernährten die Modellierer und fütterten ihre Computer. Schwefeldioxyd (SO_2) entsteht beim Verbrennen fossiler Brennstoffe und bildet in der Atmosphäre mikroskopisch kleine Kristallsplitter aus Schwefelsalz. Sie hängen sich wie dünne Schleier vor das Sonnenlicht und halten es von der Erde ab. Der menschliche Einfluß auf die Klimaerwärmung wurde gleich um ein Grad niedriger angesetzt, als die Computer dem Schwefelnebel erlaubten, der angeblichen Erwärmung durch Treibhausgase entgegenzuwirken.

Das Labor für Dynamische Meteorologie in Paris näherte sich dem Schwefelproblem auf besondere Weise. Es stellte die Auswirkungen der Schwefelkristalle auf die Wolken in Rechnung. Robert Charlson hatte in den USA schon einige Jahre zuvor darauf hingewiesen, daß Sulfate aus menschlicher Produktion in regennassen Wolken die Tröpfchen kleiner machen. Satellitenaufnahmen zeigten, daß die Tropfengröße auf der verschmutzten Nordhalbkugel tatsächlich kleiner ausfiel als im Süden. Wenn man diese indirekte Wirkung auf regennasse Wolken zu den direkten Wirkungen der Sulfatschleier hinzuzählte, minderte das die Sonneneinstrahlung auf die Erde noch mehr. Hervé Le Treut und seine Kollegen in Paris haben als erste die Wolken verändernde Wirkung der Sulfate in ihren größeren Computermodellen berücksichtigt.

Das französische Team hatte herausgefunden, daß direkte und indirekte Auswirkungen der Sulfate zusammengenommen den Treibhauseffekt des CO_2 aufheben. Nach den Berechnungen gleicht sich die Erwärmung im Süden mit der Abkühlung im Norden wegen der dickeren Wolken und Sulfatschleier wunderbar aus und nähert sich so wieder der mit Hilfe der Satelliten ermittelten Durchschnittstemperatur. Das war nur ein Versuchslauf und noch kein Anflug von Realismus. Er sollte dem besseren Verständnis der Frage dienen, wie das Klimasystem auf unterschiedliche Herausforderungen reagieren kann. Trotzdem war der Mechanismus, der die Klimakatastrophe abblies nicht ganz unrealistisch und zeugte von der großen Unsicherheit mit der die Auswirkung von SO_2 und CO_2 gegenseitig aufgerechnet wird.

Friis-Christensen und Knud Lassen hatten mit ihrer Hypothese von der solaren Klimaerwärmung niemals die Möglichkeit des Treibhauseffekts geleugnet.

Sie hatten sich nur darüber gewundert, daß sie in ihren Kurven über die Sonnenerwärmung keine Anzeichen davon entdecken konnten. Sie hatten daraus geschlossen, daß möglicherweise zusätzlicher Staub den Treibhauseffekt abgemildert haben könnte, der es dem Klima wieder überließ, sich nach der wechselnden Sonneneinstrahlung zu richten. Daß der Staub den Treibhauseffekt beseitigt, war nun auch das Ergebnis Le Treuts und seines Computerteams in Paris.

Le Treut wollte gar nicht wörtlich genommen werden. Er wußte um die großen Unzulänglichkeiten seines Modells. Der Versuch diente dem Studium der Klimaphysik, um sie besser im Modell erfassen zu können. Er gehörte zu jenen Modellbetreibern, welche die großen Unsicherheiten zugaben, die der vom Menschen erzeugte Staub und seine Folgen für die Wolkenbildung ausgelöst hatte.

Die Arbeit in Paris war bei weitem nicht abgeschlossen. Um von einem vorläufigen Versuchslauf, der eine Abkühlung ergab, zu einer realistischeren Simulation der Einwirkungen des Menschen auf das Klima zu kommen, mußte man die Wolkenbildung besser im Modell darstellen und einige andere Faktoren verbessern. Dazu zählten weitere Effekte, die solche Stäube neben den Treibhausgasen und den Eiswolken auslösen konnten. Selbst der Temperaturunterschied zwischen der Nord- und Südhalbkugel, der so wunderbar zu der Auswirkung der Umweltverschmutzung auf die Wolken paßte, reagierte sehr empfindlich auf Veränderungen des Eises auf den Meeren.

Lehrverpflichtungen neben den Forschungsarbeiten hinderten Le Treut daran, einen Aufsatz zu diesen Fragen abzuschließen. Daher tauchten seine Rechenergebnisse, nämlich „keine Klimaerwärmung", ohne Diskussion nur als eine Zeile in einer Tabelle des neuen Berichts der Houghton Gruppe *Klimawandel 1995* auf und zwar unter den Ergebnissen anderer Gruppen, welche die Auswirkungen der Sulfate auf die Wolken nicht berücksichtigt hatten und deutliche Erwärmungen zeigten.

Le Treut stand nicht im Widerspruch zu den Absichten und Zielen des IPCC, obwohl er die Arbeitsergebnisse eher als Übungen in Risikoabschätzung einschätzte und nicht als Vorhersagen. Ihn interessierten die physikalischen Vorgänge in der Atmosphäre und in den Ozeanen mehr als die Termine der Urteilsverkündigung in der Hand von Politikern. Aber für Le Treut wie für andere Unwissende in den Reihen der Modellierer war die Zunahme der Treibhausgase in der Atmosphäre die einzige Gewißheit in dem immer komplizierteren Klimabild.

„Ich bin überzeugt, das Klima wird wärmer", sagte Le Treut, „Ein bißchen? Viel? Niemand weiß es. Ich bin von unserer Möglichkeit, den Gang der Erwärmung vorherzusagen, nicht überzeugt, weder in geographischer noch in zeitlicher Hinsicht".

Unabhängig von dem IPCC verfolgte die Meteorologische Weltorganisation in Genf ein eigenes Programm zur weltweiten Beobachtung der Klimadaten. Es lief 1984 an und sollte keine Vorhersagen machen, sondern nur das Auf und Ab der wirklichen Klimaentwicklung auf der Welt darstellen. 1995 erschien der erste Bericht des Programms über die Wetterentwicklung in den Jahren 1991 bis 1993. Er hob besondere kurzfristige Änderungen im Stillen Ozean hervor, welche die weltweite Durchschnittstemperatur unabhängig von möglichen anderen Gründen, sei es nun der Treibhauseffekt oder die Sonnenerwärmung, hochtrieben.

Eine ungewöhnlich lange El Niño-Erwärmung hatte 1991 im Stillen Ozean eingesetzt.

Sie war 1992 kurz unterbrochen worden, hatte sich aber schnell wieder aufgebaut und herrschte noch vor. So etwas war schon zwischen 1911 und 1913 und dann wieder zwischen 1939 und 1942 geschehen. Aber im Bericht hieß es, daß für die früheren Perioden die nötigen Daten fehlen, um Vergleiche anzustellen.

Meteorologen und Ozeanologen hatten bis zu diesem Zeitpunkt den El Niño Effekt recht gut erklärt. Zunächst war er nur Fischern aufgefallen, die oft um die Weihnachtszeit feststellen mußten, daß das Wasser in ihren Fischgründen vor der Küste Perus warm wurde und die Fische verschwanden. El Niño bezieht sich auf den Zustrom ungewöhnlich warmen Wassers aus der Äquatorialströmung, die sich über ein Viertel des Erdumfangs im Stillen Ozean erstreckt. Das hatte man unter der Führung von Jacob Bjerknes aus Los Angeles Ende der fünfziger Jahre entdeckt und im El Niño einen Teil der sogenannten Südlichen Oszillation, die den Druck zwischen dem Stillen und dem Indischen Ozean ausgleicht, erkannt.

Um 1990 deuteten die Wissenschaftler den El Niño als Ausdehnung des Warmwasserbeckens im westlichen Pazifik nach Osten hin. Computermodellierer hatten mit einigem Erfolg dafür Bedingungen simulieren können. Sie brachten die Ausdehnung nun mit gewissen Änderungen in der Richtung der Winde und Meeresströmung in Verbindung, die am Äquator normalerweise von Osten nach Westen weist. Das warme Oberflächenwasser, das in normalen Jahren im Westen tiefer hinunterreicht als im Osten, gleicht sich dann über den gesamten Ozean hin aus. Die Auslöser und auch mögliche Vorhersagen des El Niño blieben aber noch unklar.

Da beim El Niño das Oberflächenwasser stellenweise bis zu 7 Grad wärmer wird, hat das weltweite Auswirkungen. Die Wetterforscher brachten El Niño mit Trockenheiten in Australien, Indonesien und Indien in Verbindung, und so bekam er wenigstens teilweise Schuld an der großen Überschwemmung des Mississippi im Jahr 1993. Für die Beobachter des Klimawandels war er nur ein kurzes Aufblitzen in der Kurve steigender Durchschnittstemperatur.

Ließ sich die Erwärmung in den frühen neunziger Jahren auf den anhaltenden El Niño statt auf den langfristigen Klimatrend schieben? Man konnte das auf zweifache Weise sehen. Der lange El Niño konnte sich aus sich selbst entwickelt und eine wichtige Rolle bei der hohen Erwärmung gespielt haben. Er konnte aber auch nur den allgemeinen Trend, für den es andere Gründe gab, ein wenig verstärkt haben. Der Bericht des Programms zur weltweiten Beobachtung der Klimadaten scheint die zweite Möglichkeit vorzuziehen.

Wie auch das Urteil ausfallen wird, jede Deutung der Klimaänderung muß den El Niño in Rechnung stellen, und sei es nur um plötzliche, unerwartete Sprünge im Trend der Druchschnittstemperatur zu erklären. Es gab keinen Hinweis auf eine direkte Verbindung zwischen der Häufigkeit dieses Effekts und der allgemeinen Klimaentwicklung. Der ausgedehnte El Niño in der Periode 1939 bis 1942 fiel in eine warme Phase, aber der andere von 1911 bis 1913 fiel in die kälteste Periode des 20. Jahrhunderts.

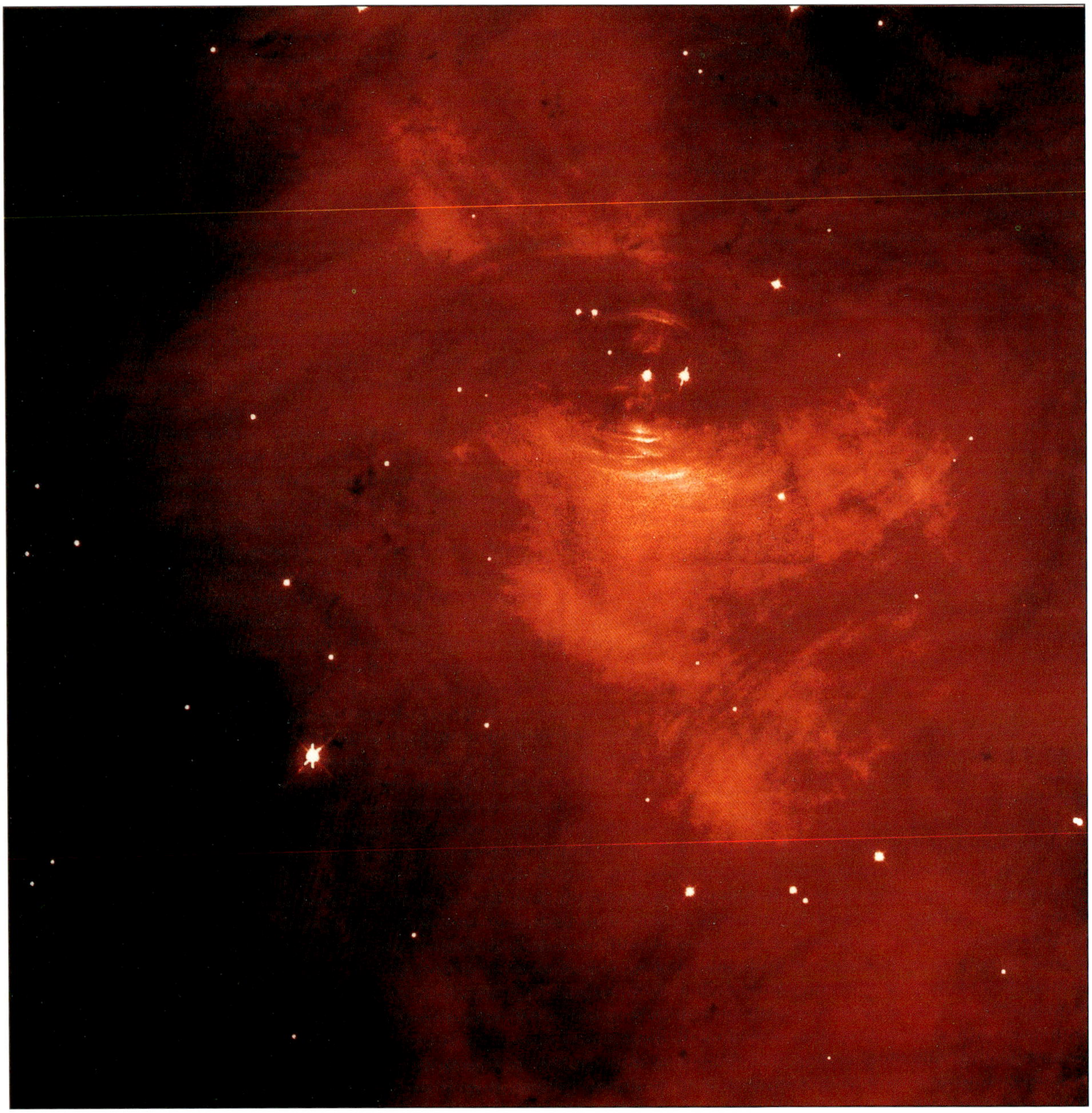

Eine Quelle kosmischer Strahlen. In der Mitte des Crab Nebel, von wo sich deutlich Wellen nach unten ausbreiten, steht ein Pulsar, der sich 30 Mal in der Sekunde dreht. Als Rest eines explodierten Sterns ist er mit einem Durchmesser von nur 10 Kilometern schwerer als die Sonne. Sein mächtiges Magnetfeld schießt Kerne in die Galaxie, von denen einige sogar die Erde als kosmische Strahlen erreichen. Als das Hubbel Raumteleskop dieses Bild 1995 aufnahm, begannen Wissenschaftler einen Zusammenhang zwischen den kosmischen Strahlen und dem Wettergeschehen zu erwägen.

NASA und J.Hester, P.Scowen, Arizona State University

Kapitel 8

DIE NEBELKAMMER

Zu Schloß Elsinor nervte Shakespeares Hamlet den Bürokrat Polonius mit einer Wolkenerscheinung. Stellt sie ein Kamel, ein Wiesel oder einen Walfisch dar? Wir kennen hohe dünne und tiefhängende dicke Wolken, aber auch warme feuchte und alte eisige. Manche sehen aus wie ein Wattebausch, andere wie ein winterliches Leichentuch; es gibt dunkle Türme, die wie Schlachtschiffe mit Blitz, Donner und Sturm die sommerliche Landschaft angreifen. Nun, wie soll man diese wilde Schar in einem Computer handhaben? Es geht nicht. Seine Speicher müßten größer als eine Wolke sein. Die Unklarheiten über die Physik der Wolken lassen nötige Verallgemeinerungen zu Täuschungen werden.

Im Bericht Klimawandel 1990 heißt es: Wolken dürfen nicht dazu benutzt werden, den Treibhauseffekt herunterzuspielen. Was könnte eindeutiger und autoritärer sein? 1995 waren die Autoren des entsprechenden Kapitels vorsichtiger.

„Die Bestimmung der wolkenbedingten Strahlungs- und Niederschlagsflüsse", steht da, „ist eine bedeutende Quelle von Unsicherheit, um sowohl das Klima über Land wie auch über den Ozeanen zu simulieren". Die Sprache zerfließt unter dem Ansturm von Wissenschaftlichkeit. Der ursprüngliche Bericht sprach im Vertrauen auf die einfache Treibhaushypothese eine klarere Sprache. Klimawandel 1995 liest sich wie der langatmige, quälende Entwurf zu einem technischen Papier einer in sich zerstrittenen Gruppe.

Der Bericht über die unmittelbare Lichtabsorption der Wolken, die V. Ramanathan und seine Kollegen über dem Wärmebecken im Pazifik entdeckt hatten, war von vielen anderen Stellen gebilligt worden und im Januar 1995 in der Zeitschrift *Science* erschienen. Er wurde knapp zwei Monate später durch die Veröffentlichung über ein anderes Experiment unwiderlegbar bestätigt. Das hätte das IPCC nachdenklich machen sollen. Zwei mit gleichen Instrumenten ausgerüstete Forschungsflugzeuge flogen gleichzeitig, das eine über und das andere unter den Wolken des Wärmebeckens im Pazifik und maßen die Wärme, die von den Wolken nach oben und nach unten abgestrahlt wird. Die Zahlen, die Peter Pilewskie von der NASA, Ames und Francisco aus La Jolla in Kalifornien veröffentlichten, sagten etwas über den riesigen Unterschied bei der Absorption zwischen bedecktem und klarem Himmel aus.

Im einzelnen zeigte sich, daß die Form der Wolken über ihre Fähigkeit, Sonnenlicht zu absorbieren, entscheidet. Die Computermodelle kennen nur flache und homogene Wolkenflächen. In Wirklichkeit können unregelmäßige und sogar Restwolken noch das Sonnenlicht streuen und seine Chance erhöhen, absorbiert zu werden.

Die Art wie Hamlet Polonius auf die Nerven fiel, konnte nur zu gut zum Vorbild für das Herumrätseln der Computermodellierer werden. Ob die Wolke ein „Wiesel" oder ein „Walfisch" ist, hat für das Klima Gewicht.

Der Crab Nebel. Die Überbleibsel eines Sterns, der um das Jahr 1054 als Supernova explodiert war, treiben immer noch 7000 Lichtjahre entfernt im Sternbild des Stiers. Im Kasten der engere Kern. Astronomen halten Supernovaexplosionen für eine vorübergehende Quelle kosmischer Strahlung, Pulsare für eine dauernde.
Palomar Bild, NASA

Die Zahlen über die Lichtabsorption der Wolken waren für die Modellierer vernichtend. Sie zeigten, daß die Modelle die Energie der Sonneneinstrahlung am Erdboden um 20 bis 40 Watt pro Quadratmeter zu hoch angaben. Im Vergleich dazu sollen Treibhausgase aus menschlicher Produktion nur bis zu 2,5 Watt pro Quadratmeter zusätzlich einbringen. Die am Boden fehlende Energie gelangt direkt in die Wolken, von wo aus sie den Himmel erwärmt. Damit änderte sich die Natur der Wärmemaschine zur Winderzeugung grundlegend.

Die Entdeckung verringerte die Energie um gut 40 Prozent, welche Konvektionen in Form von Wasserdampf vom Boden aus in die Luft bringen. Das traf die Vorstellung vom Treibhauseffekt mitten ins Herz. Denn diese stützte sich auf zusätzlichen Wasserdampf, um den spärlichen Effekt der reinen Treibhausgase zu verstärken. Wenn weniger Wasserdampf als hauptsächliches Treibhausgas im Spiel war, mußte das die berechnete Klimaerwärmung herunterschrauben. Damit waren alle Klima- und Erwärmungsberechnungen von allen Supercomputern der Erde bis zum Jahr 1995 technisch gesehen Makulatur. Sie mußten neu gemacht werden.

„Das ist grundlegend, das schmeißt uns eine große Zange in die Modelliermaschine" sagte ein Klimaexperte aus Princeton. Die Modellierer waren ganz versessen darauf, mit realistischeren Berechnungen neu zu beginnen. Hätte Houghton das zugelassen, so hätte das die Klimaanalyse und Vorhersage um Jahre zurückgeworfen.

An der Wolkenstudie hatten sich ein Dutzend Laboratorien beteiligt, die den Institutionen der Klimamodellierer an akademischem Rang gleich kamen. Aber Houghtons Autoren bezogen sich lieber auf einige Einwände von Klimamodellierern, die sich mit Ramanathan und den anderen Unruhestiftern anlegen wollten. An einer Stelle fanden sie einen Hinweis, wonach das Sonnenlichtbudget nur um 15 Watt pro Quadratmeter von den bisherigen Annahmen abwich. Das genügte ihnen zum Urteil: „Der Beweis für die Annahme, daß die Wolken mehr kurzwellige Strahlung aufnehmen als es die Modelle voraussetzen, ist zu schwach".

Die Entdeckung, daß Wolken Sonnenlicht unterschlagen, läßt sich auf Dauer nicht zerreden, schon weil das der wissenschaftlichen Überprüfung nicht standhält. Doch konnten Ausflüchte die Front des Treibhauseffekts noch eine Weile aufrechterhalten. Bis die Gemeinschaft der Wissenschaftler die Entdeckung verdauen und bestätigen konnten, würde der Bericht Klimawandel 1995 den Politikern vorliegen und sie zu entsprechenden Beschlüssen veranlaßt haben.

Andere, gewichtige Schwierigkeiten ergaben sich für Houghton und seine Arbeitsgruppe, als die 78 Hauptautoren aus 20 Ländern den Entwurf ihres Berichts Anfang 1995 fertigstellen mußten. Die wissenschaftlichen Aussagen waren komplizierter, die Spitzfindigkeiten ermüdender und die Vorhersagen harmloser geworden. Unabhängig von den Anstrengungen der Vertreter der Solarhypothese, eine andere Erklärung für die Klimaerwärmung anzubieten, zerriß die Natur die Szenarien des Treibhauseffekts vor den Augen ihrer Autoren.

Houghton hatte den Hurrikan, der die USA heimgesucht hatte, benutzt, um die Welt mit einer drohenden Klimakatastrophe zu nötigen. Auch Versicherungsgesellschaften haben damit agitiert. Nun kamen die Verfasser des Kapitels „Beobachtete Klimaänderungen und Wandel" im Bericht *Klimawandel 1995* zwingend zu dem Schluß, daß die Anzahl der Hurrikane über der Küste der USA sich seit 1900 nicht geändert hat. Nur während der kurzen Abkühlungsphase in der Mitte des Jahrhunderts hat es ein paar mehr Hurrikane gegeben.

Das Spiel des Lichtes mit den Wolken. Das Licht, das die eine Wolke zerstreut, kann eine andere erleuchten. Das ergibt ein aufregendes Spiel zwischen Hell und Dunkel, das Künstler schätzen, aber Wissenschaftler kaum berechnen können. Was mit den Photonen des Sonnenlichts geschieht, hängt von der jeweiligen Gestalt der Wolke ab. Es ist eine unzulässige Vereinfachung, wenn die Klimamodelle von flachen homogenen Wolkendecken ausgehen.
M. Nimmo/FLPA

Andere unbequeme Ergebnisse legte 1993 Jonathan Kahl aus Milwaukee und sein Team vor. Sie hatten viele tausend Wetterberichte von US Aufklärungsflugzeugen und der im Eis treibenden Stationen der Russen für die Zeit von 1950 bis 1990 aus dem Gebiet der Arktis zusammengetragen. Nach dem Ende des Kalten Krieges wurden diese Daten freigegeben. Die Treibhauserwärmung sollte sich der Theorie nach besonders im arktischen Winter bemerkbar machen.

„Wir können nichts von dem ausgeprägten Erwärmungstrend bemerken, den die Modelle ankündigen“, erklärten Kahl und seine Kollegen. „Tatsächlich stellen wir an der Oberfläche des westlichen arktischen Atlantik im Winter und im Herbst einen deutlichen Trend zur Abkühlung fest.“

Die Zahlen zeigten in diesen Jahreszeiten eine merkliche Abkühlung von 4 bis 5 Grad und machten die Klimavorhersagen für diese Region lächerlich. Beobachter hoben sich den Aufsatz auf, um zu sehen, wie die Houghton Gruppe damit umgehen würde. Das Papier von Kahl ging in den Bericht *Klimawandel 1995* wie folgt ein: „Über die letzten 50 Jahre konnte keine allgemeine Erwärmung im Atlantik festgestellt werden“.

Wissenschaftler und Beamte aus vielen Ländern klagten in der Houghton Gruppe ihr Ach und Weh über den Treibhauseffekt selbst dann noch, als klar wurde, daß er nicht stattfand. Viele waren zu intelligent, um nicht selbst Zweifel zu hegen, behielten aber ihre Nebengedanken für sich.

Loyalität zu anderen Wissenschaftlern ist so eine Sache. Über die Jahre war aus der Treibhauseffekt GmbH ein riesiges Unternehmen geworden. In den USA standen jährlich Haushaltsmittel in Höhe von 2 Milliarden Dollar für die Klimaforschung bereit. Ein Großteil der damit finanzierten Forschung war ihr Geld wert, weil sie half, das System Erde besser zu verstehen. Die Regierungen hatten das Geld aufgebracht, weil sie an eine größere Umweltkrise glaubten.

Ließ sich die Treibhaushypothese nicht bestätigen, geriet das Forschungsgeschäft in Gefahr.

Es fällt schwer, die Treibhauswissenschaftler nach all ihren Anstrengungen und den langen Kämpfen mit widerborstigen Kollegen nicht auch ein wenig zu bedauern. Hätten sie sich nur etwas zurückgehalten und wären sie ihre Unterlagen 1995 mit kühlerem Kopf noch einmal durchgegangen, hätten sie sich das Mißgeschick, das die Natur ihnen einbrockte, erspart. Doch Bert Bolins IPCC war das ganze Jahr über mit Volldampf dabei, drei neue, große Berichte zur Treibhauserwärmung abzuschließen. Zeitrahmen und Organisation ließen keine weitere Objektivität zu.

Die Berichte sollten der nächsten großen politischen UNO-Konferenz, welche für den Sommer 1996 anberaumt war, vorliegen. Der ursprüngliche Bericht *Klimawandel 1990* mußte erweitert und fortgeschrieben werden. Die alles entscheidende wissenschaftliche Arbeitsgruppe bekam neben John Houghton einen neuen Vizevorsitzenden, Gylvan Meira Filho aus Brasilien. Um Meira Filho nicht zu nahe zu treten, bleiben wir bei der Bezeichnung Houghtons Gruppe.

Der Zirkus ging mit Treffen in Schweden, England und den USA weiter und fand mit der Redaktionskonferenz in Madrid am Ende des Jahres seinen Höhepunkt. Auch das Kopfweh über die Sulfate nahm zu. Die Sulfat-Aerosole mußten sich als wirksam genug erweisen, denn die Modellierer der Treibhauserwärmung hingen an einer kurzen Leine. War die Wirkung der Sulfate zu gering, gab es keine Hoffnung, die Berechnungen mit den gemessenen Temperaturen in Übereinstimmung zu bringen. Setzten sie die Wirkung zu hoch an, würde das den Treibhauseffekt zunichte machen.

Klimawandel 1995 senkte die Erwartung des durchschnittlichen Temperaturanstiegs im 21. Jahrhundert von vorher 3 Grad auf 2 Grad bis zum Jahr 2100. Auch der Meeresspiegel sollte weniger ansteigen, nämlich um 50 cm statt der 65 cm im Bericht von 1990. Freunde hielten das im Hinblick auf die ständig verbesserten wissenschaftlichen Erkenntnisse und die verbesserten Computermodelle für eine geringfügige Anpassung.

Weniger wohlgesonnene Beobachter hatten den Bericht *Klimawandel 1990*, der die Klima-Konvention von Rio inspiriert hatte, noch im Regal. Plus zwei Grad bis zum Jahr 2100, wenn man so weiter macht wie bisher? Nach dem Bericht von 1990 konnte man ein solches Ergebnis nur mit drastischen Emissionseinschränkungen nach dem Szenario B erreichen. Danach hätte man von Kohle auf Erdgas umschalten, die Abholzung umkehren und alle Steigerungen der Effizienz einführen müssen, die nötig waren, um die erwartete zusätzliche CO_2-Emission bis zum Jahr 2100 auf die Hälfte zu drosseln. Nun genügte ein Tastendruck, und schon verringerte Klimawandel 1995 die Vorhersagen um soviel, wie der Rest der Welt nach dem Bericht von 1990 nur unter größten Anstrengungen hätte zuwege bringen können. Und das alles, weil jemandem gerade noch die Sulfatemissionen eingefallen waren.

Die Sorge der Dänen um die Sonne schien das unbedeutendste unter den Problemen der Modellier zu sein. Im Bericht *Klimawandel 1994* vom Jahr zuvor hatte Houghtons Gruppe mögliche Schwankungen der Helligkeit des Sonnenlichtes in die Berechnungen aufgenommen. Im Vergleich zu den Wirkungen des CO_2 und anderer Treibhausgase erbrachten diese Schwankungen seit 1850 nur sehr geringe Veränderungen.

Jede Überlegung, die Erwärmung im 20. Jahrhundert könnte etwas mit dem Sonnenverhalten in dem Maß und in der Periodizität zu tun haben, wie es Friis-Christensen und Lassen vorgeschlagen hatten, lehnten die Autoren als unrealistisch

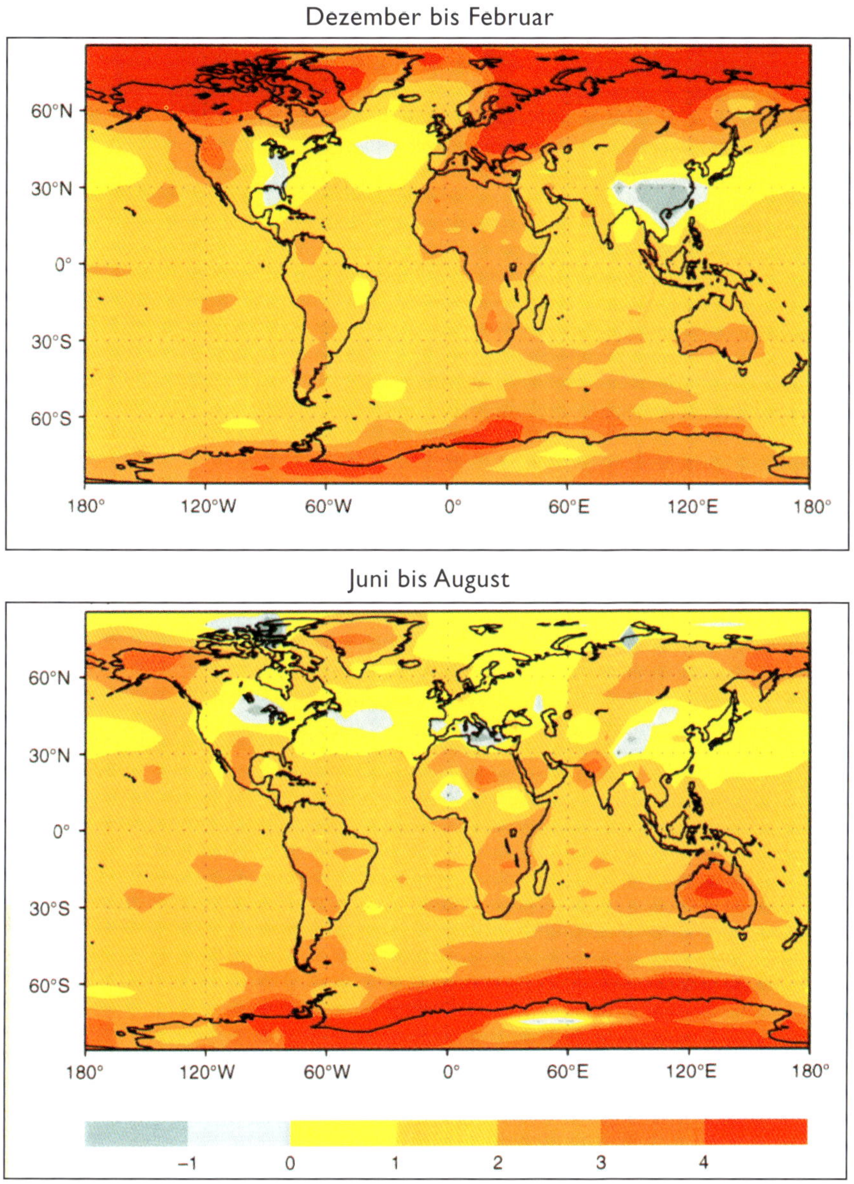

Vorhersagen der Treibhauserwärmung. Die Karten zeigen Änderungen zwischen den Jahren 1880 und 2040 in Grad C und stammen von der Luft-Meer-Simulation des Max Planck Instituts in Hamburg. Berücksichtigt werden die Wirkung des CO_2 und der Sulfate aus menschlicher Produktion. Die größte Erwärmung (rot) soll zunächst nur im Winter in den Polarregionen auftreten und als Folge der Eisbildung später auch in wärmeren Gegenden. Bemerkenswert ist die Abkühlung (blau), die für China und einige andere Stellen vorausgesagt wird. Die Temperatur sollte bei dem Computerdurchlauf von 1990 bis 2040 durchschnittlich um 1 Grad, also 0,2 Grad pro Dekade steigen.

IPCC/MPIM, 1995

ab. Alles sollte auf die bekannten, von Menschen gemachten Effekte, das sogenannte „anthropogenic forcing", hinauslaufen.

„Die Hauptunsicherheit betrifft die Reaktion auf den anthropogenen Zwang", erklärten Houghtons Verfasser. „Alle globalen Durchschnittsstudien, die nur einen natürlichen Zwangsfaktor berücksichtigen oder gar die anthropogenen Komponenten übergehen, sind daher unangemessen".

Im Klartext heißt das: Wir wissen nicht, wie groß der Treibhauseffekt ist. Aber wir glauben, daß es ihn gibt. Und jeder, der ihn leugnet, und die Änderungen auf die Natur schiebt, liegt selbstverständlich falsch".

Im Verlauf der Ereignisse verbanden sich die beiden Herausforderer des Treibhauseffekts, die Sonne und die Wolken. Die Dänen hatten mit den Sonnenflecken angefangen und waren dabei auf die Beziehung zwischen der Länge der Sonnenzyklen und der Temperaturentwicklung gestoßen. Die Wolkenforscher, die viel mehr waren und viel mehr Zeit auf ihre Sache verwenden konnten, hielten den Grundannahmen der Klimamodellierer Satellitenmessungen entgegen.

Sie begannen mit der Thermostat Hypothese, nach der sich die Ozeane wegen der Wolkenbildung auf höchstens 29,5 Grad erwärmen können. Dazu kam, daß die zunehmende Umweltverschmutzung die Wolkenbildung förderte, wobei besonders Sulfate kühlend wirken. Schließlich entdeckte man wider Erwarten, daß Wolken Sonnenlicht absorbieren. Mit anderen Worten: Die Wolkenforscher machten Houghtons Computerleute mit ihren Satellitendaten auf einige Grundlagen der Meteorologie aufmerksam, die in ihren Modellen fehlten.

Einem Physiker am Dänischen Meteorologischen Institut gelang eine weitere Entdeckung über die Wolken, die für die Meteorologie grundlegend werden sollte. Den Wolkenforschern waren diese Grundlagen bisher entgangen, erst recht den Klimamodellierern. Der Physiker brachte die Wolken mit den Schwankungen der Sonnenaktivität in Verbindung. Seine Entdeckung konnte die Auswirkung der Sonnenschwankungen auf das Erdklima in den früheren Studien der Kopenhagener über die Sonnenzyklen endlich physikalisch erklären.

Der Pfad des Schweigens ist immer holprig und Fortschritte kamen langsam, weil sie von der Zeit abhingen, die er von anderen Arbeiten abzwackte. Friis-Christensen wollte sich der kosmischen Strahlung zuwenden, wenn ihm ein Forschungsauftrag der Europäischen Kommission erlaubte, eine Hilfe für die Arbeit am Klimathema anzustellen. Unabhängig von Friis-Christensen und ohne sein Wissen hatte ein anderer Wissenschaftler in einer anderen Abteilung des Dänischen Meteorologischen Instituts an der kosmischen Strahlung und dem Klima Interesse gefunden.

In der Geschichte der Wissenschaft war es, wenn die Zeit dafür reif war, schon oft zu einer Verschmelzung unterschiedlicher Ideen gekommen. Die Idee über die Evolution durch Auswahl hatten zum Beispiel Charles Darwin in England und Alfred Russel Wallace auf den Molukken unabängig voneinander. Das ist nicht verwunderlich. Gemeinsame Kenntnisse und die gleichen Naturrätsel ziehen in allen hellen Köpfen dieses Planeten die gleichen wissenschaftlichen Fronten. Aber die Historiker werden einmal darüber lächeln, daß der Blitz gleich zweimal in das gleiche Gebäude an der Straße nach Elsinore einschlug und weitere sechs Monate ins Land gehen mußten, ehe man das merkte.

Henrik Svensmark hatte nichts zu Lachen. Er war mit seiner Arbeit beim Dänischen Meteorologischen Institut unzufrieden. Mit dunklen Haaren und Augen sah er jung und lebendig aus, fürchtete aber, seine vielversprechende Forscherkarriere könnte im Alter von 37 Jahren abbrechen.

Svensmark hatte Physik auf Weltklasseniveau erlebt, als er in Berkley in Kalifornien unter Leitung des Theoretikers Leo Falicov an Hochtemperatur-Supraleitern arbeitete. Er hatte dafür ein Stipendium des Nordischen Instituts für Theoretische Physik und ein Forschungsstipendium des Niels Bohr Instituts in Kopenhagen bekommen. Eigene Anerkennung erwarb er sich mit einem umstrittenen, originellen Beitrag zur Chaos Theorie.

Wie viele aus seiner Generation mußte Svensmark entdecken, daß für ihn kein Platz in dieser glitzernden akademischen Umwelt war.

Familiäre Verantwortung zwang ihn im November 1992, eine feste Anstellung am Dänischen Meteorologischen Institut anzunehmen. Dort berechnete er mit großen numerischen Modellen, wie sich in der aufgewühlten Atmosphäre Luftverschmutzungen ausbreiten. Er hätte seine theoretischen Fähigkeiten lieber bei Beobachtungen und Experimenten mit der wirklichen Natur eingesetzt.

Dafür bot sich ihm 1994 Gelegenheit, als ein Kollege an das Niels Bohr Institut berufen wurde. Mit ihm zusammen untersuchte Svensmark Daten von Eisbohrkernen aus Grönland, die 91.000 Jahre zurückreichten. An ihnen zeigte sich, daß das Klima schon in kurzen Zeiträumen schwankte, als das Land im Norden von Eis bedeckt und der Ozean sehr kalt war. In seiner Freizeit richtete er seine mathematischen Kenntnisse auf Temperaturkurven aus der kältesten Zeit Grönlands und konnte eine hohe Schwankungsrate nachweisen. Die Ergebnisse waren überraschend genug, um im führenden Magazin Nature veröffentlicht zu werden.

Die Klimageschichte Grönlands war noch nicht abgeschlossen, als Svensmark eine wichtige Idee über die Klimaentwicklung unserer Zeit hatte. Er kannte die berühmte Kurve, welche die Schwankungen der Sonnenzyklen mit den Temperaturschwankungen der Erde in Beziehung setzte. So war er auf die Solar-Hypothese von Friis-Christensen und Lassen eingestimmt, ohne sie bisher mit einem von beiden erörtert zu haben. Svensmark teilte mit den beiden auch die Skepsis über die weiterentwickelten Computermodelle, auf die sich die Vorhersagen der Treibhaushypothese stützten.

Eine zufällige Bemerkung im Mai 1995 brachte Svensmark auf die kosmische Strahlung. Ein Kollege hatte ein Seminar besucht, das Friis-Christensen anläßlich des Besuches zweier russischer Wissenschaftler am Institut veranstaltet hatte. Der Kollege berichtete Svensmark, was er gehört hatte. Die Russen vermuteten, daß die kosmische Strahlung in der Luft chemische Reaktionen auslöst und dadurch ihre Leitfähigkeit ändert.

Svensmark erinnerte sich an seine Gymnasialzeit. Sein umtriebiger Physiklehrer hatte eine Nebelkammer gebaut, in der auch der junge Henrik experimentieren durfte. Mit dem seltsamen Apparat hatte er die Anwesenheit energiereicher, atomarer Teilchen nachweisen können. Sie hinterließen im unterkühlten Dampf in Form winziger Tropfen Spuren wie die Kondensstreifen der Flugzeuge. Svensmark erinnerte sich an Darstellungen kosmischer Strahlen mit Hilfe der Nebelkammer aus seinem Physikbuch.

Hundert Jahre war es her, daß der junge schottische Physiker Charles Wilson von den Wolken im Gebirge so überwältigt war, daß er an seinem Arbeitsplatz in Cambridge mit einem Kolben und feuchter Luft Wolken herzustellen versuchte. Er zog den Kolben aus einem Zylinder, dehnte dadurch die Luft aus und kühlte sie ab. Die Luft war mit Wasserdampf übersättigt und es entstanden Wolken. In staubfreier Luft gelang das nicht. Es sei denn, man hatte sie zuvor mit Röntgenstrahlen oder subatomaren Teilchen aufgeladen. Die Meteorologie hatte Wilson auf seine Entdeckung gebracht. Später griff er zur Verbesserung seiner Nebelkammer zum Nachweis von Teilchen auf andere physikalische Vorgänge zurückgriff. Doch die Nebelkammer behielt ihren Namen wegen der Ähnlichkeit der Prozesse.

Svensmark hatte damit vor Augen, wie kosmische Strahlen in die Erdatmosphäre eindringen und Wolken erzeugen.

Sofort fragt er einen Kollegen am Institut, wieviel übersättigter Wasserdampf sich in der Atmosphäre aufhält und von der kosmischen Strahlung in Wolken verwandelt werden könnte. Die Antwort war, dies wisse niemand so recht, es sei aber eine bedeutende Menge, etwa 5 bis 10 Prozent der gesamten Wolkenmenge.

Die Bedeutung für die Klimafrage wurde Svensmark sofort klar. Wasserdampf wirkt sich in der Form von Wolken wesentlich stärker auf die Licht- und Wärme-

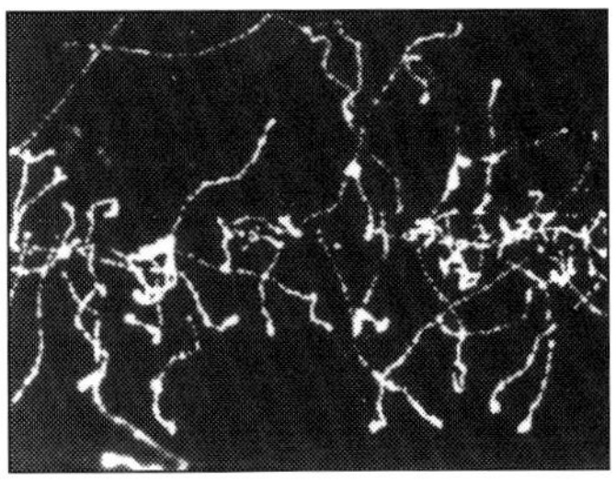

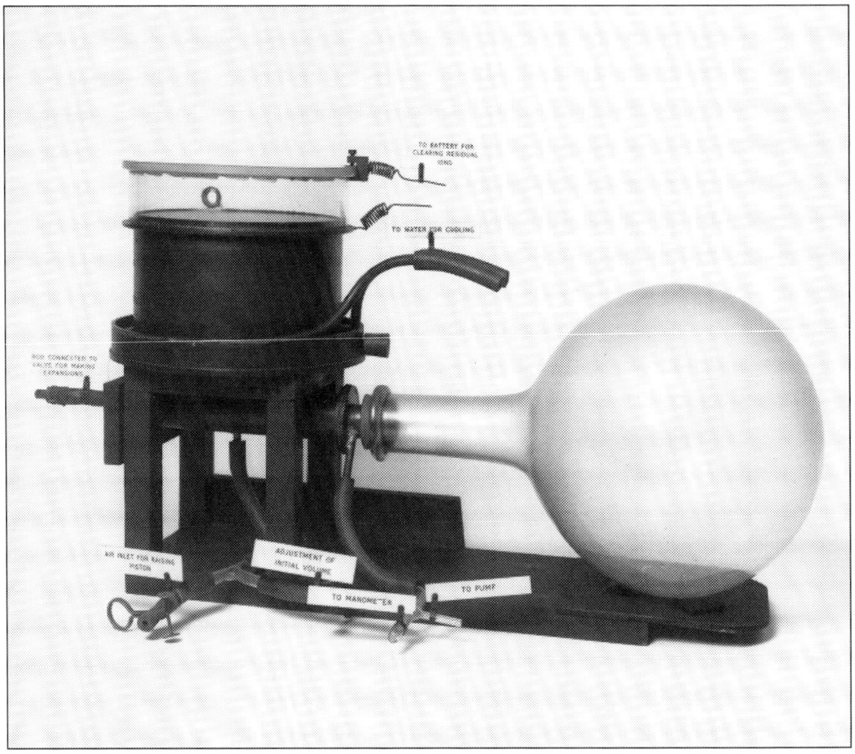

Nachweis atomarer Teilchen. Die Nebelkammer (rechts) wurde Ende des 19. Jahrhunderts bei einem Versuch erfunden, Wolken im Labor zu erzeugen. Ein frühes Photo mit Hilfe der Nebelkammer (oben) zeigt, wie Röntgenstrahlen, die von links in die Nebelkammer eindringen, aus Molekülen Elektronen herausschlagen. Energetische Teilchen streifen von Molekülen Elektronen ab und bilden daraus einen Schweif von Ionen, an denen sich im übersättigten Dampf der Nebelkammer kleine Tröpfchen bilden. Die Erinnerung an dieses inzwischen überholte Verfahren brachte Henrik Svensmark auf die Idee, daß kosmische Strahlen zur Wolkenbildung beitragen könnten.
Universität Cambridge/Cavendish Laboratorium

durchlässigkeit der Atmosphäre aus, als in seiner unsichtbaren Form. Wenn die kosmische Strahlung die Wolkenbildung beeinflußt, könnte sich die Änderung der Menge kosmischer Strahlung in der Erdatmosphäre beträchtlich auf Wetter und Klima auswirken. Wenn dazu noch die Sonnenaktivität die Menge der kosmischen Strahlung beeinflußt und diese wiederum die Wolkendecke, wäre der Einfluß der Sonne auf das Erdklima erklärt.

Die Bemerkungen der Russen über die kosmische Strahlung traf bei Svensmark, als er sie aus zweiter Hand erfuhr, auf offene Ohren. Trotzdem räumte er der Idee zunächst keinen hohen Stellenwert in seiner Freizeitbeschäftigung ein. Noch beschäftigten ihn die Eisbohrkerne und die Methode, Statistiken zur Auswertung ihrer Jahresschichten zu erstellen. Erst zum Jahresende kam er auf die Beziehung zwischen kosmischer Strahlung und weltweiter Wolkenbedeckung zurück.

Im Sommer 1995 überflog Ulysses die nördliche Polarregion der Sonne und erreichte am 31. Juli die höchste nördliche Breite. Im großen und ganzen bestätigten die Ergebnisse das, was die Sonde schon im Süden der Heliosphäre erlebt hatte. Es gab Andeutungen einer gewissen Einseitigkeit, weil der Ausstoß von Sonnenwind im Norden der Sonne schwächer zu sein schien als im Süden.

Nachdem Ulysses über die südliche Polarregion geflogen war, kratzten sich die Theoretiker wegen der seltsamen Periode von 26 Tagen den Kopf, in der die kosmische Strahlung schwankt. Über den Polen sollte Ulysses längst nicht mehr der „korotierenden Interaktionszone" ausgesetzt sein, die für die Äquatorzone typisch ist. Das ließ sich nur erklären, wenn die Teilchen auf einem Umweg durch die Äquatorzone zu Ulysses gelangt waren.

Der dampfende Planet. Das Bild nahm Meteosat über Westafrika auf. Es zeigt, wie sich der Wasserdampf in der Atmosphäre verteilt. Beim natürlichen Treibhauseffekt spielt der Wasserdampf bei weitem die größte Rolle. Nach der Solarhypothese kann Wasserdampf als Reaktion auf erhöhte kosmische Strahlung zusätzlich Wolken bilden.

Eumetsat

Ulysses hatte zur Klärung beigetragen, wie der Sonnenzyklus auf die Intensität der kosmischen Strahlen verändernd einwirkt. Dabei war ein Faktor die Stärke des gewöhnlichen Sonnenwindes, der die kosmische Strahlung mehr oder weniger wegfegt. Auf ihn hat ein Bereich im magnetischen Äquator der Sonne Einfluß, und zwar bei ruhiger Sonne einen geringeren als bei aktiver. Außerdem werfen häufige Masseneruptionen der aktiven Sonne Plasmafladen in die Heliosphäre, die sich selbst ausdehnen und über Monate und Jahre erhalten bleiben. Sie zerstreuen die kosmische Strahlung. Bei ruhiger Sonne erfüllen die rotierenden Interaktionszonen eine ähnliche Aufgabe. Sie sind zwar weniger wirksam, beeinflussen dafür aber weite Teile des Raumes.

Weil Ulysses mit so großem Erfolg die Pole der gerade ruhigen Sonne überflogen hatte, wurde die Mission verlängert. Sie sollte ursprünglich nach der Überquerung des Nordpols im Jahr 1995 enden. Eine neue Bahn sollte Ulysses von der Sonne weg wieder um den Jupiter herumführen, um im Jahr 2000, zur Zeit des nächsten Maximums, noch einmal die Polarregionen der Sonne zu überfliegen. Wenn die Sonde so lange funktionstüchtig bleibt, kann sie die aktive Sonne dabei beobachten, wie sie ein völlig anderes Wetter in der Helisophäre erzeugt. Das würde den Wert der Mission vervielfachen.

1995 warteten die Physiker der Sonne-Erde-Interaktion ungeduldig auf den Start von vier Satelliten aus der Cluster-Mission der ESA. Er war für den Herbst angekündigt worden.

Er sollte den Startschuß für jahrelange intensive Forschungen abfeuern. Cluster sollte erstmals das Auftreffen des Sonnenwindes auf den magnetischen Schutzschild der Erde untersuchen und neben den Polarlichtern andere Folgeerscheinun-

Raumvierlinge. Zur Clustermission gehören vier Satelliten, die im Verbund fliegen, um dreidimensionale Bilder von den elektromagnetischen Ereignissen aufzunehmen, die der Sonnenwind auslöst, wenn er auf das Magnetfeld der Erde trifft. Auf dem Bild sind zwei Satelliten so zusammengekoppelt, wie es beim Start alle vier sein werden. Jeder Satellit führt elf identische Instrumente mit, die von Wissenschaftlern in Amerika und Europa entworfen worden sind. Diese Meisterstücke von Wissenschaft und Ingenieurskunst endeten in südamerikanischen Sümpfen.

ESA und D. Parker

gen der Sonnenaktivität beobachten, die das Magnetfeld der Erde beeinflussen. Das neue Trägersystem, die Ariane 5, wurde im Sommer 1995 nicht fristgerecht fertig. Der Transport der Clustersonden mußte um ein Jahr verschoben werden.

Auch die Ørsted-Mission verzögerte sich, weil ein amerikanischer Satellit, mit dem sie in einer NASA-Rakete ins All reisen sollte, nicht vor 1997 startbereit war. Das war besonders bedauerlich, weil der Satellit auf diese Weise das Sonnenminimum im Jahr 1996 verfehlte. Friis-Christensens Interesse an der Klimafrage kam das gelegen. War Ørsted erst gestartet, würde er ihn voll in Beschlag nehmen.

Trotzdem lenkte ihn die Raumfahrt weiterhin ab. Seit 1995 gehörte Friis-Christensen der Arbeitsgruppe Sonnensystem bei der ESA an. In ihr sollten unabhängige Wissenschaftler aus verschiedenen Ländern weitere Projekte vorbereiten. Es ging dabei um die Entscheidung, in welche Richtung Europa in der Raumfahrt gehen sollte. Verschiedene Vorschläge für Solarmissionen standen zur Diskussion, daneben hatte sich die Arbeitsgruppe Astronomie andere Missionen ausgedacht. Zum Beispiel sollte die sogenannte M-3 Mission Instrumente zum Mars bringen oder nach der Schwarzen Materie der Urknall-Theorie suchen.

Während er die Vorschläge anderer Leute für das Wissenschaftsprogramm überprüfte, propagierte Friis-Christensen als Nachfolgeprojekt für Ørsted einen neuen Vorschlag für das Programm Erdbeobachtung der Agentur. Zusammen mit Kollegen aus Frankreich, Deutschland und England wollte er der ESA zwei Satelliten vorschlagen, die mit noch feiner aufeinander abgestimmten Instrumenten in verschiedenen Höhen das Magnetfeld der Erde untersuchen sollten.

Ihr Vorschlag stand in heftiger Konkurrenz zu acht anderen, die einen Satelliten zur Erderkundung vorschlugen, der Anfang des 21. Jahrhunderts starten sollte. Daher galt es, die Magnetometrie-Mission gut auszufeilen.

Wie andere Wissenschaftler auf der Höhe ihrer Karriere mußte auch Friis-Christensen feststellen, daß ihm die Ausarbeitung von neuen Projekten, ihr Management, die Verwaltungsstreffen und Geschäftsreisen wenig Zeit für eigene Forschungen ließen. Täglich erinnerte ihn die aufgehende Sonne daran, daß er das Problem der Sonnenhypothese noch nicht gelöst hatte. Jede Zeitung wies ihn darauf hin, daß die Treibhaushypothese wissenschaftliche Einrichtungen, die internationalen Konklave führender Regierungsvertreter und die Medien überflutete. Friis-Christensen öffnete nur selten seine Schreibtischschublade, in der schon der Hinweis auf die Lösung lag. Es kam schlimmer. Im Sommer 1995 lehnte die Europäische Kommission den Antrag von John Butler aus Armagh, die Verbindung zwischen Sonne und Klima zu untersuchen, als zu ehrgeizig ab. Durch diese Ablehnung verlor Friis-Christensen die Finanzierung für einen Wissenschaftler, der am Dänischen Meteorologischen Institut der Klimafrage nachgehen konnte. Nun begann ein Tanz mit der Verwaltung um die Möglichkeit, den Arbeitsauftrag eines Wissenschaftlers aus einer anderen Abteilung des Instituts so abzuändern, damit er teilweise oder ganz im solar-terrestrischen Team Friis-Christensens mitarbeiten konnte. Er sollte der Aufgabe gewachsen sein, die Mechanismen zu untersuchen, durch welche die Sonne auf das wechselnde Erdklima Einfluß nimmt.

Aufgrund eines Zufalls, der seltsamer war als im Roman, wies der lange Finger der Verwaltung auf Henrik Svensmark. Sein Name war bereits als mögliche Person für den Vertrag mit der Europäischen Kommission im Gespräch gewesen. Man wußte, daß er unausgefüllt war und hatte ihn zur Rede gestellt, warum er immer wieder Forschungsaufgaben übernahm, für die er nicht bezahlt wurde. Er tue das in seiner Freizeit, war seine Antwort. Svensmark hatte mit seiner Arbeit an Eisbohrkernen für die Leute vom Niels Bohr Institut schon Erfahrungen mit der Klimaforschung gesammelt. Wenn man ihn statt eines anderen in Friis-Christensens Arbeitsgruppe wechseln ließ, würde das vielleicht mehr als nur ein Problem lösen.

Die unabhängigen, langfristigen Wettervorhersagen Piers Corbyns, die er im Geschäft mit den Börsenjobbern nach seiner Sonnen-Wetter-Technik erstellte, übertrafen immer noch die auf Durchschnittswerten beruhenden Erwartungen der Klimatologen am Meteorologischen Amt in England. Corbyn hatte sich seit einigen Jahren um eine wissenschaftliche Auseinandersetzung mit den Vorhersagebeamten bemüht. Er glaubte, es genüge, einige Sonnenfaktoren in die Modelle zur Berechnung mittelfristiger Wettervorhersagen einzubringen, um Ergebnisse von „ungeahnter Genauigkeit" zu erzielen. Die Vorurteile der Schulmeteorologen gegen Sonnenflecken und dergleichen waren stärker, als der Wunsch Corbyns, sein Betriebsgeheimnis zu lüften.

Im September 1995 fand Corbyn bei der Europäischen Konferenz für Angewandte Meteorologie in Toulouse in Frankreich Gelegenheit, einige Geheimnisse seiner Methode preiszugeben. Er legte in einem Poster-Vortrag dar, daß Veränderungen im Sonnenwind die Bildung und das Verhalten der Wetterfronten und den Weg der Stürme beeinflussen.

Die äußere Atmosphäre wird demnach durch UV-Licht, Röntgenstrahlen und energiereiche Protonen von der Sonne aufgewärmt. Es bilden sich Wellen, die bis in die untere Atmosphäre vordringen. Außerdem sei der Mechanismus, den Brian Tinsley 1994 beschrieben hatte, wirksam. Danach beeinflussen Teilchen der kosmischen Strahlen und des Sonnenwindes die elektrische Ladung in der Atmosphäre, die wiederum die Tropfen und Eiskörnung in den Wolken prägen.

Ozon verstärkt nach Corbyn durch seinen Einfluß auf die Temperatur der Stratosphäre den Effekt der Sonne. Höhere Sonnenaktivität ändert die Ozonkonzentration auf entgegengesetzte Weise. Vermehrtes UV-Licht erzeugt Ozon, das Protonen aus dem Sonnenwind wieder abbauen. Ob die Sonnenereignisse im Endeffekt zur Vermehrung oder Verminderung des Ozons führen, hängt von der jeweiligen Richtung der Winde in der Stratosphäre über dem Äquator ab, die bekanntlich etwa alle zwei Jahre umschlägt.

Die Häufigkeit der Ausbrüche auf der Sonne wechselt in Zeitabständen von rund 155 Tagen. Das hatte ein Kollege Corbyns, Kourosh Bamsi-Yazdi, an Hand von Temperaturschwankungen hoch über dem Nordpol bei Untersuchungen in den Jahren 1965 bis 1994 entdeckt. Entsprechend ändern sich auch die Temperaturen in Bodennähe über England, wie er zwischen 1959 bis 1994 festgestellt hatte.

Corbyns Kurzreferat war ausführlich genug, um den anwesenden Meteorologen zu zeigen, daß sich seine solare Wettertechnik auf Wissenschaft und nicht auf Glück stützt. Aber die Organisatoren der Konferenz in Toulouse begrenzten mit der Redezeit von fünf Minuten, wieviele seiner Geheimnisse Corbyn preisgeben konnte. Der bot zwar an, in einer außerplanmäßigen Gesprächsrunde mehr darüber zu sagen, sie lehnten das aber ab, um nicht das gesellschaftliche Rahmenprogramm der Tagung durcheinander zu bringen.

Corbyn bekundete sein Mißfallen und nutzte seine Redezeit, um die Erfolge seiner Vorhersagen gegenüber denen des Meteorologischen Amtes herauszustreichen und das Verhalten der offiziellen Meteorologen mit dem eines Kerzendrehers zu vergleichen, als er mit Edisons Glühbirne konfrontiert wurden. Ein Filmemacher des BBC filmte die Auseinandersetzung zwischen Corbyn und Julian Hunt, dem Geschäftsführer des Meteorologischen Amtes. Nach Auffassung Hunts belegte Corbyns Weigerung, seine Methode darzulegen, daß sie nicht dem entsprach, was man unter Wissenschaft verstand.

Michael Harrison, Chef der Abteilung für längerfristige Wettervorhersagen des Amtes, teilte in seinem Beitrag die Annahmen und Vorurteile der herrschenden Schule. Er drückte die Überzeugung aus, daß längerfristige Wetterveränderungen dem Chaos unterliegen. Dabei bedeutet Chaos, daß von sehr kleinen zufälligen Ursachen, wie zum Beispiel vom Flügelschlag eines Schmetterlings, große mittelfristige Wirkungen ausgehen könnten.

„Alle Kenntnisse und Erfahrungen der Wissenschaftler rund um die Welt", sagte Harrison, „deuten sehr, sehr stark darauf hin, daß sich die Atmosphäre chaotisch verhält. Die Idee, für die Wettervorhersagen so etwas wie die Sonne heranziehen zu wollen, ist mit dem Chaos nicht vereinbar".

Im Oktober 1995 erhielten Wissenschaftler für ihre Arbeit zum Schutz des Ozonlochs den Nobelpreis für Chemie.

Lange bevor 1985 über der Antarktis ein Ozonloch entdeckt worden war, hatte in den siebziger Jahren Paul Crutzen in Mainz darauf hingewiesen, daß Stickoxyde vom Boden aus das Ozon gefährden. Er teilte sich den Preis mit Sherwood Rowland aus Irvine in Kalifornien und Mario Molina aus Cambridge in Massachusetts. Diese hatten 1974 gemeinsam die künstlichen Fluorkohlenwasserstoffe, sogenannte FCKWs, als besondere Bedrohung für das Ozon in größeren Höhen ausgemacht.

Während das Nobelpreiskomitee die Preisverleihung verkündete, untersuchten amerikanische Wissenschaftler am Südpol die Ozonverluste im dortigen Frühjahr.

Sie waren schon wesentlich kleiner als noch 1993. Die Wissenschaftler waren aber jährliche Abweichungen gewohnt und erwarteten für 1996 wieder größere Verluste. Inzwischen hatte man im Januar 1996 den Industrienationen die Herstellung von FCKW verboten und man kann an allerlei Geräten den Aufkleber „ozonfrei" lesen. Daß es möglich war, der Welt wegen der Ozonschicht teure Maßnahmen aufzunötigen, hätte den Wissenschaftlern mehr Verantwortung beim Umgang mit wissenschaftlichen Aussagen abverlangen sollen.

Frühere Theorien über den Abbau von Ozon mußten drastisch verändert werden, um die Rolle hoher polarer Wolken, die FCKW in sogenannte Ozonkiller umwandeln sollen, anerkennen zu können. Auch Vulkanausstöße beteiligten sich an der atmosphärischen Chlorchemie. Schon 1995 stimmten die Theorien über die Atmosphäre nicht mehr mit dem zu beobachtenden Ozonabbau über der Antarktis und Nordeuropa überein. Um die Geschichte mit der Atmosphärenchemie abzuklären, führte der im April 1955 gestartete Satellit ERS-2 der ESA, neue Instrumente mit. Sie waren von Kollegen Crutzens entwickelt worden, und maßen die Ozonschicht der Welt alle drei Tage. Sie stellten auch andere chemische Substanzen fest, die, wie zum Beispiel Stickoxid, der Ozonschicht zusetzten.

Noch hatten die Ängste über das Ozonloch nichts mit dem Treibhauseffekt zu tun, es sei denn im umgekehrten Sinne; der Abbau des Treibhausgases Ozon trägt zur Abkühlung bei. Tatsächlich hatten hochfliegende Wetterballons über der Antarktis in hohen Höhen eine Abkühlung von 2 Grad C festgestellt. Übereinstimmung gab es nur auf politischer Ebene. Es waren die gleichen politischen Initiativen, welche die Abgabe von CO_2 und FCKW drosseln wollten. Sollte sich der Treibhauseffekt als wahr herausstellen, winkte entsprechenden Forschungsarbeiten ebenfalls ein Nobelpreis. Doch die Aussichten dafür waren nicht mehr so glänzend.

Der Herbst 1995 wurde für Bert Bolin, dem Chefwissenschaftler der Welt, nicht angenehm. Als Vorsitzender des gesamten IPCC mußte der schwedische Meteorologe gleichzeitig drei Pferde reiten: Die Arbeitsgruppen Wissenschaft, Folgewirkungen und sozio-ökonomische Bedingungen. Während die Wissenschaft bettlägerig dahinsiechte, waren die beiden anderen Arbeitsgruppen wohlauf. Sie entwickelten, reichten umher und begutachteten ihre eigenen übernationalen Programme, um ihre Beiträge zusammen mit der wissenschaftlichen Arbeitsgruppe Houghtons vorlegen zu können. Sie gingen von wissenschaftlichen Voraussetzungen aus, obwohl Houghtons Arbeit noch gar nicht abgeschlossen war. Ein Chaos drohte für Verwaltung, Politik und Propaganda für den Fall, daß sich die wissenschaftlichen Aussagen plötzlich änderten.

Die Tätigkeit der anderen Gruppe war für die wissenschaftliche Erörterung unwichtig. Dagegen war die für die Folgeabschätzung zuständige Gruppe auf regionale Klimavorhersagen angewiesen, auch wenn die Wissenschaftsgruppe betonte, daß ihre Aussagen dazu noch zu unsicher seien. Ein Aufstand in der wirtschaftspolitischen Arbeitsgruppe zeigte, wie weit sich Bolins IPCC von der Wissenschaft entfernt und in eine Phantasiewelt verstiegen hatte.

Der Streit entzündete sich an der makabren Frage, die sich im Kapitel über die sozialen Kosten im sozio-ökonomischen Teil des Berichts ergeben hatte: Mit welchem Geldwert soll ein Menschenleben veranschlagt werden? Insgesamt wurden die Kosten des Klimawandels auf 1,5 bis 2 Prozent des Bruttosozialprodukts der Welt veranschlagt. Das war viel zu wenig, um wirklich Angst zu machen. Der Treibhauseffekt würde, wenn es stimmte, nur die wirtschaftliche Entwicklung der

Welt eines Jahres kosten. Der Versuch, den Klimawandel abzuwenden, käme viel teurer. Als sich die Kritiker deshalb den Bericht noch einmal vornahmen, meinten sie, auf einen groben Rechenfehler gestoßen zu sein.

Der Tod einer Person aus den reichen Ländern als Folge der erwarteten Klimakatastrophe wurde auf 1,5 Millionen Dollar veranschlagt. Das war 15 mal mehr als die 100.000 Dollar, die für einen Toten der armen Länder verbucht wurden. Es gab menschliche Gründe, weshalb man so ungleiche Werte eingesetzt hatte. Kosten und Nutzen der Maßnahmen gegen die Treibhauserwärmung standen mit der Entwicklungshilfe für die armen Länder in Beziehung. In der ungerechten Welt, in der täglich 30.000 Kinder an im Grunde heilbaren Krankheiten sterben, würden relativ billige Arzneimittel viel mehr Nutzen stiften als der Bau eines Deichs gegen einen möglichen Anstieg des Meeresspiegels. Das jedenfalls war die Begründung, die der Hauptverfasser des Berichtes, David Pearce aus London, einem Kritiker gab. „Die Mittel müssen irgendwo aufgebracht werden," schrieb er, „Wenn wir sie aus der Entwicklungshilfe nehmen, könnten wir damit mehr Leute umbringen, als wir zu retten hoffen".

Die Treibhauserwärmung mit einer Seuche zu vergleichen, heißt sie herunterzuspielen, meinten prominente Umweltschützer und verlangten, das Kapitel zu streichen. Das eigentliche Übel dieses Streits war, daß solche Zahlenspiele überhaupt aufgestellt worden waren. Während sich Bolins IPCC mit solchen Streitereien herumschlagen mußte, bezweifelten ernsthafte Meteorologen die Grundannahmen der Treibhauserwärmung.

Selbst die Linientreuen in der Wissenschaftlergruppe gestanden Unsicherheiten ein und grenzten immer größere Bereiche als noch unbekannt aus. Besonders widersprüchlich waren regionale Vorhersagen, aus denen allein Folgen für das Leben der Menschen abgeleitet werden konnten. Wissenschaftliche Ökologen erkannten (im Unterschied zu den politischen) im zusätzlichen Treibhauseffekt sogar Vorteile für die Pflanzen. Daher wunderten sich Skeptiker, woher die sozio-ökonomische Arbeitsgruppe die Zahlen nahm, wieviele Menschen an der Klimakatastrophe sterben würden.

Henrik Svensmark hatte zuvor nie mit Friis-Christensen wissenschaftlich diskutiert. Er wußte auch nicht um die Gespräche über seine Zukunft, die am Kopenhagener Institut hinter seinem Rücken geführt worden waren. Erst im November 1995 erfuhr Svensmark, daß er vielleicht versetzt werden würde. Um sicher zu gehen, daß Friis-Christensen seine Erfahrungen in Physik kannte, legte er ihm einen Lebenslauf vor.

Svensmark wollte sich zu dieser Zeit an seine Hypothese machen, daß Veränderungen auf der Sonne die kosmische Strahlung beeinflussen und darüber auf die Wolkenbildung einwirken. Er hatte den Vorteil, als erfahrener Physiker drei Jahre lang an einem der führenden meteorologischen Institute gearbeitet und dabei viel über Wetter und Klima gelesen zu haben. Mit der meteorologischen Ausbildung fehlten ihm allerdings die festen Vorstellungen der Schule über das, was bei der elementaren Wolkenbildung vor sich gehen kann und was nicht.

Wenn Wasserdampf aufsteigt, sich ausdehnt und die Temperatur sinkt, so daß die Luft weniger Feuchtigkeit aufnehmen kann, bilden sich Wolken. Der übersättigte Wasserdampf braucht dazu aber als Kondensationskeime Staubteilchen, an denen sich Tröpfchen oder Eiskristalle bilden können. Es wurde unterstellt, daß hierfür immer genug Staub in der Luft vorhanden ist, obwohl sich künstlich Regen machen ließ, wenn man Silberjodstaub auf Wolken streute und dadurch die Tropfen- oder Kristallbildung zusätzlich förderte.

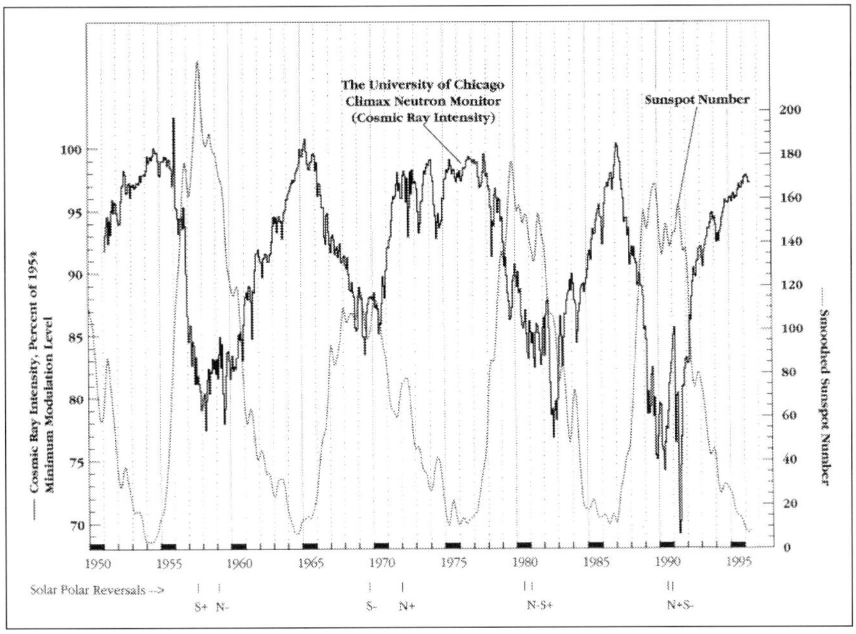

Oben: Die Beobachtungsstation für kosmische Strahlung in Climax. Seit 1953 arbeitet die Station der Universität Chicago in den Bergen Colorados auf 3400 m Höhe ununterbrochen. Sie ist die älteste ihrer Art und stellt Schwankungen der kosmischen Strahlung an Hand der Neutronen fest, die kosmische Teilchen aus den Atomen der Luft herausbrechen.

J. A. Simpson, Chicago

Links: Die Launen der Sonne an Hand kosmischer Strahlen. Die Neutronenzählung in Climax erstreckt sich über 4 Sonnenzyklen und ergab grob gesprochen: Bei mehr Sonnenflecken erreichen weniger kosmische Strahlen die Erde. Die Minderung war um 1970 weniger ausgeprägt, als ein längerer Sonnenzyklus zu einer gewissen Beruhigung der Sonne und zur Abkühlung geführt hatte. Die Daten von Climax erlaubten den dänischen Wissenschaftlern, die Auswirkungen der kosmischen Strahlung auf die Wolkenbildung zu überprüfen.

J. A. Simpson, Chicago

Svensmark konnte seine Hypothese nur durch den Nachweis belegen, daß die kosmische Strahlung gleichzeitig mit der Wolkendecke zu- oder abnimmt. Seine Kollegen hätten ihn dabei beraten können, denn am Institut war unter Leitung von Friis-Christensen das Welt-Daten-Zentrum für geophysikalische und meteorologische Informationen untergebracht und gab es genug Fachleute für meteorologische Vorgänge. Da er aber vorsichtig war und in seiner Arbeitszeit nicht über private Projekte reden wollte, ging er mit sich selbst zu Rate und suchte sich die Daten im Internet.

Enthusiasten der weltweiten Computervernetzung schossen Anfang der neunziger Jahre nur so aus dem Boden und verkündeten, dies werde die wissenschaftliche Forschung auf ungeahnte Weise beschleunigen. Besonders sollte es die interdisziplinäre Zusammenarbeit fördern und getrennte Fachdisziplinen zusammenbringen. Skeptiker glaubten dagegen, das weltweite Netz würde seine Benutzer ohne die Wertungen, die nur Fachwissen erlaubt, in einem Sumpf unverarbeiteter Daten ertränken.

Der Fall Svensmark gab den Enthusiasten im großen und ganzen recht. Er hatte, den Erwartungen der Skeptiker entsprechend, nur die besten Ausgangsdaten übersehen.

Aus dem weltweiten Netz ließen sich leicht klare und eindeutige Daten über die kosmische Strahlung beschaffen. Svensmark benutzte die monatlichen Durchschnittswerte, welche die 3400 m hoch in den Rocky Mountains von Colorado gelegene Station Climax aus der Anzahl der gemessenen Neutronen ermittelte. Er wußte nicht, daß diese Station John Simpson in Chicago unterstand, der auch die Daten auszuwerten hatte, welche die Sonde Ulysses über die kosmische Strahlung der nördlichen Polarregion der Sonne erhob.

Dann brauchte Svensmark Angaben über die Wolken. Er fand dazu im Internet die weltweiten Daten des Wettersatelliten-Programms der US-Luftwaffe. „Das waren nicht die besten Daten", bemerkte Svensmark später.

Die Satelliten kreisten über den Polen und tasteten mit der Drehung der Erde ihre Oberfläche jeweils am Mittag und zur Mitternacht ab. Die Berechnungen der Wolkendecke bezogen sich bei Tag also jeweils nur auf eine Beobachtung innerhalb von 24 Stunden. Aber schon der Laie weiß, daß Wolken schneller als einmal pro Tag kommen und gehen. So bruchstückhaft waren seine ersten Daten über die Wolkendecke, die im Juli 1987 einsetzten. Damals begann sich die Sonne nach dem Minimum Mitte der achtziger Jahre wieder zu rühren. Dementsprechend nahm die kosmische Strahlung ab. Aber die Graphik der Wolkendecke zeigte auf Svensmarks Computer nur ein unklares Auf und Ab. Zwischen Dezember 1987 und Juli 1990 fehlten Angaben, weil der Satellit der US Luftwaffe ausgefallen war und ersetzt werden mußte. Aber dann Anfang der neunziger Jahre, als sich die Sonne nach ihrem Maximum wieder beruhigte, stiegen die beiden Kurven gemeinsam an. Die Wolkendecke nahm zusammen mit der kosmischen Strahlung zu.

Schon beim ersten Überblick schien die kosmische Strahlung die Wolkendekke der Erde zu beeinflussen. Nicht viel - vielleicht einige Prozentpunkte zwischen der ruhigen und der aktiven Laune der Sonne. Svensmark behielt seine Entdeckungen noch für sich, weil er wußte, daß noch viel Arbeit nötig war, um diese Angaben abgesichert und in wissenschaftlich annehmbarer Form vorlegen zu können. Und dann handelte es sich ja noch immer um die inoffizielle Arbeit seiner Freizeit.

Svensmark sprach zum ersten Mal mit Friis-Christensen, als dieser ihn offiziell in seine neue Arbeit einführte. Sein neuer Forschungsleiter erklärte ihm die Geschichte und die Arbeit der Abteilung für solar-terrestrische Physik. Dabei berührte er auch die Klimastudie, mit der er Svensmark im Falle seiner Mitarbeit beauftragen wollte. Er hatte Svensmarks Lebenslauf genau studiert und ließ sich von ihm die Mitarbeit an den Untersuchungen der Eisbohrkerne erklären. Friis-Christensen legte ihm auch seine Wissenschaftsphilosophie auseinander. Theorien müssen durch Beobachtungen und Versuche bestätigt werden und nicht durch Modelle. So etwas hörte Svensmark gern.

Friis-Christensen fragte auch Lassen, was er von Svensmark hielt. Der sprach mit einem der Lehrer Svensmarks an der Universität Dänemarks, den er von früher her gut kannte. Dann sprach er selbst mit Svensmark und fragte ihn nach seiner Meinung über die Nebelkammer und ob er einen Zusammenhang mit der Wolkenbildung in der Atmosphäre sehen konnte. Obwohl Lassen sehr vorsichtig vorging, bekam Svensmark das Gefühl, daß er sich ernsthafter mit seiner Idee beschäftigen sollte.

Bei einem weiteren förmlichen Treffen mit Friis-Christensen sollten Einzelheiten des Klimaprojekts besprochen werden. Svensmark verschwieg noch immer sein persönliches Interesse an der kosmischen Strahlung, weil ihm das noch zu keck erschienen war. Die Weiche war ohne das gestellt; er konnte zum Jahreswechsel in Friis-Christensens Abteilung anfangen.

Friis-Christensen war einer der offiziellen dänischen Gutachter für die wissenschaftliche Arbeitsgruppe des IPCC. Aus Pflichtgefühl gegenüber der Weltgemeinschaft merkte er an, daß Änderungen im Verhalten der Sonne neben der Intensität des Lichtes noch andere Wirkungen zeigen. Wie früher schon, wurde der Hinweis übergangen. Nach den Erfahrungen in Kanton im Jahr 1992 weigerte er sich aber nach Madrid zu gehen, um dort dem neuen Bericht die Zustimmung zu erteilen.

Ein Wetterballon auf der Antarktis vor dem Aufstieg. Temperaturmessungen in großer Höhe wurden für die Debatte, ob sich eine Treibhauserwärmung nachweisen läßt oder nicht, immer wichtiger. An der Halley Bay, wo angeblich das Ozonloch entdeckt worden war, kühlte sich die Stratosphäre vermutlich wegen des fehlenden Ozons ab.

Graham Neden/Ecoscene

Kapitel 9

KOSMISCHE STRAHLEN UND WOLKENDECKE

Wenn man dich aus der Stadt vertreibt", rät ein amerikanisches Sprichwort, geh vorne weg und tu so, als wäre es eine Demonstration!" Der Befürchtung des Intergovernmental Panel on Climate Change (IPCC), eine Klimakatastrophe drohe, wenn nichts geschieht, folgte eine wachsende Meute verärgerter Leute. Die einen wünschten sich eine wärmere Welt, andere hatten nachgerechnet und herausgefunden, daß sie sich Abwehrmaßnahmen leisten konnten. Sie alle glaubten im Großen und Ganzen an die Klimaerwärmung.

Meteorologische Fachleute unter den Gegnern der Arbeitsgruppe Houghtons nannten die Berechnungen falsch und forderten wegen der neueren Erkenntnisse der Wolkenphysik neue Berechnungen. Soweit sich ein Klimawandel beobachten ließ, bestätigte er die Angaben der Treibhaushypothese nicht, sondern widersprach ihnen sogar. Die dänischen Physiker, die noch am ehesten sahen, was im Weltklima vor sich ging, hatten sich der Meute nicht angeschlossen. Sie hatten Besseres zu tun.

Andere Forschungseinrichtungen brachten immer neue klimatologische Punkte vor, welche die Computermodellierer falsch behandelt oder übersehen hatten. So hatten Satelliten jüngst eine breite Dunstwolke aus mineralischem Staub entdeckt, die sich wie ein ständiger Sandsturm über Nordafrika, Arabien und Indien erstreckte, und kühlend wirkte. Solche Dinge hätten die Untersuchungen des Klimawandels aufgreifen müssen, wenn sie sich nicht in die Treibhaushypothese verrannt hätten.

In der spanischen Hauptstadt Madrid fand Ende November 1995 die Abschlußsitzung der Hauptgruppe des IPCC statt. 177 Delegierte aus 96 Ländern sollten der Zusammenfassung für Politiker Zeile für Zeile ihre Zustimmung erteilen und den Rest des Berichts billigen. Alles hing vom Kapitel acht mit der Überschrift „Entdeckung des Klimawandels und Zuweisung von Gründen" schon des Glanzes wegen ab, den man diesem Kapitel in der Zusammenfassung für Politiker verliehen hatte.

John Houghton trat vor die Versammlung mit der Behauptung, die Treibhaushypothese sei bewiesen. Seine Wortwahl hielt zwar kurz davor noch inne, weckte aber bei Medien und Politikern den Eindruck, daß er dies sagen wollte. Das geschah gerade noch rechtzeitig vor der Klimakonferenz, auf der die sogenannten Unterzeichnerstaaten im Sommer 1996 die Zügel bei der Abgabe von Treibhausgasen straffer ziehen sollten.

1994 hatte Patrick Michaels aus Charlottesville unfreundlich in die Diskussion eingegriffen und behauptet, die Treibhaushypothese sei widerlegt. Michaels war sowohl Fachwissenschaftler für Umweltschutz als auch der Chefklimatologe des US-Staates Virginia.

Er hatte mit Kollegen neuere Klimaschwankungen mit den Berechnungen verglichen, die der erste Computer nach der neuen Generation der Luft-Ozean-Modelle am Laboratorium für Geophysikalische Flußdynamik in Princeton erstellt hatte.

Der Bericht *Klimawandel 1990* hatte behauptet, die Luft-Ozean Modelle würden das Klimasystem noch „realistischer" darstellen. Ein ihnen gewidmetes Kapitel hob besonders die Pionierrolle Princetons bei diesen Berechnungen hervor. Besonders pries es die Fähigkeit des neuen Modells, der Entwicklung des Klimas bei allmählich steigendem CO_2-Gehalt von Jahrzehnt zu Jahrzehnt folgen zu können. Daran konnte das Modell aber auch überprüft werden, was bisher nicht möglich war.

Wenn die Treibhauserwärmung dem allgemein nachgebeteten Glaubensbekenntnis zufolge, bereits eingesetzt hatte, sollte sich dann das Muster des Klimawandels nicht schon in den Frühstadien der berechneten Voraussagen bemerkbar machen? Michaels Gruppe konnte keinerlei Übereinstimmung zwischen den errechneten Änderungen und den tatsächlich von Meteorologen am Ende des 20. Jahrhundert gemessenen feststellen. Andere, die etwas ähnliches versucht hatten, kamen zu ähnlichen Ergebnissen. Da sie aber der Treibhaushypothese wohlgesonnen waren, drückten sie nur Bedauern aus und baten um Geduld. Michaels hingegen erklärte das aufwendige Klimamodell von Princeton wie möglicherweise alle ähnlichen anderen Modelle für falsch.

„Es gibt eine Reihe ernsthafter Probleme mit dieser Analyse", gaben Houghtons Autoren zurück. Weil Michaels aber als offizieller Gutachter der USA tätig war, konnten sie seine Schlußfolgerungen nicht einfach übergehen. Sie erklärten, daß das erwartete Signal der Treibhauserwärmung im Erscheinungsbild der tatsächlichen Klimaänderung von Randerscheinungen („Geräuschen") überdeckt werden würde. Diese sollten aus den Berechnungen, aus den natürlichen Schwankungen in der Natur und aus den Auswirkungen der Sulfate stammen, die den Treibhauseffekt schmälern. Sulfate hatte Michaels in Betracht gezogen, ihre Wirkung aber für weit geringer angesetzt, jedenfalls in Gebieten, die weiter von den Zentren der Luftverschmutzung entfernt waren. Das stimmt nicht, war die Antwort, jedenfalls nicht nach jüngsten Computerberechnungen, die weiterreichende Wirkungen ergeben.

Obwohl das IPCC zu Michaels Schlußfolgerungen, daß die Modelle mit der realen Welt nicht übereinstimmten, schon ein Foul gepfiffen hatte, hielten sich einige Mitglieder zu einem Gegenangriff verpflichtet, allen voran Ben Santer aus Livermore in Kalifornien, dem Hauptverfasser des achten Kapitels.

Zu seinem Leidwesen behielt Michaels aber Recht. Die berechneten Schwankungen zeigten wenig oder keine Übereinstimmungen mit den tatsächlichen Klimaänderungen. Die Computer lieferten, wie Künstler, bunte Weltkarten, aber die Ergebnisse waren ein Witz, jedenfalls hinsichtlich der reinen Welt der Treibhaushypothese von 1990, die den politischen Bemühungen um eine Klimakonvention von 1992 zugrunde lag.

Als die Klimamodellierer aufgrund ihrer Hochrechnungen des Treibhauseffekts zwischen 1960 und 1980 Karten über die geographischen Auswirkungen der Klimaerwärmung erstellten, zeigten zum Beispiel grellrote Schattierungen in Grönland, im Amazonasgebiet, im Himalaja und im Pazifik Erwärmungen an. In Wirklichkeit wurde es hier kühler. Berechnungen nach der Treibhaushypothese verlangten auch, daß sich der Ozean rund um die Antarktis um einige Grad erwärmt. Tatsächlich wurde es dort höchstens ein halbes Grad wärmer.

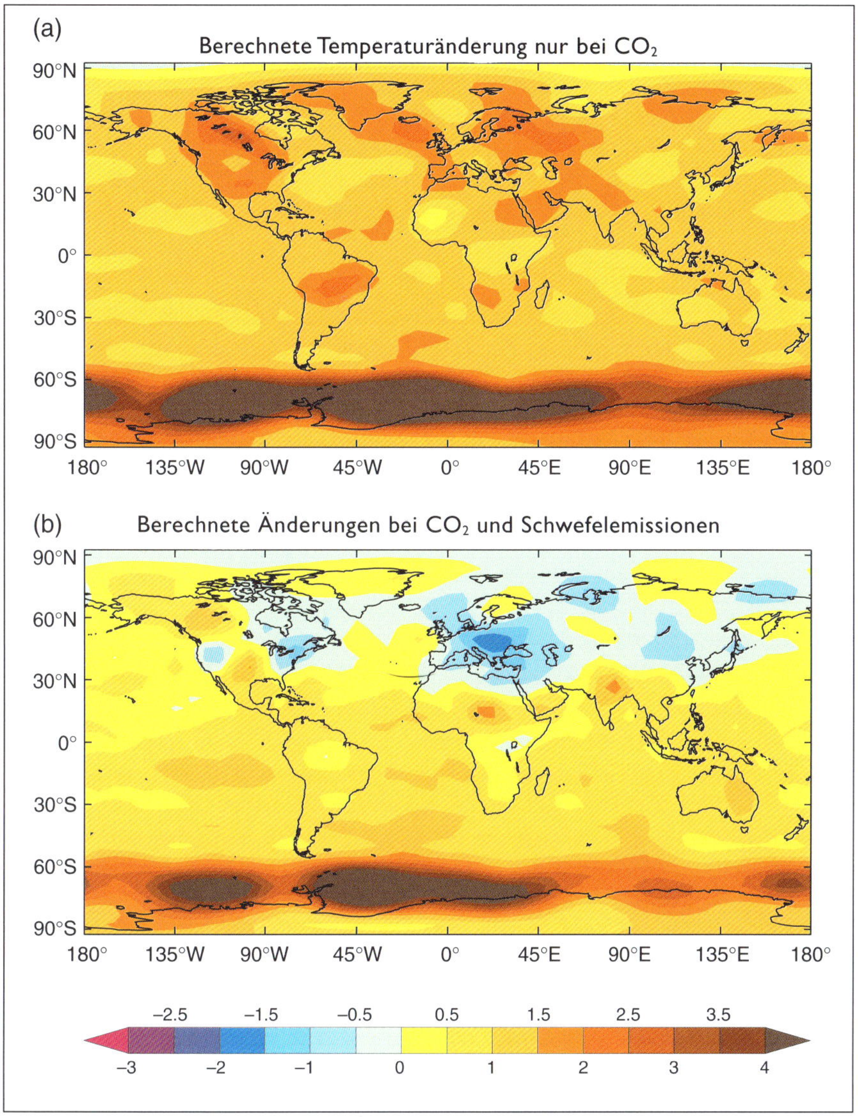

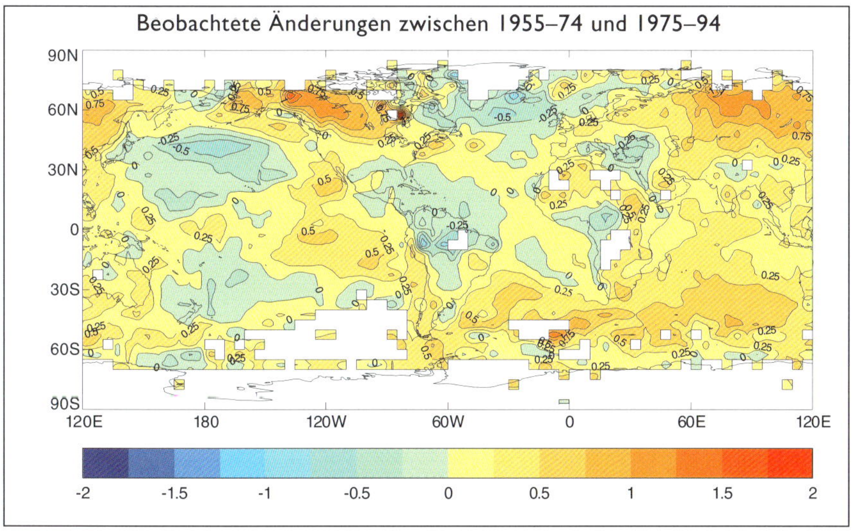

Ausschau nach dem Treibhauseffekt. Die oberste Karte (mit Afrika im Zentrum) nach Berechnungen für das IPCC zeigt ein geographisches Muster fortschreitender Temperaturerhöhung als Folge steigender CO_2 Werte. Die 2. Karte stellt die Staub- und Sulfat-Emissionen aus menschlicher Produktion in Rechnung, die abkühlend wirken. Die unterste Karte (mit Südafrika im Zentrum) zeigt die Temperaturveränderungen in Grad C, wie sie tatsächlich zwischen den sechziger und den achtziger Jahren gemessen wurden.
IPCC Arbeitsgruppe 1, 1995 Fig. 17 und 9

Als man Sulfate ins Spiel brachte, änderten sich die Karten völlig. Nun zeigten große blaue Flächen eine Abkühlung statt eine unerträgliche Erwärmung an. Verglich man beide Karten mit den tatsächlichen Meßergebnissen, stellte man fest, daß sich die Irrtümer wiederholten oder nur anders verteilten. Die Berechnungen führten noch immer nicht zu der Abkühlung, die im Himalaja, im Amazonasgebiet und im Pazifik gemessen worden war. Sie minderten auch nicht die Erwärmung des südlichen Ozeans, so daß es der gemessenen Realität entsprochen hätte.

Da der Computer wie ein Aktionskünstler hilfreiche blaue Flecken um sich warf, traf er auch manchmal das Richtige, zum Beispiel in der Türkei, Griechenland und Japan. Das sah eher nach Zufall aus, denn in einem Gürtel, den der Computer zur Abkühlung verdonnert hatte, wurde es wiederum nicht kühler, so in Deutschland, Zentralrußland, Ostsibirien, der Mongolei, im Staate Washington, Neu England und seltsamerweise in Kenia. Man war umsichtig und druckte im Endbericht die Karten mit den Berechnungen auf einer anderen Seite ab als die mit den Meßergebnissen. So bemerkten nur aufmerksamere Leser, wie absurd falsch die Modelle ihre errechneten Klimaänderungen geographisch zuordneten.

Ben Santer hatte es auf eine andere Weise versucht. Daher stammte der Hauptbeweis im Kapitel acht des Berichts *Klimawandel 1995* für die Behauptung, daß die Klimaänderungen auf den Menschen zurückzuführen seien, aus seiner Arbeitsgruppe in Livermore. Seine Methode war, in der oberen Atmosphäre nach Erwärmungen und Abkühlungen zu suchen. Wissenschaftler der US-Verwaltung für Ozean und Atmosphäre hatten zwischen 1963 und 1988 Meßergebnisse der Wetterballons weltweit zusammengetragen. Sie verfolgten schon 25 Jahre lang den Temperaturverlauf in Gebieten unterschiedlicher Längen- und Breitengrade bis in Höhen von 20 km hinauf. Die Ergebnisse wurden in farbenfrohen Diagrammen von Pol zu Pol für unterschiedliche Höhen eingetragen und sahen wie eine Art neuer Computerkunst aus.

Orange stellte die höchste Erwärmung von rund 1 Grad C dar und lag über dem südlichen Ozean etwa auf der Höhe von Neuseeland. Blau stand für Abkühlung in größeren Höhen nördlicher Breite. Schraffiertes Blau mit purpur Tupfen dazwischen bezeichnete die größte Veränderung und überzog die gesamte Stratosphäre. Die stärkste Abkühlung von 2 und mehr Grad wurde rötlich ausgedrückt und in 12 km Höhe über der Antarktis eingetragen.

Das Team in Livermore nahm sich seine Computerberechnungen über die vom Menschen verursachten Klimaveränderungen wieder vor, um sie mit den tatsächlichen Veränderungen in der Atmosphäre zu vergleichen. Die ersten Ergebnisse waren nicht zufriedenstellend. Das Computermodell berechnete für den gegenwärtigen CO_2-Gehalt ein schmales Blau in Höhe von 20 km und eine kräftige rote Fläche für intensive Erwärmung in 8 km Höhe über den Tropen.

Als die Gruppe in ihre Computerberechnungen auch den Sulfatstaub einbezog, konnten sie die Erwärmung etwas unterdrücken und auf die Südhalbkugel umverlagern. Unzutreffend warme Flecken blieben aber in Höhe von 2 und 6 km über der Polarregion. Aufgrund des ästhetischen Eindrucks dieser gescheckten Bilder und ihrer angeblichen Übereinstimmung mit den Messungen glaubte die Houghton Gruppe, Fingerabdrücke der „anthropogenen" Erwärmung entdeckt zu haben.

Santer selbst posaunte sein Computerkunstwerk nicht so laut aus. Seine Wortwahl im Kapitel mit den Hinweisen auf die menschliche Verantwortung für den Klimawandel war zu dünn, um darauf die Klimakonvention zu betten. John Houghton übernahm es persönlich, daraus eine stärkere Stellungnahme zu formulieren, und den Anschein zu erwecken, daß die Treibhauserwärmung nun bewiesen sei.

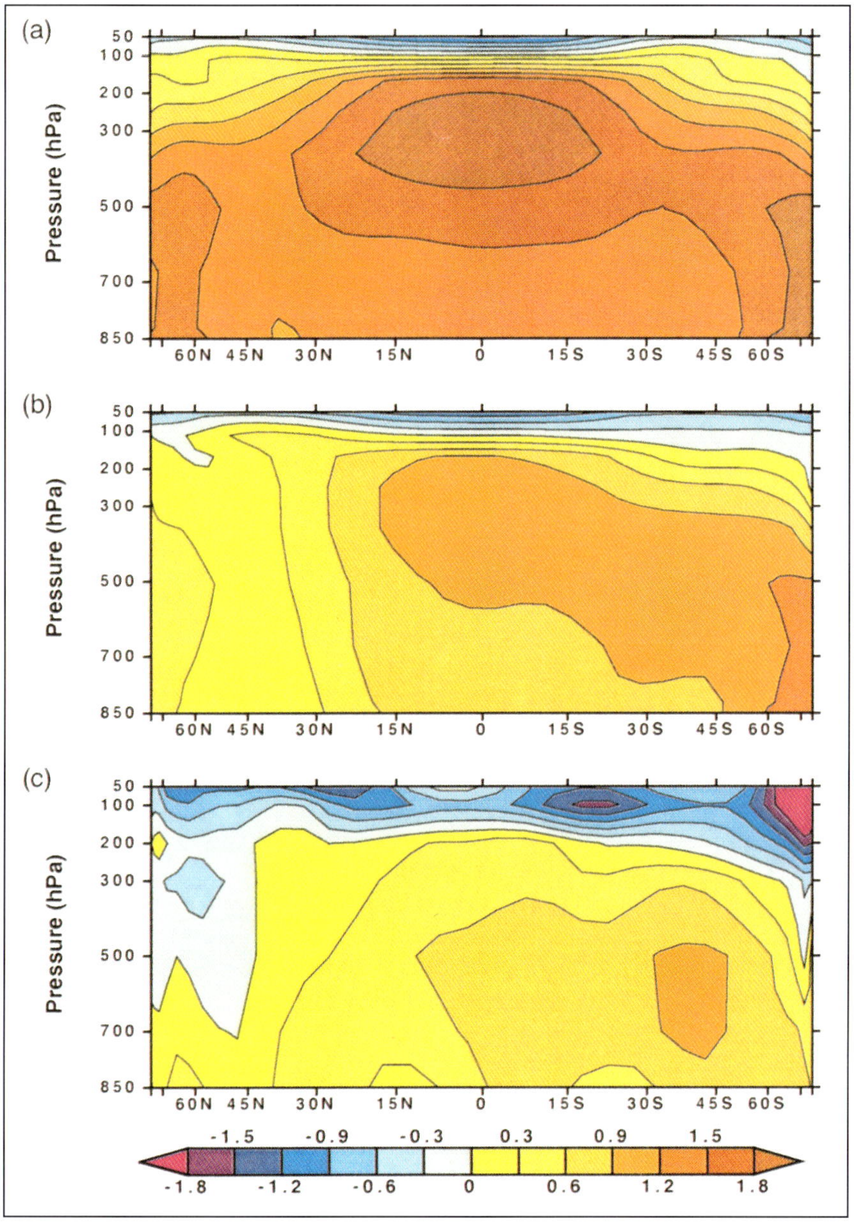

Suche nach dem Treibhauseffekt hoch oben in der Luft. Das obere Profil (a) zeigt berechnete Temperaturänderungen in der Atmosphäre zwischen Nordpol (links) und Südpol (rechts) bis zu einer Höhe von 20 km als Folge des seit Beginn der Industrialisierung gestiegenen CO_2-Gehalts. Das zweite (b) berücksichtigt die Abkühlung durch schwefelhaltige Aerosole aus menschlicher Produktion. Das dritte (c) stellt die tatsächlich mit Hilfe von Wetterballons zwischen 1963 und 1988 gemessenen Temperaturveränderungen dar.

IPCC Arbeitsgruppe 1, 1995 Fig. 8.7

Als Vorsitzender der entscheidenden Plenarsitzungen der wissenschaftlichen Arbeitsgruppe in Madrid ließ Houghton die Delegierten lang und breit über die Vorlage von Santers Kapitel acht diskutieren. Er verfolgte damit, wie er sich später ausdrückte, das Ziel „die besten und wissenschaftlich genauesten Formulierungen" für die Zusammenfassung für die Politiker zu finden. Schließlich einigte man sich auf folgenden entscheidenden Satz:

„Unsere Möglichkeit den menschlichen Einfluß auf das Klima zahlenmäßig zu erfassen ist gegenwärtig noch beschränkt... Trotzdem zeigt sich, wenn man alle Hinweise abwägt, ein merklicher Einfluß des Menschen auf das Weltklima".

Damit aber auch niemand ihre Botschaft mißverstehen konnte, betonten Bert Bolin, John Houghton und Gylvan Meira Filho in ihrer Einleitung zum Bericht *Klimawandel 1995* ganz besonders:

„Die Beobachtungen legen einen „merklichen Einfluß des Menschen auf das Weltklima" nahe. Das ist einer der Schlüsselentdeckungen des Berichts. Sie gibt der Diskussion über den Klimawandel eine wichtige neue Dimension".

Eine Überschrift im Wissenschaftsjournal *Science* münzte daraus die erwünschte Information für die Öffentlichkeit:

„Jetzt ist es offiziell: Das erste Aufglimmen der Treibhauserwärmung wurde entdeckt."

Die Hauptsorge des unglücklichen Santer war es nun, sein wissenschaftliches Kapitel acht mit der „Zusammenfassung für Politiker" in Übereinstimmung zu bringen. Er mußte dabei aber auch an seinen Ruf als Wissenschaftler denken und tat sein Bestes. Die entscheidenden Abschnitte in dem überarbeiteten Papier enthalten daher immer noch beide Seiten der Argumentation:

„Wir kommen nun zu der schwierigen Frage, ab wann sich ein vom Menschen verursachter Klimawandel möglicherweise entdecken und zuordnen läßt. Die Antwort auf diese Frage muß subjektiv ausfallen, zum Teil auch wegen der großen Unsicherheit der Signale und der Hintergrundgeräusche, die im Papier erörtert werden. Einige Wissenschaftler sind weiterhin der Meinung, daß diese Unsicherheiten noch jede Antwort auf die oben gestellte Frage verbieten. Andere haben geltend gemacht,... daß ein anthropogener Klimawandel bereits entdeckt werden kann. Die Masse der statistischen Hinweise deutet auf einen merklichen Einfluß des Menschen auf das Weltklima hin, wenn wir sie in dem Zusammenhang, in dem wir das Klimasystem physikalisch verstehen, prüfen."

Santers redliche Anerkennung von Subjektivität und Meinungsverschiedenheiten bei den Wissenschaftlern, zeigt wie unsinnig die Einstimmigkeit war, die Houghton bei den Delegierten erreichen wollte. Nur wenige Politiker werden die vorsichtige Wortwahl bemerken, die selbst in der überarbeiteten Form des Kapitel acht noch erhalten geblieben ist. Sie ziehen wohl die eindeutigere und betontere Ausdrucksweise der Zusammenfassung für Politiker vor. Selbst als das Kapitel acht nach der Veröffentlichung von Klimawandel 1995 gefeiert wurde, waren die wissenschaftlichen Feinheiten für die meisten Politiker zu spitzfindig und die politischen Feinheiten für die meisten Wissenschaftler zu langweilig.

Mitte Dezember 1995 kam Henrik Svensmark zu der Überzeugung, daß es eine Verbindung zwischen kosmischen Strahlen und Wolken gibt. Wenn das bisher niemand bemerkt haben sollte, hatte er es entdeckt. Er bat Friis-Christensen um ein Treffen, um herauszufinden, ob eine solche Verbindung bereits bekannt war. Seine vorläufigen Ergebnisse hatte Svensmark diesmal auf der Pirsch im Internet zusammengestellt. Friis-Christensen war sofort begeistert, weil er auf diese Möglichkeit vorbereitet war. Er hatte die Effekte zwar in der unteren Stratosphäre vermutet, weil hier am meisten kosmische Teilchen gezählt werden. Svensmarks Darstellung verlegte die Wirkung weiter nach unten. Da die kosmische Strahlung aber bis zum Boden hinunter gelangt, war das gut möglich. So geschah es in einem Vorort von Kopenhagen an der Autostraße nach Elsinore, daß ein Wissenschaftler einem anderen erzählte, kosmische Strahlen erzeugen überall auf der Erde Wolken, und der ihm das sofort glaubte. Das Verständnis der Menschheit über den Klimawandel kam einen Schritt voran.

„Wir müssen schnell arbeiten", sagte Friis-Christensen. Beide waren sich, ohne darüber reden zu müssen, der weitreichenden Bedeutung ihrer möglichen Ergebnisse bewußt. Aber in erster Linie dachten sie an die harte Lebenswirklichkeit im gesellschaftlichen System Wissenschaft. Mit ein paar Wochen Freizeitarbeit hatte Svensmark seine vorläufigen Ergebnisse entdeckt, das konnte ihm jeder andere

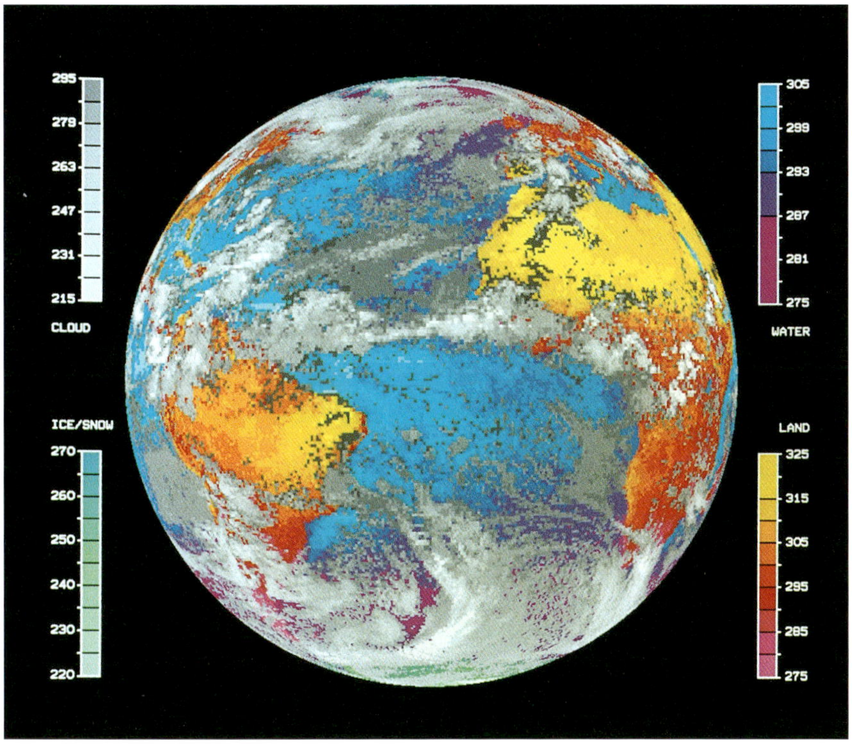

Das Internationale Projekt Wolkenklimatologie. Amerikanische und europäische Wettersatelliten haben hier die Temperaturen eines Julitages über dem Atlantik in Kelvin (273 K = 0 Grad C) dargestellt. Die Spitzen kalter Wolken erscheinen hier weiß, warme dagegen grau. Das Bild veranschaulicht wie genau die veränderliche Wolkendecke analysiert wurde, um die Wirkung kosmischer Strahlung nachzuweisen.

ISCCP/WCRP/WMO und ICSU; Graphiken der NASA GISS, mit freundlicher Genehmigung von W.B.Rossow

nachmachen. Um die eigene Entdeckung anerkannt zu bekommen, mußte man sie als erster ordentlich veröffentlicht haben.

Das hieß, die Ergebnisse mußten zunächst bestätigt und dann als überzeugendes Argument in eine für eine Zeitschrift passende Form gebracht werden. Obwohl Friis-Christensen mit ihm zusammenarbeitete und kritische Anmerkungen machte, mußte Svensmark fast die ganze weitere Arbeit alleine leisten. Neben den vielen Verpflichtungen für die Raumfahrt mußte Friis-Christensen vor Weihnachten auf einen wissenschaftlichen Kongreß nach San Franzisko fahren.

Aber Svensmarks Bemühungen waren nun offiziell. Er konnte seine gesamte Arbeitszeit und noch mehr daran setzen. So sagte er seine Weihnachtsferien ab. Als Friis-Christensen nach Weihnachten aus San Franzisko zurückkehrte, nahm er sich einige Tage frei, um seine Eltern in Jütland zu besuchen, blieb aber mit Svensmark über das Internet in Verbindung.

In den ruhigen Tagen nach Weihnachten ist das Dänische Meteorologische Institut fast verwaist, wenn man von der Notbesetzung für die Wettervorhersage absieht. Nur ein Verrückter saß da oben an seinem Arbeitsplatz. Svensmark entdeckte im Internet noch bessere Daten über die Wolken. Eine Reihe von Nimbus 7 Satelliten der NASA hatten befriedigende Ergebnisse geliefert, die auch besser zu den Zahlen der kosmischen Strahlung paßten. Aber wie schon bei den Wolkenberichten der US-Luftwaffe wurden die Wolken an einem Punkt der Erde jeweils seltener erfaßt, als sich das Wetter dort änderte.

Erst relativ spät stieß Svensmark auf die Daten des internationalen Satellitenprojekts für Wolkenklimatologie. Dort fand er mehr Wolken als die Bank von Irland Feiertage einlegt.

Ausgedacht hatte das Projekt William Rossow vom Goddard Institut der NASA in New York. Es gehörte als umfangreiche Operation der Datenverarbeitung zum

Forschungsprogramm Weltklima. Es zählte und führte alle Wolken, welche die vielen zivilen Wettersatelliten seit 1983 überall auf der Welt gemeldet hatten, in einer zentralen Datenbank. Dort wird die durchschnittliche Wolkendecke über Planquadraten der Erdoberfläche von 250 mal 250 km Monat für Monat aufgelistet. Außerdem wurden Informationen über die durchschnittliche Temperatur in den Wolken und den Luftdruck über ihnen gesammelt. Daraus ließ sich auf die Höhe der Wolken schließen. Die Monatsdaten existieren auf elektronischen Datenträgern und können vom Internet aus eingesehen werden. Aber Svensmark erbat sich vom NASA-Archiv in Langley eine bequemer zu handhabende Compact-Disk.

Die erste abgeschlossene Serie mit Namen ISCCP-C2 reichte von Mitte 1983 bis Dezember 1990. Sie enthielt nicht wie die Daten der US Luftwaffe eine Unterbrechung und umfaßte daher auch das Sonnenminimum von 1986 und das Maximum von 1990. Diese durchschnittlichen Wolkenwerte waren für Svensmark nach der Weihnachtspause das wichtigste Werkzeug, als er in Friis-Christensens Abteilung überwechselte und hauptamtlich an dem Problem arbeiten konnte, also während seiner Arbeits- und seiner Freizeit.

Die Wolkenmenge, die das Internationale Satellitenprojekt Wolkenklimatologie erhob, änderte sich je nach Jahreszeit erheblich. Svensmark bildete Jahresdurchschnittswerte, das heißt, er nahm pro Monat den Durchschnitt aus den sechs vorausgelaufenen und den sechs nachfolgenden Monaten. Auf diese Weise entfielen die ersten und die letzten sechs Monate der ISCCP-C2 Daten, so daß der Vergleich der Durchschnittswerte nur von Januar 1984 bis Juni 1990 reichte.

Die Durchschnittswerte der kosmischen Strahlung auf Monatsbasis, die er von der Station Climax in Colorado bezog, stiegen zu Beginn der Periode, die durch entsprechende Wolkenwerte abgedeckt war, als sich die Sonne beruhigte. Sie erreichten Ende 1986 ihren Höhepunkt. Ab März 1987 sanken sie über zwei Jahre lang ständig ab. Gleichzeitig wurde die Sonne wieder fleckiger und aktiver. Die Kurve sah aus wie das Matterhorn, mit einem sanfteren Anstieg auf der einen und einem steilen Abfall auf der anderen Seite.

Erstiegen die Durchschnittswerte der Wolken den gleichen Berg? Ja, fast. Das gemeinsame Auf- und Absteigen war zu erkennen, aber die Übereinstimmung war auch wieder nicht so eng, daß Friis-Christensen und schon gar nicht wirkliche Skeptiker damit zufrieden sein konnten. In der Literatur fanden sich zuviele vage Ähnlichkeiten zwischen Sonnenzyklen und Wetterereignissen. Wenn es eine direkte Wirkung der kosmischen Strahlen auf die Wolken gab, dann mußte die Übereinstimmung deutlicher ausfallen.

Svensmark überlegte, ob es an der Hypothese lag, oder nur an den unzulänglichen Angaben über die Wolken. Vielleicht war es falsch, einfach alle verfügbaren Informationen zu benutzen. Er schaute sich näher an, wie die Daten von ISCCP-C2 zusammengetragen worden waren und durchforstete Rossows Anmerkungen zur Durchführung des Projekts Wolkenklimatologie. Dabei stellte er fest, daß ISCCP-C2 keine genaue und schon gar keine narrensichere Sammlung war.

Sie war das Ergebnis von Meldungen unterschiedlicher Satelliten, die mit unterschiedlichen Instrumenten ausgerüstet waren und auf unterschiedlichen Umlaufbahnen, die nicht zusammenpaßten, arbeiteten. Wie die Satelliten der US Luftwaffe flogen die beiden amerikanischen NOAA Satelliten auf einer Umlaufbahn über die Pole und benutzten die Erdumdrehung, um das Wetter rings um die Erde zu erfassen. Sie lieferten mit gut aufeinander abgestimmten Instrumenten einen zusammenhängenden und wirklich globalen Überblick über das Wetter. Da aber nur zwei Satelliten im Einsatz waren, wurde jede Stelle der Erde tagsüber nur zwei Mal aufgesucht. Wolken konnten sich bilden und wieder auflösen ehe es die NOAA Satelliten sahen.

Bilder in dichterer Folge lieferten vier fest über dem Äquator stehende (geostationäre) Wettersatelliten. Jeder von ihnen überwacht ununterbrochen einen großen Ausschnitt der Erdoberfläche. Der europäische Meteosat schickt von seiner luftigen Höhe über dem Golf von Guinea aus alle halbe Stunde ein Bild der Region zwischen Skandinavien und Antarktis sowie zwischen Brasilien und Arabien, wobei Afrika und der Ostatlantik das Bild beherrschen.

Vergleichbare Bilder liefern der amerikanische Satellit GOES-East über Brasilien, GOES-West über dem östlichen Stillen Ozean und der japanische Satellit GMS vom westlichen Stillen Ozean. An den Rändern überlappen sich ihre Bilder. Im Indischen Ozean gibt es einen Bereich, den Meteosat und GMS nur sehr flach streifen. Der indische Satellit, der hier zuständig ist, liefert keine Bilder für das Projekt Wolkenklimatologie.

Geostationäre Satelliten können die Pole nicht gut erfassen. Bei den Gebieten hoher Breite verkürzt sich mit steigendem Winkel die Sicht bis es unmöglich wird, die Wolken zu erfassen. Andererseits waren die geostationären Wettersatelliten wegen ihrer hohen Bildfolge ideale Datenquellen bei der Suche nach den Auswirkungen der kosmischen Strahlen.

Andere Fragen ergaben sich für Svensmark aus den Daten im Hinblick auf die unterschiedlichen Temperaturen an der Ober- und Unterseite der Wolken. Über den tropischen und mäßig warmen Ozeanen heben sich die Wolken deutlich ab. Aber in der Nähe der Pole unterscheiden die Satelliten kaum zwischen Wolken und Eis. Auch über kaltem Land und in Gebirgen übersehen sie aus diesem Grund Wolken. Rossow und seine Kollegen gestanden ein, daß die ISCCP-C2 Wolkenstatistik die Wolkendecke über Land möglicherweise zu gering angibt.

Svensmark entschloß sich, die Angaben über die Wolken zu bearbeiten. Zunächst beschränkte er sich auf die warmen Gegenden, in denen die geostationären Satelliten die Wolkendecke eindeutig bestimmen. Die Kurve ergab, daß sich die deutlich erkennbare Wolkendecke zwischen dem Höhepunkt kosmischer Strahlung während des Sonnenminimums und dem Strahlungstief während des Sonnenmaximums um 3 Prozent verringerte. Die Wolkenkurve näherte sich damit dem gebirgsartigen Verlauf der Strahlungskurve an.

„Es wird besser und besser", stellte Svensmark fest. Als Fachmann für Fragen des Magnetismus legte Friis-Christensen auf eine andere geographische Unterscheidung Wert. Wenn es einen Einfluß der kosmischen Strahlen auf die Wolken gibt, dann muß er sich in den mittleren Breiten deutlicher bemerkbar machen als am Äquator, weil die kosmische Strahlung zu den Magnetpolen hin zunimmt.

Wenn möglich sollte Svensmark bei den Angaben über die Wolken auf die Breitengrade achten.

Die Wolkenklimatologie unterscheidet die Angaben über die Wolken nicht nach den Breitengraden des Erdmagnetfeldes. Bevor sich Svensmark an die Feinarbeit machte, richtete er sich mit Friis-Christensens Zustimmung zunächst nach der geographischen Breite und sah zu, was herauskam, wenn er die Wolken über den tropischen Gebieten nicht berücksichtigte.

Eureka! Die Schwankungen der Wolkenmenge nahm um ein Drittel zu, wuchs also von 3 auf 4 Prozent. Es war nicht nur gut zu sehen, daß sich ihre Kurve derjenigen der kosmischen Strahlung deutlich annäherte, der statistische Test ergab eine Übereinstimmung von 0,95 auf einer Skala von 0 bis 1. Sie verbesserte sich auf 0,97, als Svensmark Gleiches mit Gleichem verglich, also Jahresdurch-

Die Wikinger der Sonne-Erde-Interaktion. Am Dänischen Meteorologischen Institut erklärten Friis-Christensen (hinten), Henrik Svensmark (mitte) und Knud Lassen (vorne) den Anstieg der globalen Durchschnittstemperatur im 20. Jahrhundert dadurch, daß die Sonnenaktivität hektisch zugenommen hatte. Bis zum letzten Höhepunkt ihrer Forschung hatten sie ihre Beiträge in der Freizeit erarbeitet. In der Kuppel befindet sich die Antenne, mit der sie Verbindung zum dänischen Satelliten Ørsted hielten, dessen Mission Friis-Christensen als wissenschaftlicher Leiter betreute.

Kirsten Fich Pedersen

schnitte auf Monatsbasis, sowohl bei den Wolken wie bei den kosmischen Strahlen.

Die Natur meinte es mit den dänischen Physikern gut und sagte ihnen deutlich, daß sie zur Herstellung ihrer Wolken tatsächlich auf kosmische Strahlen zurückgreift. Freilich hätten kosmische Strahlen und Wolkenbildung auch unabhängig voneinander einem gleichen Antrieb folgen können.

Die enge Übereinstimmung der Kurven und die Auswirkung der geographischen Breite auf sie schlossen das aber aus. Im Januar 1996 gab sich Friis-Christensen zufrieden. Er erkannte an, daß der gesuchte physikalische Mechanismus, der neben den Schwankungen des Sonnenlichts die Klimaerwärmung durch die Sonne erklären konnte, gefunden war.

Die Meteorologen mögen darüber witzeln, daß die Wolken gerade in den Tropen ausgegrenzt wurden, wo das große Wolkengebirge die wichtigste Brauküche für das globale Wetter ist. Svensmark ging dieser Frage nach und entdeckte wider Erwarten, daß die Wolken in den Tropen kaum Einfluß auf die globale Temperatur haben. Satellitenmessungen zeigten nämlich, daß sie fast genausoviel Infrarot-

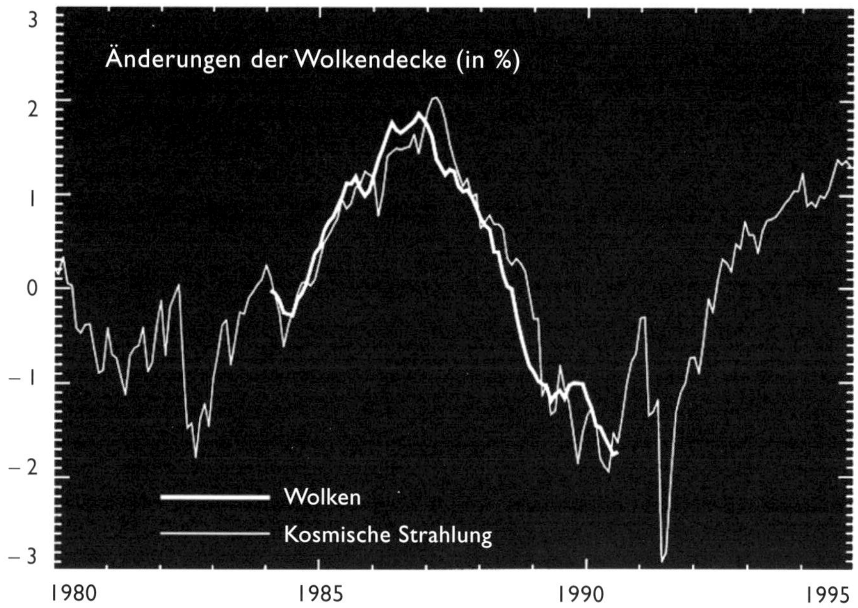

Die noch fehlende Verbindung zwischen Sonne und Klima. Als zwischen 1984 und 1986 die Sonnenaktivität nachließ und die kosmische Strahlung entsprechend zunahm, breiteten sich die Wolken wieder aus. Satellitenbeobachtungen zeigen, daß die Wolken außerhalb der Tropen zunächst um 2 Prozent zunahmen. Als die Sonne zwischen 1987 und 1991 wieder aktiv wurde und die kosmische Strahlung nachließ, nahmen sie um 4 Prozent ab.
Nach H. Svensmark und Friis-Christensen, 1997; Daten über die kosmische Strahlung von Climax, Colorado; Wolkendaten von ISCCP

strahlung von der warmen Erdoberfläche aufnehmen, wie sie zuvor Sonnenlicht zur Abkühlung abgehalten hatten.

Die Entdeckung würde noch stichhaltiger werden, wenn sich zeigen ließe, daß die Wolkenbildung mit der jeweiligen magnetischen Breite zu- oder abnimmt. Friis-Christensen schlug eine statistische Vorgehensweise vor. Als Svensmark Zeit für dieses Problem fand, begann er sogleich damit, die prozentualen Unterschiede der Wolkenbildung auf den verschiedenen Breiten zu ermitteln. Dazu waren aufwendige Rechnungen nötig. Er mußte jedes der 250 km langen Planquadrate des Projekts Wolkenklimatologie nördlich und südlich des 12. Breitengrades einer bestimmten (von der geographischen abweichenden) magnetischen Breite zuordnen.

Danach berechnete Svensmark für jedes Planquadrat die Änderung der Wolkendecke über die 90 Monate und bezog sie auf die entsprechende Änderung der kosmischen Strahlung. Schließlich mittelte er die Planquadrate der jeweiligen magnetischen Breite. Doch dann stutzte er. Die Ergebnisse sahen gar nicht gut aus und Friis-Christensen stimmte zu, sie nicht in den ersten Aufsatz aufzunehmen, den sie in Eile vorbereiteten.

Verzögerungen waren sträflich. Svensmark und Friis-Christensen versuchten in zwei Monaten zu erreichen, wofür die meisten Forscher und ihre Aufsicht ein Jahr oder mehr benötigt hätten. Sie mußten ihrer Entdeckung eine Form geben, die Implikationen bedenken, und Vorgehensweisen vorschlagen, wie weitere Zusammenhänge zwischen kosmischer Strahlung und Wolkendecke entdeckt werden können.

Des weiteren schreiben die Herausgeber der Zeitschriften vor, die Literatur in Büchereien nach ähnlichen, schon veröffentlichten Ideen zu durchsuchen - neben dem, was Friis-Christensen schon in seiner Schublade gesammelt hatte. Diese Suche brachte interessante Hinweise, die ihr Argument wissenschaftlich stützten.

Eine Gruppe Russen, von denen einer den Vortrag gehalten hatte, der Svensmark auf die Idee mit den kosmischen Strahlen gebracht hatte, rückte den Dänen ungemütlich nahe auf den Pelz. 1995 hatte M.I. Pudovkin mit Kollegen aus Petersburg berichtet, daß an den Bodenstationen in Nordrußland mehr Sonnenlicht registriert wird, wenn die Sonne aktiv ist und die kosmische Strahlung zurückgeht. Die Russen brachten das mit der Wolkendecke in Verbindung. Die Befürchtung, daß die Russen oder andere dieser lokalen Beobachtung nachgehen und eine Studie über die Entwicklung der globalen Wolkendecke vorlegen könnten, trieb die Kopenhagener zu größerer Eile an.

„Jeder hätte diese Entdeckung in den letzten zehn Jahren machen können" bemerkte Svensmark. Seit dieser Zeit etwa gab es die gesammelten Satellitendaten über die Wolken. Man konnte sie leicht mit den viel älteren Messungen der kosmischen Strahlung vergleichen.

Svensmark und Friis-Christensen stießen auch auf eine 20 Jahre alte Überlegung. Danach soll die kosmische Strahlung die Atmosphäre elektrisch aufladen und mit dem Sulfatstaub so reagieren lassen, daß sich mehr Wolken bilden. Eine jüngere Arbeit bestätigte, daß Staub zur Entladung der Luft beiträgt. Die beiden Dänen wußten, daß sie nur deshalb ein Loch in die Mikrophysik der Wolkenbildung sprengen konnten, weil Meteorologen nicht wußten, daß kosmische Strahlen dabei eine Rolle spielen. Weil die beiden selbst keine Versuche in den Wolken vornehmen konnten, begnügten sie sich mit allgemeinen Bemerkungen zu dieser Frage.

Sie mußten aber noch einige einfache Berechnungen anstellen, wie sich Änderungen der Wolkendecke auf die globale Temperatur auswirken. Um das empirisch zu untersuchen, hätte man jahrelang die Forschungsarbeit vieler Wissenschaftler in die Frage stecken müssen, wie die kosmische Strahlung verschiedene Wolkenarten in unterschiedlicher Höhe mit unterschiedlichen Auswirkungen auf das Klima beeinflußt. Das wird zweifellos geschehen, wenn die Meteorologen der Welt von dem Mechanismus überzeugt sind. In der Zwischenzeit wollten sich Svensmark und Friis-Christensen damit begnügen, daß es sich bei den Wolken, die von der kosmischen Strahlung beeinflußt werden, um Durchschnittswolken handelt.

Im Allgemeinen führen Wolken zur Abkühlung, das hatten amerikanische Beobachtungen mit dem´Experiment Strahlungshaushalt der Erde bewiesen. Diese Wirkung wies in die richtige Richtung, um die Klimaerwärmung durch eine aktivere Sonne zu erklären: Größere Sonnenaktivität bedeutet weniger kosmische Strahlung, das vermindert die Wolkenmenge und läßt die Temperatur steigen.

Welche Größe man dem Effekt während der achtziger Jahre im Bereich von 0,8 bis 1,7 Watt pro Quadratmeter beimaß, hing von den Satellitendaten ab, auf die man sich bezog. Eine unabhängige Quelle, nämlich der erwähnte William Rossow von dem Internationalen Satellitenprojekt Wolkenklimatologie, ordnete jedem Prozent Wolkendecke zwischen 0,5 und 1 Watt pro Quadratmeter zu. Demnach entsprechen 3 Prozent Wolken mindestens 1,5 Watt. Das entsprach den 1,5 Watt, die nach offizieller Einschätzung der Wirkung des CO_2 zugeschrieben wird, das aufgrund der gesamten bisherigen Aktivität des Menschen in die Atmosphäre gelangt war.

Eine zyklische Änderung bewirkt natürlich noch keinen langfristigen Trend. Aber es gab gute Beweise dafür, daß die Sonnenaktivität im 20. Jahrhundert insgesamt zugenommen hatte und die kosmische Strahlung entsprechend verringerte.

Man konnte davon eine deutliche und anhaltende Verringerung der Wolkendekke ableiten. Und das konnte für die Erwärmung zuständig sein.

Der Aufsatz, den Svensmark und Friis-Christensen schrieben, schwieg sich über diese Auswirkungen auf das Klima aus. Er enthielt nur den freundlichen Hinweis, die Klimamodellierer sollten die Änderungen der Wolkendecke infolge geänderter Sonnenaktivitäten in ihre Berechnungen aufnehmen, um ihre Einschätzung der natürlichen Änderungen neben den vom Menschen verursachten zu überarbeiten. Nebenbei bemerkten sie, daß sich jetzt der Zusammenhang zwischen dem Klima und den oft Jahrtausende dauernden Änderungen im Magnetfeld der Erde erklären ließ. Um ihre Arbeit über die Wolken auf ihre frühere Entdeckung zu beziehen, nach der Klimaänderungen von der jeweiligen Länge eines Sonnenzyklus abhängig war, hoben sie hervor, daß während der längeren Sonnenzyklen die Wolkendecke kräftiger und ausgedehnter sei und dies zu Klimaänderung beitrage.

„Das schließt jedoch nicht aus, daß es daneben noch andere längerfristig wirksame Änderungen in der Art gibt, wie die Sonne den Zufluß kosmischer Strahlung regelt, die zusätzlich auf die beobachtete Temperatur einwirkt". Dieser Satz enthielt den eigentlichen klimatologischen Sprengsatz in nahezu verschlüsselter Form. Am 29. Februar des Schaltjahrs, schickten Svensmark und Friis-Christensen ihren Aufsatz nach Washington an die Zeitschrift *Science*, die schon das ursprüngliche Papier von Friis-Christensen und Lassen 1991 gedruckt hatte. Sie hofften auf eine rasche Veröffentlichung.

Zufällig berichtete der für Neuigkeiten zuständige Autor Richard Kerr Anfang März 1996 in *Science* über eine Reihe neuer Ergebnisse über mögliche Sonneneinflüsse auf das Klima. Darunter war auch eine Graphik von Judith Lean aus Washington über ihre jüngsten Berechnungen. Aus ihnen ging hervor, daß die Veränderungen des Sonnenlichtes seit dem 16. Jahrhundert sehr wohl den Temperaturschwankungen auf der Nordhalbkugel der Erde entsprachen. Ihre bisherigen Einschätzungen über die Bandbreite, in der die Helligkeit der Sonne schwankt, hatten Houghtons Gruppe ermutigt, die Rolle der Sonne bei den Klimaschwankungen zu umgehen. Nun stellte sie fest, daß Änderungen des Sonnenlichtes für gut die Hälfte der Temperaturänderungen bis 1970 verantwortlich waren, aber nur für ein Drittel der späteren Erwärmung.

Erstaunte Ozeanologen, berichtete Kerr weiter, hatten herausgefunden, daß Berichte über Temperaturänderungen an der Oberfläche der Ozeane im letzten halben Jahrhundert ebenfalls mit den Änderungen der Lichthelligkeit übereinstimmten, wie sie von Satelliten gemessen und von Lean berechnet worden waren. Die Schwankungen betrugen pro Sonnenzyklus etwa ein zehntel Grad. Noch ohne Zutun der Dänen, drängte sich die Sonnenbeziehung wieder in das Bewußtsein der Wissenschaftler und - wichtiger noch - in die Klimabeobachtungen.

Kerr hatte seine Zusammenfassung „Dämmert die Sonne-Klima-Verbindung aufs Neue?" überschrieben. Er mahnte seine Leser aber wegen der Geheimnisse, welche diese Verbindung zwischen Sonne und Klima noch umgaben, zur Vorsicht. Um die Stärke dieses angeblichen Zusammenwirkens erklären zu können, fehlten die bisher noch unbekannten, verstärkenden Mechanismen. Gerade als dieser Aufsatz in *Science* erschien, ging im Washingtoner Büro der Zeitschrift Svensmarks und Friis-Christensens Aufsatz ein.

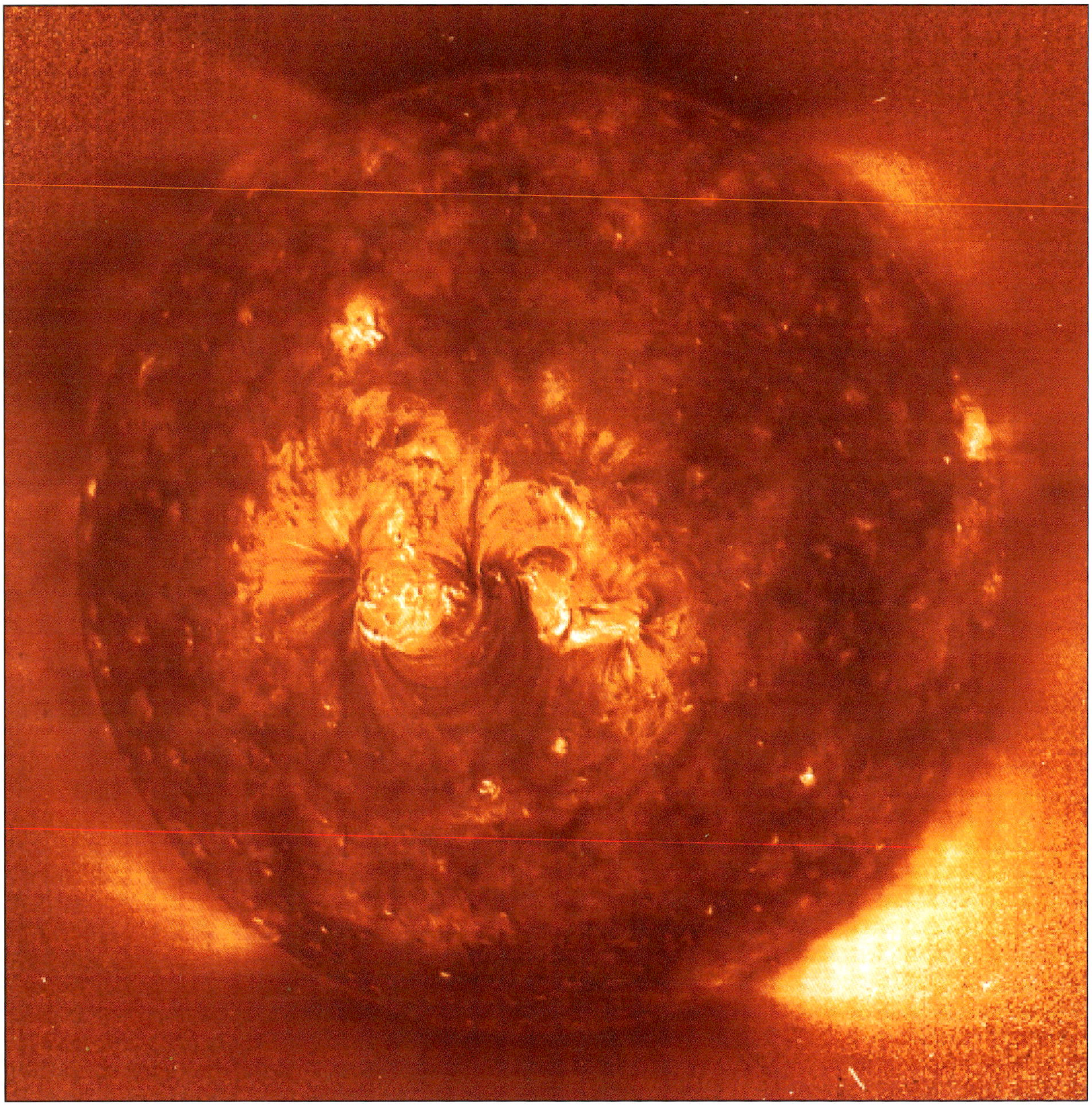

Wie ein Teller Spaghetti. Dieser Knoten magnetischer Schlingen drückt die unvorstellbaren Spannungen in der Sonnenatmosphäre aus. Als die Sonde SOHO im Mai 1996 das Bild aufnahm, galt die Sonne am unteren Punkt ihres Zyklus als sehr ruhig. Obwohl sie die Hälfte der sichtbaren Oberfläche einnahmen, konnten Fernrohre vom Erdboden aus diese Erscheinungen nicht sehen. Einzelheiten ergab erst die Überlagerung von Aufnahmen der UV-Teleskope auf der Sonde SOHO, die für die extreme Strahlung der eine und anderthalb Millionen Grad C heißen Gase eingerichtet waren.

SOHO/ESA, NASA und der Gruppe EIT.

Kapitel 10

UNENDLICHE GEWALTEN

Eine andere Sicht des Sonnenverhaltens stammte von dem multinationalen Team, das relativ junge Eisbohrkerne aus dem GRIP Bohrprogramm auf Grönland auswertete. Schon in älteren Eisschichten aus der letzten Eiszeit hatte man am wechselnden Gehalt schwerer Sauerstoffisotope rasch ablaufende Temperaturänderungen entdeckt. Für die Leute, welche die Klimaschwankungen in historischer Zeit untersuchten, war die aufregendste Entdeckung ein ähnlicher Vorgang während der letzten tausend Jahre.

Einer sehr kalten Epoche um 1380 folgte schon zehn Jahre später um 1393 eine sehr warme. Über dem Eisschild Norwegens war damals die Durchschnittstemperatur um gut 5 Grad C gestiegen. Dagegen hatte die Klimaerwärmung zwischen dem kältesten und wärmsten Jahr im 20. Jahrhundert nur etwa 1,5 Grad betragen.

Der Zeitpunkt, das Tempo und die Größe der Erwärmung zwischen 1380 und 1393 ließ sich nicht auf Verhaltensänderungen der Sonne und noch weniger auf irgendeinen Treibhauseffekt zurückführen. Die Sonne war um 1350 relativ aktiv gewesen, hatte sich aber beruhigt, als es zur Erwärmung kam. Vielleicht hatte die Erde selbst zu der Veränderung beigetragen. Es konnte sein, daß zum Beispiel der Golfstrom 1380 abgelenkt wurde und sich 1393 wieder einfand. Das könnte die Temperaturschwankung, die das Eis in Grönland aufgezeichnet hatte, erklären. Die Ereignisse im 14. Jahrhundert stellten die Definition von Klima in Frage, vor allem den Gebrauch von Durchschnittswerten. Denn sie bügeln plötzliche Erwärmungen oder Abkühlungen, die für die damaligen Menschen von größter Bedeutung waren, leichtfertig aus.

Eine Sonderstudie der GRIP Gruppe über Temperaturschwankungen der letzten neunhundert Jahre richtete eine neue Frage über die Ursachen der Sonnenschwankungen an die Natur. Die Eisbohrkerne wiesen Zyklen im Auf und Ab der Temperaturen von 11,7 und 19,4 Jahren aus. Die GRIP Gruppe unter Führung von Sigfus Johnsen aus Reykjavik kam zu dem Schluß, daß die Zyklen darauf zurückzuführen waren, daß die Sonne sich langsam um den Schwerpunkt des gesamten Sonnensystems, der außerhalb der Sonne liegt, bewegt.

Bei dieser Sicht kam es vor allem auf den riesigen Planet Jupiter an, der die Sonne in 11,9 Jahren umkreist, und auf Saturn, der sich alle 19,9 Jahre auf eine Linie mit Jupiter schiebt. Seit 1979, als die ersten Erkenntnisse aus den Eisbohrkernen auf einen 20 Jahreszyklus hindeuteten, hatte Johnsen auf der planetarischen Hypothese über die Sonnenschwankungen bestanden. Er hielt sie für eine bessere Grundlage als den Zyklus der Sonnenflecken alle 11 oder 22 Jahre, die nur eine Folge der Planetenwirkung sein konnte.

Im März 1996 veröffentlichte die Organisation Europäisches Forum für Wissenschaft und Umwelt eine Aufsatzsammlung, *Die Klimadiskussion.* Herausgeber war John Emsley vom Imperial College in London. Der Band stellte zwei Dutzend Kritiken an dem Szenario der Treibhauserwärmung zusammen. Die Fachkompetenz der Autoren reichte von der Astronomie im Fall von Sallie Baliunas und Fred Hoyle bis hin zur Sozialwissenschaft im Falle von Roger Bate und Sonja Boehmer-Christiansen. Eigil Friis-Christensen und Knud Lassen hatten einen kurzen Bericht über ihre Arbeit beigesteuert, welche die Klimaerwärmung mit den Schwankungen der Sonnenzyklen in Verbindung bringt. Sie enthielt noch nicht ihre neuesten Erkenntnisse über die kosmischen Strahlen und die Wolken.

Aus Stockholm verbesserten Wibjörn Karlén und Johan Kuylenstierna für den Band *Die Klimadiskussion*, ihre Vorstellungen über den Einsatz der Radiokarbon-Methode und das Wachstum der Bäume als Maßstab für die Kontrolle der Sonne über das Klima. Sie untersuchten die Überreste von Bäumen, die an den Berghängen Skandinaviens über der heutigen Baumgrenze gewachsen waren und auf ein früher wärmeres Klima hindeuteten. Die Baumgrenze war in den letzten 10.000 Jahren immer dann nach oben gewandert, wenn der Karbongehalt niedrig, das heißt, die Aktivität der Sonne stark war. Karlén und Kuylenstierna erwähnten als möglichen Zusammenhang zwischen Sonnenverhalten und Klima auch Änderungen der Wolkendecke, die auf Änderungen des Magnetfelds der Erde zurückzuführen seien.

Auf die Wolkenbildung verwies auch der Beitrag von Genrik Nikolsky aus St. Petersburg. Er berichtete über Beobachtungen, die im Oktober 1989 auf einer Bergstation im Kaukasus gemacht wurden. Als damals Protonenschwärme aus einer größeren Sonneneruption eintrafen, bildeten sich zuerst über dem nahegelegenen Tal, dann über den ganzen Himmel hin Wolken. Zur gleichen Zeit hatte die amerikanische Sonde Tiro-N angezeigt, daß über dem westlichen Pazifik der Wasserdampf deutlich abgenommen hatte, weil er kondensiert war. Nikolsky glaubte, daß darauf das UV-Licht aus der Umgebung der Sonnenflecken den entscheidenden Einfluß gehabt hatte.

Noch andere Vertreter der Sonnenhypothese kamen in Emsleys Buch zu Wort. Unter ihnen war auch der Erfinder der Sonnen-Wetter-Technik, Piers Corbyn und John Butler vom Observatorium in Armagh. Als Herausgeber betonte Roger Bate, daß das Europäische Forum für Wissenschaft und Umwelt sich ausschließlich durch den Verkauf seiner Veröffentlichungen finanziert und es viele, verschiedene wissenschaftliche Ansichten zu Wort kommen läßt. Der Mangel an Konsens werde als Tugend und nicht als Schwachheit angesehen.

Viele normale Leute wunderten sich, wo Anfang 1996 die viel herumposaunte Klimaerwärmung geblieben war. Ein zu langer Winter hatte in den mittleren Breiten der Nordhalbkugel im Frühjahr die Aussaat verzögert. Während es in Alaska, Grönland und Sibirien ungewöhnlich warm war, hatte die Ostküste der USA doppelt soviel Schnee wie sonst. Die über das Land verstreuten Wetterstationen meldeten die tiefsten Temperaturen seit Bestehen. Insgesamt war der März in den USA 1996 kälter als irgend ein März seit 1975. Auch in Mitteleuropa war es ungewöhnlich kalt, ebenso in Kasachstan in Zentralasien.

Unbeeindruckt von den modischen Wettertheorien ging die grundlegende Untersuchung der Sonne weiter. Anfang April weihten japanische Physiker ihre unterirdische Beobachtungsstation Super-Kamiokande ein. Sie war die größte ihrer Art auf der Welt und sollte Neutrinos aus dem Kern der Sonne nachweisen. An einem 40 Meter breiten und 40 Meter tiefen Tank mit extrem reinem Wasser waren 11.000 hoch sensible Detektoren angebracht. Sie sollten Lichtblitze registrieren, die Neutrinos beim Aufprall aus den Wassermolekülen schlagen.

Im Laufe von 30 Jahren und trotz zahlreicher Experimente rund um die Erde wurden bisher nur wenige Neutrinos gezählt. Entweder täuschten sich die Physiker über die Kernreaktionen, denen die Sonne ihre Energie verdankt, oder sie verstanden die Neutrinos nicht, oder der innerste Sonnenkern war in Bewegung. Einige Physiker hielten das Fernbleiben der Neutrinos für den wichtigsten Grund, an den bisherigen Theorien über die Sonne zu zweifeln.

Im April lieferte das neue französisch-italienische Sonnenfernrohr namens Thémis auf der spanischen Insel Teneriffa erste Bilder von der sichtbaren Sonnenoberfläche. Es unterstützte die beiden deutschen Fernrohre, die dort schon arbeiteten und das schwedische, das im nahe gelegenen Las Palmas stationiert war. Auf Teneriffa befanden sich auch Instrumente zweier weltumspannender helioseismischer Netze. Das eine gehörte zum britischen Projekt BISON, das andere zum französischen Projekt IRIS. Die Kanarischen Inseln waren damit der bevorzugte europäische Standort für bodengestützte Sonnenbeobachtung.

Im gleichen Jahr hatten zuvor schon amerikanische Sonnenphysiker über erste Ergebnisse ihrer neuen Technik berichtet, die sie helioseismische Tomographie nannten. Sie messen sehr genau in verschiedenen Bereichen der Sonne die Schwingungen und errechnen aus ihnen mit Hilfe ihrer Computer die Geschwindigkeiten, mit denen Bündel akustischer Wellen die summende Sonne durchdringen. Vom Südpol der Erde aus erprobten Thomas Duvall und Kollegen die neue Technik an den Schichten unterhalb der Sonnenflecken.

Sie entdeckten dort Gaskamine, in denen das Gas mit Geschwindigkeiten bis zu zwei Kilometer pro Sekunde in das Sonneninnere strömt. Die Kanäle laufen nahe an der Oberfläche zusammen und teilen sich in einer Tiefe von etwa 600 km in einzelne, engere Röhren. Die nach unten führenden Ströme ließen sich bis in eine Tiefe von 2000 km verfolgen.

Amerikanische Wissenschaftler und ihre ausländischen Mitarbeiter veröffentlichten die ersten Ergebnisse ihrer sechs helioseismischen Hochleistungsinstrumente im weltumspannenden GONG-Netz. GONG hatte zunächst mit 3 Stationen im Juni 1995 begonnen. Im Dezember 1995 stand das fertige Netz. Zu den ersten Entdeckungen durch die Schwingungen gehörten zwei Grenzschichten, an denen im Sonneninneren benachbarte Bereiche mit unterschiedlichen Geschwindigkeiten rotieren. Diese Entdeckung war entscheidend, um die ständig wechselnden Magnetfelder an der Sonnenoberfläche und die Sonnenflekken zu verstehen.

Eine der Grenzschichten, die GONG entdeckt hatte, befand sich unter der aufgewühlten äußeren Region, der Konvektionszone, gut ein Drittel auf dem Weg zum Mittelpunkt der Sonne. In dieser Schicht vermuteten die meisten den Dynamo, der die Magnetfelder erzeugt. Die GONG-Messungen ergaben, daß sich die äußere Region auf Höhe des dreißigsten Breitengrads etwa so schnell dreht wie die innere, während sich die Äquatorzone schneller und die Bereiche sehr hoher Breite an den Polen bedeutend langsamer als der innere Sonnenkörper drehen.

Die andere Grenzschicht befand sich näher an der Sonnenoberfläche. In der Äquatorzone rotiert die innere Schicht nämlich um gut zwei Prozent schneller als die Gase an der Oberfläche. Das stützte die rätselhafte Entdeckung aus den achtziger Jahren, nach der sich die Sonnenflecken rascher über die Sonne hinwegbewegen als die Gase in ihrer Umgebung. Wenn die Sonnenflecken und die ihnen entsprechende Aktivität in der schnelleren unteren Schicht verankert waren, löste sich das Geheimnis.

Die GONG-Wissenschaftler beeilten sich mit ihrer Veröffentlichung im Früh-

Sonnenbeobachtung auf Teneriffa. Das französisch-italienische Sonnenteleskop Thémis ist mit einem 90-Zentimeter Primärspiegel in einer Vakuumröhre und aktiver Optik ausgestattet, welche die Turbulenzen in der Luft ausgleichen soll. Es sollte den Magnetismus auf der Sonne beobachten. Thémis wurde 1996 zusammen mit zwei deutschen Sonnenfernrohren und helioseismischen Instrumenten aus aller Welt auf dem 27 Meter hohen Turm des Teide Observatoriums aufgestellt. Zusammen mit einem schwedischen Sonnenfernrohr in Las Palmas auf den Kanarischen Inseln vor Spanien war das eines der größeren Zentren zur Beobachtung der Sonne auf der Erde.

Angel Gomez / Instituto de Astrofísica de Canarias

Oben: Die Raumsonde SOHO.
T. Kinsberger für die ESA

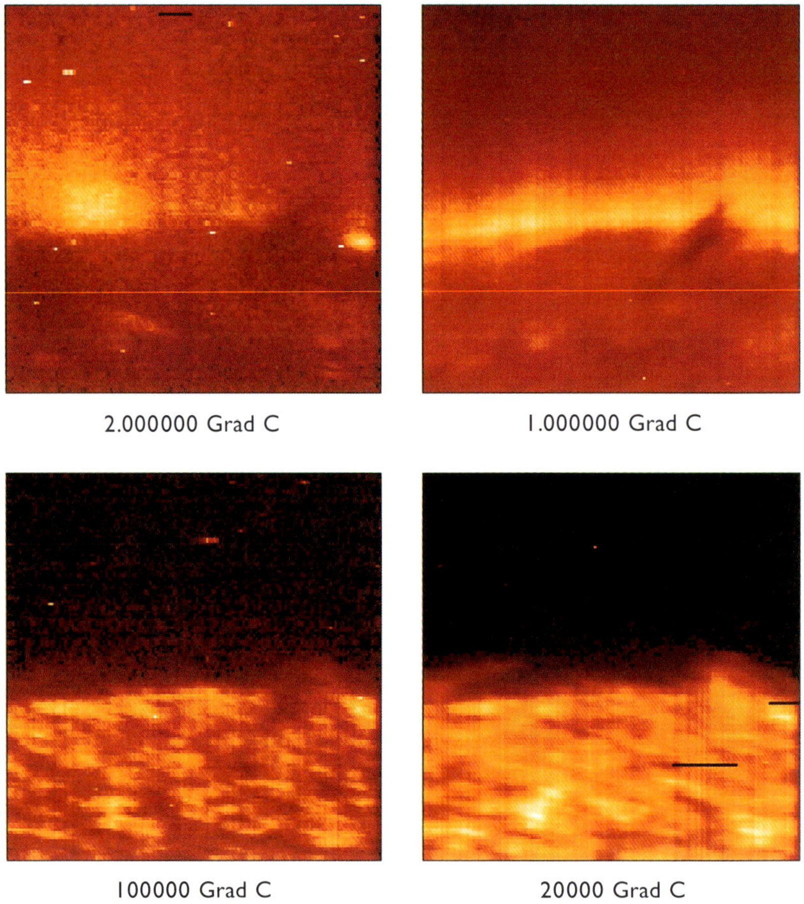

Rechts: Der heiße Horizont der Sonne. Die vier zeitgleichen Aufnahmen wurden in verschiedenen UV-Wellenbereichen des CDS Spektrometers der Raumsonde SOHO aufgenommen und erfassen deshalb unterschiedlich heiße Gase. Könnte man die Sonne mit Augen für spezielles UV-Licht anschauen, würde man sie so sehen.

2 Millionen Grad. Hier erscheint die obere heiße Atmosphäre hell, während die sichtbare Oberfläche der Sonne und die dazwischen liegende Atmosphäre dunkel wirkt. Die hellen Flecken rechts sind Zonen gewaltiger Aktivität.

1 Million Grad. Der Horizont leuchtet auf, denn bei dieser Temperatur wird das Gas in mittlerer Höhe sichtbar. Nur wenige Flecken im Vordergrund erreichen diese Temperatur.

100 Tausend Grad. In diesem Bereich erhitzt sich die Atmosphäre auf weit mehr als die 5500 Grad, die an der sichtbaren Sonnenoberfläche herrschen. Ein kälterer Schatten auf der rechten verdeckt die weitere Sicht.

20 Tausend Grad. Die obere heiße Atmosphäre erscheint dunkel. In der unteren Atmosphäre wird ein Netz heller Bereiche sichtbar. Der Schatten aus dem Bild zuvor, erscheint hier als aufsteigende Gasmasse im Anschluß an einen schwächeren Bogen auf der linken.
SOHO/ESA, NASA und CDS Gruppe.

jahr 1966, weil sie befürchteten, bald von anderen helioseismischen Beobachtungen überholt zu werden.

Ihre Befürchtungen waren begründet, denn seit April war die am besten ausgerüstete Raumsonde, die je in die Nähe der Sonne gelangt ist, einsatzbereit.

SOHO war in Europa gebaut und von einer Trägerrakete der NASA am 2. Dezember 1995 ausgesetzt worden. Die Sonde war viermal so groß wie Yohkoh und erhielt einen noch günstigeren Aussichtspunkt. Die Beobachtungsplattform stand rund 1,5 Millionen km über der Erde auf der von der Sonne beschienenen Seite. An dem Punkt, an dem sich die Schwerefelder der Sonne und der Erde gegenseitig aufheben, konnte SOHO in ständiger Verbindung mit der Erde um die Sonne kreisen, ohne von Sonnenuntergängen oder geringsten Erschütterungen gestört zu werden.

Da der Start und die folgenden Manöver reibungslos abgelaufen waren, hatte SOHO große Treibstoffreserven. Die Instrumente arbeiteten wegen der großen Sorgfalt bei der Montage und bei den Tests bemerkenswert sauber. SOHO startete in einem Sonnenminimum und konnte daher bis zum nächsten Maximum tiefgreifende Veränderungen der Sonnenaktivität feststellen.

Die ESA war bei der SOHO und der Cluster Mission der Vertragsgeber der NASA. Daher richtete die NASA im Goddard Raumfahrtzentrum bei Washington DC für die ESA eine Operationsbasis ein.

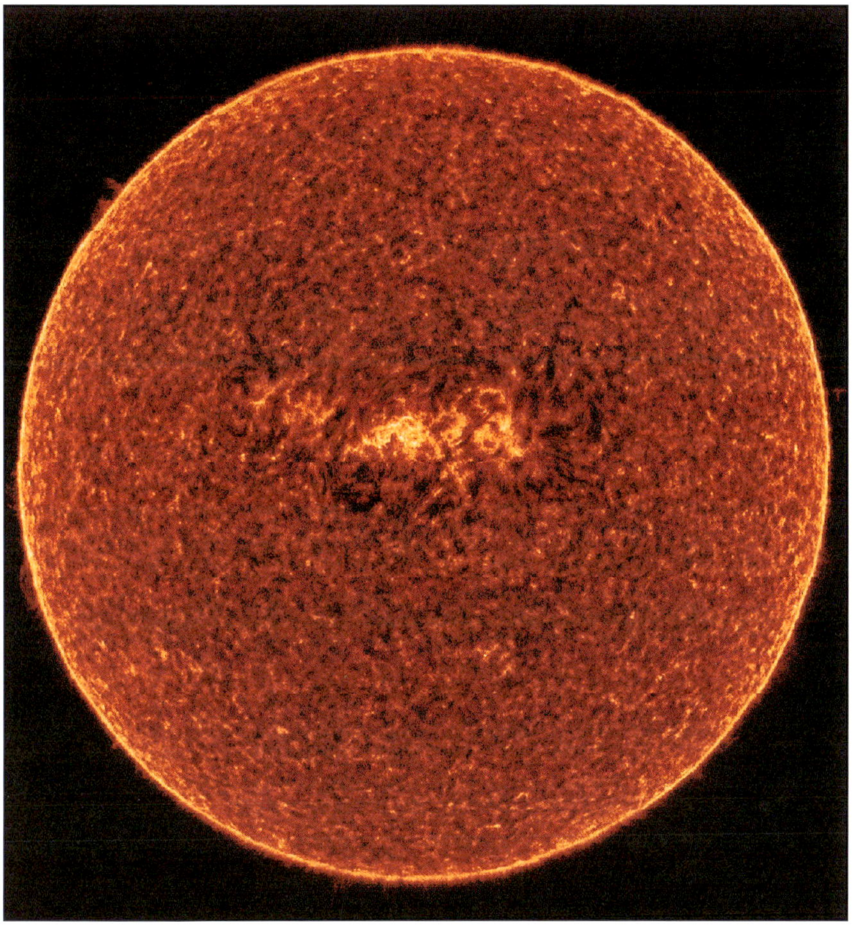

Die gesprenkelte Sonne. Während die Sonne nahezu gleichmäßig zu leuchten scheint, bedecken ausgeprägte Flecken und dunkle Regionen ihre untere Atmosphäre kontrastreicher, als die Sonnenphysiker das erwartet hatten. Dieses UV-Bild aus dem Spektrometer SUMER auf der Sonde SOHO läßt Flammen erkennen, die bei 70.000 bis 100.000 Grad leuchten. Sie sind miteinander vernetzt und stehen mit den magnetischen Mustern auf der sichtbaren Sonnenoberfläche in Beziehung.

SOHO/ESA, NASA und die SUMER-Gruppe

Dort fanden sich begeisterte europäische und amerikanische Sonnenphysiker ein, um in zwölf Arbeitsgruppen die Ergebnisse zu erörtern, die SOHO im ersten halben Jahr 1996 geliefert hatte.

Die Sonne befand sich in ihrer trägsten Phase und wirkte vom Boden aus sehr ruhig. Trotzdem entdeckte SOHO ständig Gewalttätigkeiten. Seine Fernrohre sahen gewaltige Flammen in die Atmosphäre schießen. Mit Instrumenten, die auf der Grundlage von UV-Licht und etwas längeren Röntgenstrahlen als die japanische Sonde Yohkoh arbeiteten, konnte SOHO tiefer in die Atmosphäre der Sonne hineinsehen. Bilder, die bei unterschiedlichen Wellenlängen aufgenommen wurden, zeigten unterschiedliche Temperaturbereiche in der Sonnenatmosphäre.

Wie erwartet, steigen die Temperaturen in der äußeren Atmosphäre bis auf über zwei Millionen Grad, während die untere Atmosphäre und die sichtbare Sonnenoberfläche vergleichsweise kalt bleiben. Die Schichten des Temperaturanstiegs ändern sich von Ort zu Ort. An manchen Stellen strömen kühlere Gase auf magnetischen Pfaden hoch über die sichtbare Sonnenoberfläche hinaus. An anderen Stellen heizen gewaltsame Aktivitäten die Temperatur auch in geringeren Höhen auf. Auf den Bildern im hohen Temperaturbereich erscheinen die Löcher in der Korona relativ dunkel.

Aufbereitete Bilder vergleichen die Intensität verschiedener Wellenlängen des UV-Lichtes und verhelfen zu einem klareren Verständnis der Magnetschleifen. Manchmal erstrecken diese sich ganz über die Atmosphäre der Sonne und nahmen die Hälfte der sichtbaren Sonne ein.

Die Bilder deckten auch beachtliche Kontraste in der äußeren Atmosphäre auf, die auf der einen Seite der Sonne dunkel, auf der anderen aktiv und hell sein kann. Haarförmige Ströme zeigen sich auf den Bildern. Sie heizen möglicherweise die äußere Atmosphäre auf.

Ein Spektrometer von SOHO untersuchte ein Hochgeschwindigkeitsereignis, das mit einer dünnen hellen Strähne auf dem Bild zusammenhing. Er entdeckte dort einen Gasstrom mit einer Geschwindigkeit von circa 450 km pro Sekunde. Richard Harrison von Chilton in England betreute den CDS Spektrometer. Wie die anderen Sonnenphysiker, die einzelne Prozesse studieren, war er sich immer über die Bedeutung seiner Arbeit für die Menschheit bewußt.

„Indem wir die Sonnenatmosphäre zerlegen, verstehen wir allmählich, wie die Sonne die Erde beeinflußt", sagte Harrison. „Was uns hier auf der Erde überrascht, stammt nicht aus dem gleichmäßigen Licht und der Wärme, die wir als gegeben hinnehmen, sondern von Stürmen in der Sonnenatmosphäre, die Stoßwellen durch das Sonnensystem jagen. Wenn wir Karten über die Temperaturen und die Dichte in der Sonnenatmosphäre anlegen, hoffen wir zu entdecken, wie sich diese Stürme entwickeln".

Ein anderer Spektrometer entdeckte eine große Zahl heller Flecken, die von magnetischen Feldlinien erzeugt werden, wenn sie sich durch die Atmosphäre winden. Ihre Helligkeit konnte sich auf Entfernungen von wenigen tausend Kilometern oder binnen weniger Sekunden verzehnfachen. Die Instrumente entdeckten ferner, daß dickere Strähnen aus tief unten, in der Nähe der Sonnenoberfläche gelegenen, hellen Regionen hervorwachsen. Man nannte sie Polarfedern, weil sie sich in der Nähe der Pole aus der relativ kühlen tieferen Atmosphäre herauf bis weit in den Raum hinaus erstrecken.

Die Atmosphäre ist in der Nähe der Pole relativ kühl und die Magnetlinien ragen dort relativ frei in den Raum hinein. Von hier stammt der schnelle Sonnenwind. Er hat die doppelte Geschwindigkeit des Windes aus den Gebieten um den Äquator, wo der Magnetismus gedämpfter auftritt. In den erwähnten Polarfedern entdeckte das UV-Aufzeichnungsgerät der Sonde SOHO sogar Sauerstoffatome, die in den Windstrom mit hineingerissen wurden.

Diese Atome hatten 250.000 km über der Sonnenoberfläche noch eine Geschwindigkeit von weniger als 100 km pro Sekunde und beschleunigten sich erst später auf 225 km pro Sekunde. Das entsprach der Theorie Lindaus aus Deutschland, der gesagt hatte, daß schwerere Atome die Energie aus den Magnetwellen der Sonnenatmosphäre besser aufnehmen können. Die Wissenschaftler kamen so dem natürlichen, elektromagnetischen Beschleuniger auf die Spur, der den Sonnenwind antreibt.

SOHO schaute aber nicht nur in die Sonne, er sah auch nach außen. Ein großartiges Bild lieferte das Aufzeichnungsgerät für Sonnenwind. Es zeigte wie der Sonnenwind in eine Prise, die aus der Galaxie angeweht kam, ein Loch hineinbrannte. Dieses Instrument durfte nicht in die Sonne schauen, weil es dadurch geblendet worden wäre, sondern beobachtete den Himmel drumherum.

Das Gerät erkannte eine Wolke Wasserstoffatome, die im UV-Licht glühte. Sie wurden mit der interstellaren Prise herangeweht und von der Sonne entzündet. Die geladenen Teilchen des Sonnenwindes zerbrachen die einfallenden Atome, so daß sie aufhörten zu glühen. Aus der Form des entstandenen Lochs schlossen die Wissenschaftler, daß der Sonnenwind aus hohen Breiten der Sonne stammte. Dieser war, jedenfalls in der Ruhephase der Sonne, schwächer als der Wind aus der Äquatorzone. Der Sonnenwind aus dem Nordpolgebiet war wiederum schwächer als der aus dem Bereich des Südpols. Diese Erkenntnis hatte schon Ulysses geliefert.

Dasselbe Instrument konnte auch die Erde erkennen, die eine Wasserstoffwolke, Erdkorona genannt, umhüllt. Auch diese glimmt im UV-Licht. Die Korona der Erde verhindert, daß Satelliten in der Nähe der Erde das Glühen in der Heliosphäre beobachten können. SOHO war so weit von der Erde entfernt, daß er ihre Korona von außen sehen konnte. Das befähigte ihn, die Auswirkungen veränderter Sonnenaktivität auf die äußere Atmosphäre der Erde zu beobachten.

Die Teilchen-Detektoren von SOHO sehen, ähnlich wie die des Ulysses, kosmische Strahlen aus dem Inneren der Milchstraße ankommen und beobachten, wie die Sonnenaktivität ihre Intensität ändert. SOHOs Instrumente entdecken auch noch die sogenannten falschen kosmischen Strahlen, deren weniger energiereiche Atome durch den Sonnenwind aufgeladen und durch Stoßwellen mit Spannungen von mehreren Millionen Volt in der Heliosphäre beschleunigt wurden. Sie brachten SOHO Neuigkeiten aus den äußersten Landesteilen des Sonnenreiches, die vielleicht 5 bis 10 Milliarden km entfernt liegen.

Einige der energiereichen Teilchen erreichten SOHO direkt aus der ruhigen Sonne. Denn mit der Sonne dreht sich noch eine Quelle für den schnellen Sonnenwind. Sie erzeugt Stoßwellen, die wie ein Gartensprenger im Zyklus von 26 Tagen beschleunigte Teilchen auf SOHO zutreibt. Denn die korotierende Interaktionszone bremst die aus der Galaxie eintreffende kosmische Strahlung. Das hatte schon die Sonde Ulysses bei ihrer Reise um die Pole der Sonne festgestellt. Wenn die Sonne wieder aktiver wird, können die Wissenschaftler die energiereichen Teilchen bis zu ihrem Ursprung, den gewaltigen Ereignissen auf der Sonne zurückverfolgen. Außerdem müßte man die Teilchen noch mit den genau untersuchten Ereignissen in der Sonnenatmosphäre vergleichen.

Der unaufhörliche Sonnenwind lieferte ein anderes Geheimnis dem Instrument der Sonde SOHO aus, das die chemische Zusammensetzung des Windes zu untersuchen hatte. Dies gelang jetzt besser als je zuvor. So entdeckte das Instrument einen ganzen Katalog von Elementen von Natrium bis zum Nickel. Auf sie war man bisher im Sonnenwind noch nicht gestoßen. Die Wissenschaftler verglichen die Menge der Elemente miteinander und konnten daraus auf die Temperatur der Sonnenatmosphäre an den Stellen schließen, aus denen der Wind herstammte.

SOHO konnte auch umfassend und genau den Anteil verschiedener Isotope gleicher chemischer Elemente feststellen. Daraus ließ sich auf die Entstehung dieser Elemente in sterbenden Sternen schließen, aber auch auf die Geschichte der Sonne selbst und ihres Systems einschließlich der Erde.

Wie erwartet, lieferte der oszillierende Bildgeber SOI-MDI der Sonde die ersten und auffälligsten Ergebnisse der Mission. Er war von Ingenieuren und Wissenschaftlern in Kalifornien entwickelt worden. Er unterteilte die Oberfläche der Sonne in Millionen Punkte und maß für jeden die geringfügigen Änderungen im Wellenbereich des sichtbaren Lichtes. Daraus konnten die Wissenschaftler unmittelbar die Bewegungen, die Helligkeit und die Magnetfelder auf der Sonnenoberfläche feststellen und aus ihnen auf die Bewegungen, Temperaturen, Dichte und die Zusammensetzung im Inneren der Sonne schließen.

Spannungen zwischen den Magnetfeldern lösten in der Sonnenatmosphäre Aktivitäten aus, welche die UV-Instrumente von SOHO als ein Netz heller Flecken und dunkler Gebiete unterschieden. Dieses Netz entsprach den magnetischen Regionen auf der sichtbaren Oberfläche der Sonne so, als würde die Atmosphäre eine Botschaft lesen, die mit unsichtbarer Schrift auf die darunter gelegene Oberfläche geschrieben war. Um diese Übereinstimmung zu klären, stellte der oszillierende Bildgeber die besten Karten vom Magnetismus auf der Sonne her, die es je

Sonnenspringbrunnen. Heißes Gas quillt aus der sichtbaren Oberfläche der Sonne und verteilt sich ringsum nach außen. Dadurch entstehen 30.000 km breite Gebilde, die Großkörner genannt werden. SOHOs oszillierender Bildgeber MDI kann diese Körnung darstellen, weil er entgegenkommende Strömungen von den sich entfernenden unterscheiden kann. Das wird besonders auf der geneigten Bildfläche außerhalb des Zentrums deutlich.

SOHO/ESA, NASA und SOI-MDI Gruppe

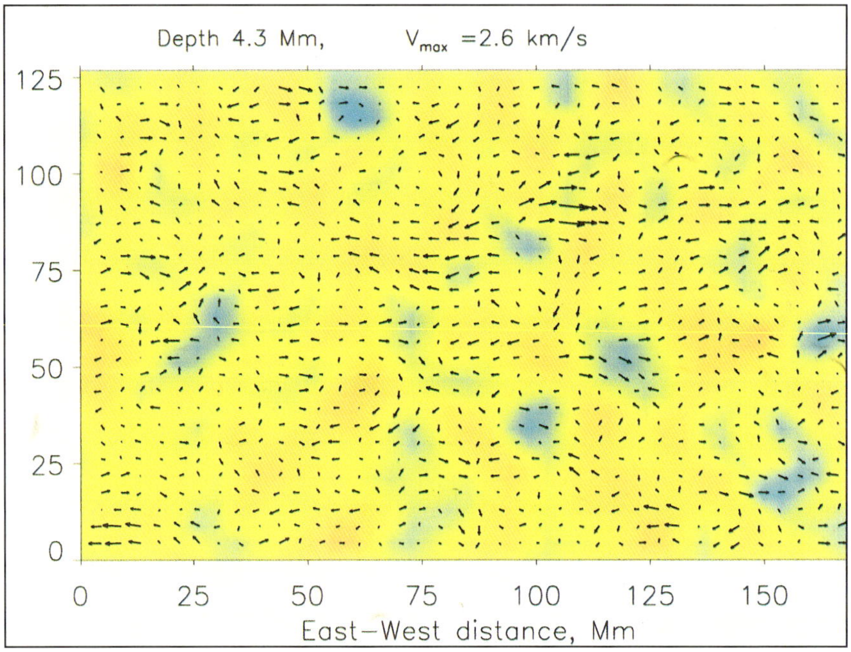

Ströme unterhalb der Sonnenoberfläche. Die Pfeile bilden in einer Tiefe von 4300 km Richtung und Länge horizontaler Ströme mit Geschwindigkeiten bis zu 2,6 km pro Sekunde ab. Die rote und blaue Tönung deutet auf relativ wärmere und kältere Gase hin. Die dargestellte Ebene ist 170.000 km breit. Genaue Messungen durch die MDI Instrumente an Bord der Sonde SOHO erkunden das Innere der Sonne in viel flacheren Schichten, als es früher möglich war.
SOHO/ESA, NASA und SOI-MDI Gruppe

gegeben hat. Sie ließen die fleckigen Muster der Magnetstränge erkennen, die in die Sonne hinein- und wieder herausführen.

Der Bildgeber vermaß nun diese Magnetfelder einmal pro Minute und stellte daraus Filmsequenzen zusammen.

Als auffälligster Vorgang wurde einige Stunden lang eine allgemeine Umverlagerung beobachtet, die sich aus der Umdrehung der Sonne ergeben hatte. Aber es wurden auch Veränderungen in den magnetischen Mustern sichtbar, die in kürzerer Zeit abliefen. Das Hauptziel des Bildgebers war es, die magnetischen Vorgänge an der Sonnenoberfläche mit solchen in Beziehung zu setzen, die sich darunter abspielten. Er entdeckte die Bewegungen an der Veränderung der Wellenlänge des Lichtes und berichtete so über das Summen der Sonne.

Das Gas an der hell leuchtenden, oszillierenden Sonnenoberfläche hob und senkte sich in Wellen von 100 Kilometer Höhe. Sie hoben sich im typischen 5 Minuten Rhythmus in Richtung auf SOHO zu und senkten sich dann wieder. Die Computer identifizierten verschiedene Arten von akustischen Wellen, die sich in der Sonne brechen und benutzten sie dazu, das Innere der Sonne noch besser zu untersuchen. Der oszillierende Bildgeber zeichnete auch Gasströme auf, die sich unmittelbar unter der Oberfläche horizontal dahin bewegen.

„Uns gefällt, daß auch seichte Ströme zu sehen sind", sagte Philipp Scherrer von Stanford in Kalifornien, der Forschungsleiter der SOI-MDI Gruppe. „Vom Erdboden aus konnten wir bereits Bewegungen tief im Sonneninneren erkennen. Das können wir mit SOHO auch, aber wir können nun die fehlende Beziehung zu den Ereignissen an der Oberfläche herstellen."

Um die wenige tausend Kilometer tiefe Oberflächenschicht, in der die nach außen gerichtete Aktivität der Sonne entsteht, zu beobachten, bedurfte es einer Feinarbeit, die nur SOI-MDI an Bord von SOHO leisten konnte. Sie mußte Wellen verfolgen, die nur wenig in die Oberfläche eindrangen und dann wieder auftauchten. Die neue computerisierte Methode der helioseismischen Tomographie erkennt Unterschiede bei der Ausbreitung der akustischen Wellen je nachdem, ob sie sich mit dem Gasstrom oder in entgegengesetzter Richtung bewegen.

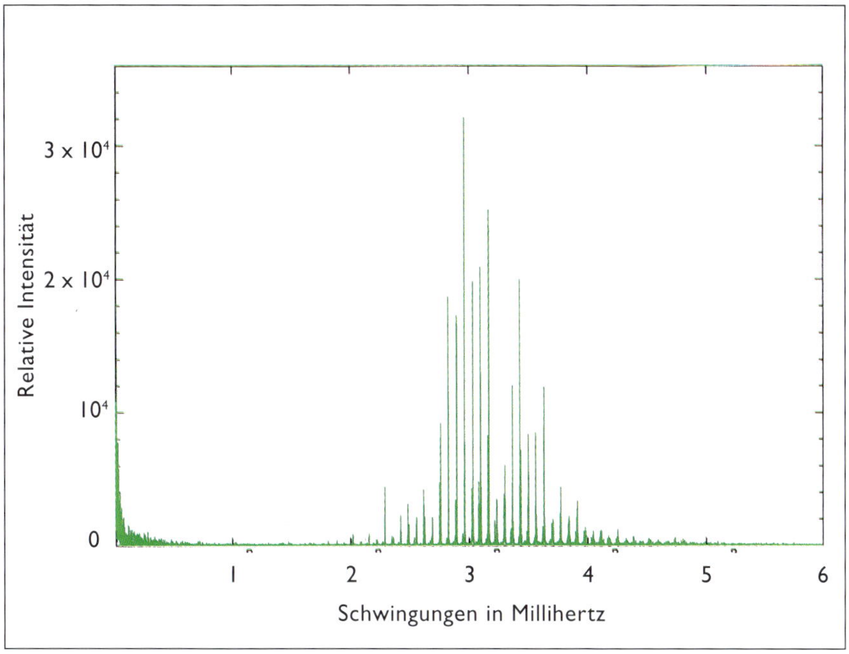

Die Tonleiter der Sonnenmusik. Eine frühe Aufzeichnung des GOLF Instruments zeigt die einzelnen Frequenzen, in denen die Sonne summt. Sie erreichten die Sonde SOHO sehr klar und mit viel weniger Hintergrundgeräuschen als erwartet. Die Spitze liegt bei 3 Millihertz und stellt Sonnenschwingungen von etwa 5,5 Minuten Dauer dar.
SOHO/ESA, NASA und GOLF Gruppe

Das Gas bewegt sich mit einer Geschwindigkeit von bis zu einem Kilometer pro Sekunde, das heißt schneller als ein Überschallflugzeug. Seine Ströme drängen die magnetischen Gebiete an der Oberfläche zusammen. In einer Tiefe von rund 800 km strömen die Gase noch immer in die gleiche Richtung wie an der sichtbaren Oberfläche. Aber in Tiefen von 1500 km kehrten sich die Ströme um. Damit hatte man den untersten Bereich erreicht, wo die kochenden Konvektionszonen der Sonne ihre Richtung ändern. Viele der Sonnenphysiker hatten mit zwei bis dreimal so großen Tiefen für die 30.000 km breiten Konvektionszonen der auf- und absteigenden Gase gerechnet. Statt dessen waren sie seicht wie Fladen.

Die Ansprüche des oszillierenden Bildgebers waren nicht bescheiden. Scherrer und Kollegen hofften, auf ihren Bildern vom Inneren der Sonne die beobachteten Bewegungen mit dem an der Oberfläche gemessenen Magnetismus in Beziehung bringen zu können. Sie suchten nach dem Dynamo unter der Oberfläche, der angeblich das Magnetfeld der Sonne erzeugte und die Oberflächenbewegung beherrschte. Das Vorhaben war wie eine Ankündigung, die grundlegende Unkenntnis der Menschen über das Himmelslicht zu beseitigen, die nun schon vierhundert Jahre seit Galilei währt.

„Wir beginnen nun das Geheimnis zu lüften, warum Sonnenflecken vorkommen" sagte Scherrer, „und warum sie alle elf Jahre so zahlreich werden."

Das Summen der Sonne kam bei SOHO lieblicher und reiner an, als irgend jemand geglaubt hatte. Vom Erdboden aus war es so, als wollte man Musik hören, wenn nebenan ein Düsenjäger startet, soviele Hintergrundgeräusche begleiteten die Schwingungen. Die Fachleute hatten dafür die Wirbel auf der Sonne verantwortlich gemacht. Sobald aber SOHO zu arbeiten begann, stellten die Wissenschaftler fest, daß die Turbulenzen aus der Erdatmosphäre stammten, welche die Raumsonde weit hinter sich gelassen hatte.

Die Kritiker, die es für unsinnig gehalten hatten, helioseismische Instrumente im Raum aufzustellen, waren widerlegt. SOHO stellte, solange er in Betrieb war, alle helioseismischen Geräte am Erdboden in den Schatten. Die GONG Gruppe war also gut beraten, wenn sie sich beeilte, ihre ersten Entdeckungen sogleich zu veröffentlichen.

Die Reinheit der Sonnenschwingungen war ein Bonus, den die Natur für die Forscher bereithielt. Sie war für sich eine Entdeckung. Die Sonnenoberfläche benahm sich besser als irgendjemand für möglich gehalten hatte. Der technische Nutzen daraus war enorm. Außen im Raum auf einer friedlichen Umlaufbahn, auf der die Sonne niemals unterging, konnte SOHO die Schwingungen in unerwartet hoher Qualität aufnehmen.

Das in Europa entwickelte Aufnahmegerät namens GOLF konnte auch einzelne Bewegungen an der Sonnenoberfläche ausmachen, widmete sich aber den Schwingungen der gesamten Sonne. Diese eigneten sich besonders gut, um tief in die Sonne hineinzuhören, geradewegs in den Kernreaktor im Zentrum. GOLF registrierte die gleiche akustische Tonleiter, die man auch vom Erdboden aus festgestellt hatte, nur eben schneller und viel reiner. Das Gerät vernahm in Intervallen von einigen Tagen auch Verschiebungen nach Höhe und Lautstärke der Frequenzen, die mit der Aktivität an der Oberfläche zu tun haben konnten. Trotzdem waren Aufnahmen von längerer Dauer nötig, bevor die vom Raum aus gewonnenen Ergebnisse über die Sonnenschwingungen denen gleichkamen oder sie gar übertrafen, die von dem Netz der entsprechenden Meßstationen auf der Erde geliefert worden waren.

SOHOs Meßgerät für Intensitäten hieß VIRGO. Damit ließen sich Schwingungen nicht aus der Bewegung, sondern aus geringfügigen Rhythmusänderungen der Lichtfrequenzen ableiten. Solche hatten schon früher die europäischen Instrumente an Bord der sowjetischen Raumsonde Phobos festgestellt. Sie entstehen dadurch, daß die akustischen Wellen das Gas auf der Sonnenoberfläche, welches das Licht abstrahlt, zusammendrücken und wieder entspannen. Die Helligkeit der Sonne nimmt daher alle paar Minuten im Rhythmus der Schwingungen zu und ab. Die Schwankungen sind zu gering, als daß man sie ohne Instrumente wahrnehmen könnte, und erreichten vielleicht nur ein Zehntausendstel der durchschnittlichen Sonnenhelligkeit. Wieder zeigte die Analyse, daß die Summtöne klar und merklich herausklangen und zwar ohne Hintergrundgeräusch.

Zu VIRGO gehörten mehrere Instrumente, darunter eines, das die Sonne in einzelne Segmente aufteilte. Ein anderes stellt im Minutentakt die wechselnde Intensität des Sonnenlichts in verschiedenen Farben dar. Die Unterschiede in der Intensität waren von helioseismischem, aber auch klimatischem Interesse, besonders für Claus Fröhlich aus Davos in der Schweiz, der das VIRGO-Experiment leitete.

Fröhlich hatte schon lange den Verdacht, daß die Schwankungen beim Lichtausstoß der Sonne unterschätzt werden. Die Meteorologen kannten ihnen deshalb nur eine geringe Bedeutung an der Klimaänderung zu, nämlich ein Viertel Watt pro Quadratmeter. VIRGO beobachtete in verschiedenen Segmenten der Sonne kontinuierliche Veränderungen der Lichthelligkeit, als ein Sonnenfleck über die Sonnenscheibe wanderte. Die sehr feinen Messungen, die SOHO gelangen, weckten den Verdacht, daß die durchschnittliche Sonnenstrahlung, von der man bisher ausgegangen war, nicht die tatsächliche Strahlung einer Periode ist.

„Das führte zu Unsicherheiten von bis zu einem halben Watt pro Quadratmeter", sagte Fröhlich, „die recht bemerkenswert sind".

Weil sich die Sonne so gnädig zeigte, schöpften die Wissenschaftler an den helioseismischen Instrumenten an Bord von SOHO neue Hoffnung, neben den akustischen Wellen noch andere Arten von Schwingungen zu entdecken. Die Schwerkraft konnte im Rhythmus von etwa einer Stunde schwingen. Das ähnelte den großen internen Wellen, die Ozeanologen in der Tiefsee zwischen Wasserschichten verschiedener Dichte entdeckt hatten. Diese Wellen geben die Zu- und Abnahme des Drucks der Oberflächendünung nach unten weiter.

Mit Schwerkraftwellen hätte die Sonne neue Einflußmöglichkeiten. Anders als die akustischen Wellen, können sie beträchtliche Energien übertragen. Sie konnten sogar Ereignisse im Sonnenkern mit solchen an der Oberfläche in Verbindung bringen und dadurch mithelfen, die Änderungen im Sonnenverhalten zu erklären. Zwischen den Forschergruppen an den verschiedenen helioseismischen Instrumenten der Raumsonde entstand ein fröhlicher Wettbewerb, welche die Schwerkraftwellen als erste entdecken würde.

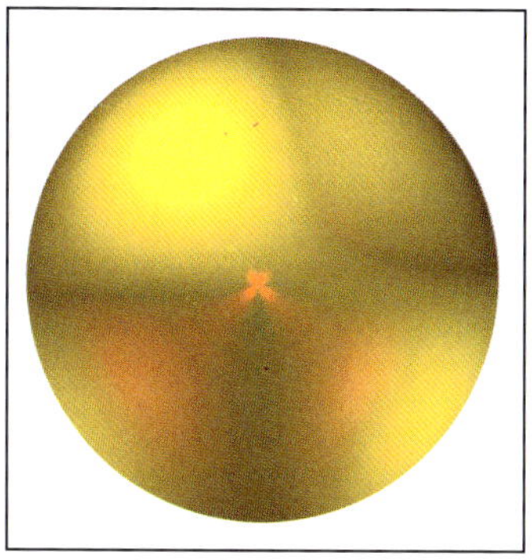

In der Hoffnung auf Schwerkraftwellen. Einen ungewöhnlichen Eindruck von der Sonne weckt das Abzeichen für eines der Experimente mit der Raumsonde SOHO. Es machte eine bislang unbekannte Art innerer Schwingungen sichtbar. Anders als die bereits ausgiebig studierten akustischen Wellen, können Schwerkraftwellen bedeutende Änderungen im Verhalten der Sonne auslösen.

VIRGO-Gruppe

Leute, die gerne das Wetter auf der Sonne wegen der Wirkungen, die es wenige Tage später auf die Erde hat, vorhergesagt hätten, hofften, daß die Ergebnisse der Raumsonde SOHO zu einem Frühwarnsystem führen könnten. Als Forscher die Bilder der Sonde Yohkoh erneut untersuchten, entdeckten sie Hinweise darauf, daß sich in der sehr heißen Sonnenatmosphäre vor der Eruption Hohlräume bilden. SOHO lieferte Bilder mit höherer Deutlichkeit von den Vorgängen, die den großen Massenausbrüchen vorausgehen.

Bei ruhiger Sonne kommt es selten zu Eruptionen. Aber SOHOs Aufnahmen der Korona mit normalem Licht zeigten gleich zu Beginn der Mission zwei Eruptionen. Mehrere Stunden lang wiederholte Aufnahmen lieferten erstaunliche Filme, die zeigten, wie Milliarden Tonnen Gas aus der Sonnenatmosphäre mit Geschwindigkeiten von bis zu 550 km pro Sekunde in das Sonnensystem hinausgeschossen werden. Die gleiche Instrumentengruppe konnte auch die Atmosphäre dicht über der Sonnenoberfläche beobachten.

„Ich glaube, wir konnten zum ersten Mal mitverfolgen, wie sich die Sonne auf einen größeren Ausbruch vorbereitet", sagte Günter Brückner aus Washington, der die Gruppe leitete, welche die Korona zu beobachten hatte. „In den Tagen vor so einem Ereignis, zeigen sich vermehrt Magnetschleifen auf den Bildern der inneren Korona. Sie sagen uns, daß die Sonne ihr Magnetfeld neu organisiert".

Das gesprenkelte Bild des Magnetismus, das SOHOs oszillierender Bildgeber aufzeichnete, sollte sich in den kommenden Jahren, als die Sonne daran ging, ihr Magnetfeld zwischen ihrem Nord- und Südpol umzupolen und sich wieder vermehrt Sonnenflecken und Masseneruptionen zeigten, dramatisch ändern. Zu den wichtigsten UV-Instrumenten, die beobachten sollten, wie die Sonne ihr Verhalten ändert, gehörte das Teleskop für extreme Wellenbereiche des UV-Lichtes, EIT. Es stellte regelmäßig die ganze Sonne in vier Farben dar.

„EIT wächst in eine ähnliche Rolle hinein, wie die meteorologischen Satelliten, die nun das Wetter auf der Erde Tag für Tag beobachten", sagte der Forschungsleiter Jean Pierre Delaboudinière aus Orsay in Frankreich. „Wie diese die Meteorologie revolutioniert haben, so geben uns unsere Beobachtungen lebendige neue Eindrücke vom Wetter auf der Sonne. Wir werden genauer als je zuvor die Wetterschwankungen auf der Sonne und ihre magnetischen Jahreszeiten erkennen können, die auch die Wetterbedingungen auf der Erde beeinflussen".

Zwei Ursachen des Klimawandels. Am 1. Mai 1996 stieß die Sonne Gasmassen aus, als der Komet Hyakutake eng an ihr vorbeiflog. Die Raumsonde SOHO erfaßte den Kometen (oben im Bild) zu gleicher Zeit, als die Masseneruption erfolgte. Die sichtbare Sonne wird von der Maske des Instruments LASCO, das die Korona zu untersuchen hat, abgedeckt. Massenausbrüche dieser Art zerstreuen kosmische Strahlen, bevor sie die Erde erreichen und lassen es auf der Erde ein wenig wärmer werden. Kometen treffen andererseits gelegentlich auf die Erde und verursachen dann klimatische- und Umweltkatastrophen, wie jene, die möglicherweise die Dinosaurier ausgelöscht hat.

SOHO/ESA, NASA und LASCO Gruppe

Kapitel 11

DIE STÄRKE DES SCHUTZSCHILDES

Wäre die dänische Entdeckung über das Zusammenspiel von kosmischen Strahlen und Wolken allgemein bekannt, würde jedes prüfende Auge die Auswirkungen der Sonnenvarianz auf die wechselnde globale Durchschnittstemperatur erkennen, wie sie das Regierungsübergreifende Schiedsgericht für Klimawandel (IPCC) von Jahr zu Jahr dargestellt hat. Die Wirkung der Wolken ist groß genug, um für das Klima ausschlaggebend zu sein. Sie ließ sich deutlich an den Schwankungen der letzten Jahrzehnte ablesen. Aber Veränderungen im Laufe der Sonnenzyklen ergeben an sich keine globale Erwärmung. Im Ablauf gleicher Sonnenzyklen würde die Bewölkung nur zu- und abnehmen, im Durchschnitt aber gleichbleiben. Auch würden die Änderungen der Wolkendecke von Jahr zu Jahr und von einem Höhepunkt des Sonnenzyklus bis zum nächsten in ihrer Gesamtwirkung undramatisch sein, weil sie vom Wärmeinventar der Ozeane abgefedert werden.

Ein anderer Faktor mußte bei den übergreifenden Veränderungen des Sonnenwindes im Spiel sein; er mußte über Jahrhunderte auf die kosmische Strahlung einwirken, die in unsere Atmosphäre gelangt und entsprechend die Bewölkung beeinflußt. Das waren jene „zusätzlichen langfristigen Veränderungen", auf die Svensmark und Friis-Christensen in ihrem Aufsatz für *Science* fast geheimnisvoll hingewiesen hatten. Hier überschnitten sich Friis-Christensens Klimastudien mit seiner hauptsächlichen Forschungsarbeit über den Erdmagnetismus, zu der auch die beabsichtigte Arbeit mit dem Satellit Örsted gehörte.

Die Stärke eines Magnetsturms auf der Erde leiten Wissenschaftler aus Veränderungen des Magnetismus ab, die eine Reihe über die Erde verstreuter Meßgeräte melden. Jede Station meldet den größten Ausschlag des lokalen Magnetfelds im Zeitraum von drei Stunden. Der Vergleich dieser Erscheinungen auf den verschiedenen Breiten rund um den Planeten, also auf der Tages- wie auf der Nachtseite, ergeben den globalen Wert.

Ein solcher Bericht reichte bis ins Jahr 1868 zurück. Er bezog sich auf die Messungen von nur zwei Stationen auf der gegenüberliegenden Seite der Erde und zwar in Greenwich in England und in Melbourne in Australien. Hatte man nur zwei Stationen, so konnten sie nicht besser verteilt sein. Aus den alten Daten konnten heutige Fachleute ein Maß für die Magnetstürme der letzten 130 Jahre erstellen. Sie nennen ihn den aa Index. Die alten Aufzeichnungen lassen ein bemerkenswertes Muster erkennen. Zwischen Ende des 19. und dem des 20. Jahrhunderts stieg der durchschnittliche aa Index fast genauso wie die Durchschnittstemperatur der Erde. Der aa Index ließ auch einen Rückgang um die Mitte des Jahrhunderts erkennen.

Friis-Christensen wußte seit langem, daß die aa Kurve mit der Temperaturkurve fast ebenso übereinstimmte wie die Kurve über die Dauer der Sonnenzyklen. Der

Ein stärkerer Schild gegen den Sonnenwind. Der sogenannte aa Index zeigt Änderungen der Magnetfeldstärke unserer Erde als Folge gewisser anderer Änderungen an - vielleicht der Geschwindigkeit des Sonnenwindes. Im letzten Jahrhundert stimmten die Änderungen des aa Index nahezu mit der Entwicklung der Erderwärmung überein. Das konnte mit der Wirkung des Sonnenwindes auf die kosmische Strahlung zusammenhängen.
Nach K. Lassen und E. Friis-Christensen

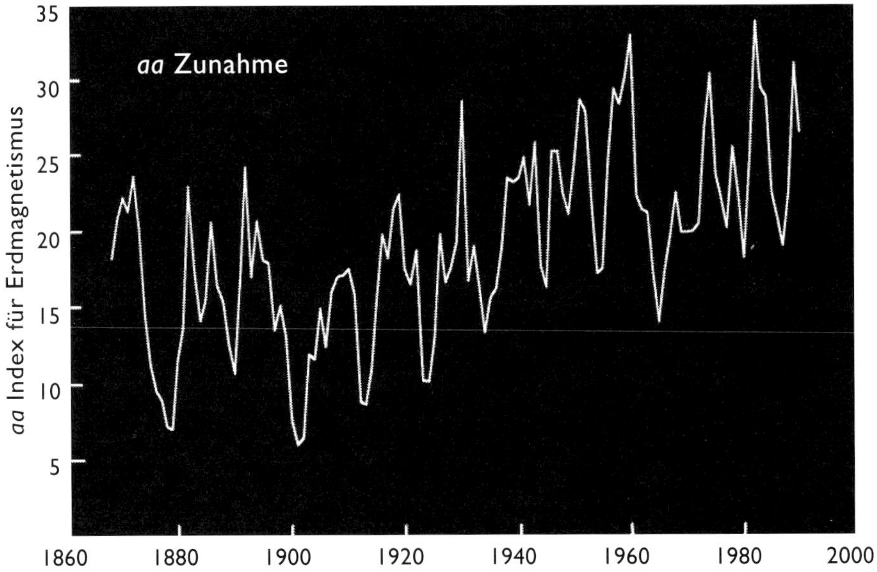

aa Index mißt eigentlich Änderungen der elektrischen Ladung in der äußeren Atmosphäre, die der stürmische Sonnenwind erzeugt, wenn er auf den magnetischen Schutzschild der Erde trifft. Es wäre zu weit hergeholt, wollte man behaupten, daß die Änderungen des Magnetismus selbst die Erde erwärmen. Dagegen könnte der aa Index indirekt und über längere Zeiträume Änderungen im Sonnenwind - möglicherweise seine Beschleunigung - messen, die wiederum aus Änderungen auf der Sonne selbst herrühren.

Die praktische Bedeutung der aa Kurve für das Klima wird offensichtlich, wenn man den Zusammenhang zwischen kosmischer Strahlung und Wolkenbedeckung begreift. Der aa Index bestimmt über Jahrzehnte, wie wirksam der Sonnenwind die Erde abschirmt. War der aa Index hoch, schirmte die Sonne die Erde zusätzlich gegen kosmische Strahlen in einer Stärke ab, die nach elektrotechnischen Maßstäben bei einer Milliarde Volt liegt.

Amerikanische Wissenschaftler glauben, daß der aa Schutzschild völlig verschwindet, wenn die Sonne extrem ruhig ist, wie zum Beispiel während des Maunder Minimums der Kleinen Eiszeit von 1645 bis 1715. Ohne diesen Schutz würde mehr kosmische Strahlung die Atmosphäre erreicht und eine größere Wolkendecke erzeugt haben, als je im 20. Jahrhundert beobachtet wurde. Die Wolkenbildung begrenzt vielleicht nur der Mangel an Wasserdampf in der Atmosphäre. Für Isaac Newton, Peter dem Großen und ihre Zeitgenossen waren das unangenehme Lebensumstände.

Die angebliche Treibhauserwärmung zurückzuweisen, sollte nun einfach sein. Die Befürworter der Treibhaushypothese errechneten 2,4 Watt pro Quadratmeter als Effekt der Treibhausgase, die der Mensch seit Ende des 18. Jahrhunderts zusätzlich in die Atmosphäre eingebracht hat. Wäre die Bewölkung um 1700 grob geschätzt nur um 10 Prozent stärker gewesen, würde ihre Verminderung 5 W/m2 zur Erwärmung beigetragen haben. Schätzt man die Wolkenbildung und ihre Wirkung vorsichtiger ein, bekommt man immer noch auf eine Größenordnung, die zur sonnenbedingten Erwärmung paßt.

Die großen Schwankungen der kosmischen Strahlung und dementsprechend beim aa Schutz sind keine Mutmaßungen. Ganz im Gegenteil! Die Wissenschaftler erklärten mit der Theorie, daß das Schutzschild um 1700 schwächer oder ganz verschwunden war, nur die Beobachtung, daß sich um 1700 in der Luft relativ viel radioaktives Material bilden konnte. Den besten Beweis dafür lieferte das radioaktive Beryllium in den entsprechenden Schichten der Eisbohrkerne, die sowohl auf Grönland wie in der Antarktis gehoben wurden.

Wissenschaftler aus der Schweiz und Frankreich hatten in einem Gramm Eis aus dem Jahr 1890 doppelt soviele Berylliumatome gefunden wie in dem von 1980. Noch tiefer im Eis, also um das Maunder Minimum, war die Zahl noch größer. Die Ergebnisse aus Grönland glichen denen aus der Antarktis. Selbst wenn man unterstellt, daß es an den verschiedenen Orten unterschiedlich geschneit hatte, läßt sich am Beryllium eine deutliche Zunahme der kosmischen Strahlung ablesen.

Diese Veränderungen kannte man schon lange aus Kurven, die sich ergeben, wenn man alte Bäume nach der Radiokarbon-Methode untersucht. Das radioaktive Beryllium liefert ein noch eindeutigeres Bild, denn es lagerte sich aus der Atmosphäre in ein bis zwei Jahren ab und blieb dann erhalten. Radioaktiver Kohlenstoff sammelt sich dagegen in Lebewesen und als Kohlendioxid (CO_2) an, das zwischen Luft und Meer ausgetauscht wird und empfindlich auf Klimaschwankungen reagiert. Radioaktiver Kohlenstoff aus früheren Zeiten konnte wieder in die Atmosphäre gelangen und die jeweilige Erzeugung durch die kosmische Strahlung überlagern.

Es dauert oft Jahre, bis die Bäume den radioaktiven Kohlenstoff aufnehmen. Das gleicht kurzfristige Schwankungen aus und läßt die Schwankungen der kosmischen Strahlung viel weniger ausgeprägt erscheinen, als sie in Wirklichkeit sind. Das fällt weniger ins Gewicht, wenn die Kurven der Radiokarbon-Methode Änderungen im Sonnenverhalten darstellen sollen, die sich über ganz andere Mechanismen dem Klima der Erde mitteilen. Die Entdeckung, wonach die kosmische Strahlung direkt die Wolkendecke verändert, gab der Verdopplung beim Niederschlag des radioaktiven Berylliums im Zusammenhang mit dem Sonnenwind, der ihn ermöglicht hatte, eine ausschlaggebende Bedeutung.

Der aa Index zeigte an, daß im späten 19. Jahrhundert zwar ein aa Schutz bestanden hatte, der aber nicht so stark war wie gut hundert Jahre später. Die Hälfte der Wiedererwärmung seit 1700 fand im 20. Jahrhundert, vor allem vor 1950 statt. Die historische Darstellung des Temperaturanstiegs stimmt also viel besser mit dem aa Index überein als mit dem Anstieg von CO_2.

Eine Aufgabe Örsteds war es, den aa Schutz zu untersuchen. Der Satellit sollte Friis-Christensen und seinen Kollegen helfen, den aa Index vom wissenschaftlichen Standpunkt besser zu erfassen. Denn abgesehen von Schwankungen, die Jahrzehnte und Jahrhunderte dauern, änderte sich der aa Index auch innerhalb von Tagen und Wochen. Daraus lassen sich die Wechselbeziehung zwischen Erde und Sonnenwind, die kürzer- und längerfristigen Änderungen in der Sonne entsprechen, besser erkennen.

Niemand wußte, warum der aa Index mit der Länge der Sonnenzyklen übereinstimmte. Daß die Kurven über die Dauer der Sonnenzyklen und den aa Index zusammen so deutlich mit der Kurve über die Entwicklung der globalen Temperatur übereinstimmen, läßt keinen Zweifel an ihrer Bedeutung für den Klimawandel mehr zu. Die Entdeckung über den Zusammenhang von kosmischen Strahlen und Wolken gibt dem aa Index eine neue, sehr praktische Bedeutung. Seine Schwankungen waren für das Verständnis und die Beobachtung des sonnenbedingten Klimawandels fast so wichtig wie Änderungen des CO_2-Gehalts der Luft für die Treibhaushypothese.

Die Gemeinde der Wissenschaftler würde Missionen zur Erkundung des Erdmagnetismus vom Raum aus verlangt haben, hätte sie diese Entdeckung erst einmal wahrgenommen. Um sicher zu gehen, daß die Änderungen im Magnetfeld durch den ständig wechselnden Sonnenwind angemessen beobachtet werden, bedurfte es neben Örsted und der argentinischen Sonde, die mit den gleichen dänischen Meßgeräten ausgerüstet war, noch weiterer besonderer Satelliten. Die Mission zur Erfassung des Magnetismus, die Friis-Christensen zusammen mit britischen, französischen und deutschen Kollegen für Anfang des nächsten Jahrhunderts vorgeschlagen hatte, war der beste Schritt in diese Richtung.

Um möglichst gute Missionen für die Raumfahrt zusammenzustellen, ließ die ESA die Wissenschaftler ihrer Mitgliedstaaten jedes beliebige Projekt vorschlagen. Dann sollten sie wie Ringer darum kämpfen, welche von den Missionen durchgeführt werden soll. Die meisten der wunderbaren Ideen, die mit viel Geist ausgearbeitet worden waren, verließen den Ring angeschlagen. Der Ausscheidungskampf ist für das Wissenschaftsprogramm gewinnbringend. Er wurde daher auch angewandt, als die Missionen für das Erderkundungsprogramm zusammengestellt werden sollte. So mußte die Mission zur Magnetfeldmessung zum Beispiel gegen verlockende andere antreten, die zum Beispiel das Schwerkraftfeld der Erde oder Wechselwirkungen zwischen Pflanze und Umwelt untersuchen wollten.

Die erste Ausscheidung sollte im Mai 1996 bei einem Treffen der Wissenschaftler zur Erkundung der Erde in Granada in Spanien ausgetragen werden. Dem Kampf der Argumente fielen neun Vorschläge zum Opfer, einige wenige sollten weiteren wissenschaftlichen und technischen Prüfungen unterzogen werden. Die Beschreibungen zu den vorgeschlagenen Missionen waren gedruckt und im April verteilt worden. In der letzten Minute fügte Friis-Christensen dem schriftlichen Vorschlag seiner Gruppe ohne Namensnennung einen wichtigen Abschnitt an, der von den üblichen Begründungen, weshalb eine Magnetfeldmessung vom Raum aus vorgenommen werden sollte, abwich.

„In der Wissenschaft der Atmosphäre ist noch umstritten" schrieb Friis-Christensen, „ob zwischen dem Erdmagnetfeld auf der einen und dem Klima und Wetter auf der anderen Seite ein Zusammenhang besteht. ... Eine mögliche Quelle für den Klimawandel könnten Änderungen der kosmischen Strahlung sein, welche die Ionenbildung in der Atmosphäre beeinflußt. Diese mikrophysikalischen Prozesse wiederum ..."

Diese Idee hatte in seiner Begründung für die Örsted Mission vor drei Jahren noch gefehlt. Friis-Christensen führte den Bezug auf die Wolkenbildung nicht weiter aus, auch nicht als schlaue Leser ihn wegen dieser Bemerkung, die auf seine Entdeckung verweisen konnte, ausfragen wollten.

„Ich erwähnte die kosmische Strahlung, weil sie eine wichtige Rolle für die Mission der Magnetfeldmessung spielt oder spielen könnte" sagte Friis-Christensen, „aber ich hoffte, dabei von unseren Überlegungen abgelenkt zu haben."

Er hatte zwei Gründe, die Entdeckungen noch zu verschweigen. Der eine war die Befürchtung, ein anderer könnte die Entdeckung wiederholen und sie formell vor Svensmark und Friis-Christensen veröffentlichen. Er war seinem jungen Kollegen und sich selbst als Mitautor verpflichtet, das auf alle Fälle zu vermeiden. Der andere Grund betraf die wissenschaftliche Etikette. Auch wenn die Regel oft auf die eine oder andere Weise verletzt wurde, galt, daß man Ideen nicht öffentlich zur Sprache bringen sollte, wenn sie in einer anerkannten Zeitschrift noch nicht veröffentlicht worden waren. Abgesehen von anderen Gründen mochten die Herausgeber das nicht.

Eine große Dunkelziffer an Vorabdrucken, die unter Berufsgenossen umging, unterlief diese Regel. Seit 1990 konnte man solche Vorabdrucke sogar im Internet finden. Man unterschied in der Regel zwischen einem Aufsatz, der „eingereicht" war, das heißt, der Verfasser hatte die Postgebühr für die Verschickung bezahlt, und einem der „angenommen" war, das heißt, die Zeitschrift hatte sich entschieden, den Aufsatz zu drucken, nachdem sie von einigen Fachleuten ein Gutachten eingeholt hatte. Erst wenn der Aufsatz angenommen war, galt er als anerkannt. Der Zeitpunkt der Anerkennung war in einem Prioritätenstreit ausschlaggebend, wenn andere Leute die gleiche Idee hatten.

Svensmark und Friis-Christensen hatten keinen Vorabdruck des Manuskripts, das sie *Science* eingereicht hatten, verschickt. Sie hatten gehofft, die Zeitschrift werde es so rechtzeitig annehmen, daß Friis-Christensen in Granada im Zusammenhang mit der Erkundungsmission des Magnetfeldes über ihre Entdeckung sprechen konnte. In der Zwischenzeit hielt er sich zurück. Gut, nicht ganz! Mitte Mai fragte ihn ein Journalist, der seit Jahren die These über den Sonneneinfluß auf die Klimaerwärmung verfolgt hatte, nach neuen Erkenntnissen. Friis-Christensen sagte ihm zwar noch nichts über die neu entdeckten Mechanismen in dieser Sache, deutete aber folgende Überzeugung an.

„Ich bin jetzt fest davon überzeugt", sagte er dem Journalisten nebenbei, „daß die bisherige Klimaerwärmung auf die Sonne zurückzuführen ist." Dieser Hinweis gab, nebenbei bemerkt, den Anstoß zu diesem Buch.

Science lehnte den Aufsatz aber ab. Der Ton der Ablehnung ließ erkennen, daß die Zeitschrift nicht seine Wissenschaftlichkeit widerlegen konnte. Den Gutachtern schien die Veröffentlichung eher unbequem zu sein. So forderten sie weitere Beweise an. Das löste in Kopenhagen neue fiebernde Aktivitäten aus, besonders weil ein Gutachter als besseren Beweis die Beachtung des magnetischen Breitengrades bei den Änderungen der Wolkendecke verlangt hatte. Svensmark hatte beim ersten Versuch, diesen zu erbringen, als er die Wolken für ein Planquadrat nach dem anderen berechnete, damit keinen Erfolg gehabt. Er wandte sich diesem Versuch erneut zu und entdeckte in seiner damaligen Vorgehensweise einen Rechenfehler.

Als er ihn ausmerzte, sahen die Ergebnisse schon viel besser aus. Nun ergab sich eine U-förmige Kurve. Ihr unterer Scheitel ergab für den Äquatorbereich einen zwei-prozentigen Einfluß der kosmischen Strahlen auf die Wolkenbildung. Der Einfluß verbesserte sich auf drei Prozent bei 25 Grad magnetischer Breite und 4,5 Prozent bei 40 Grad.

„Für Physiker ist das eine sehr wichtige Kurve", sagte Friis-Christensen voll Genugtuung, als er Svensmarks Arbeitsergebnisse sah.

Svensmark entschloß sich angesichts des Gutachtens auch, kurzfristige Auswirkungen zu untersuchen. Wenn das Zusammenwirken zwischen kosmischen Strahlen und Wolken streng mikrophysikalisch abläuft, sollten sich nicht nur Durchschnittswerte über Monate und Jahre, sondern auch Wirkungen von Tag zu Tag bemerkbar machen, wie es Pudovkin aus Rußland erwähnt hatte.

Die gewissenhafte Datensammlung des Internationalen Satellitenprojekts für Wolkenklimatologie hinkte mehrere Jahre hinter den tatsächlichen Abläufen her. Anfang 1996 fand Svensmark Zugang zu neueren Angaben über die Wolken der Jahre 1990 bis 1992. Im Hauptquartier des Projekts in New York hatte man inzwischen die Erhebungsverfahren geändert.

Das bedeutete, die Arbeit mit den Angaben für die Zeit von 1984 bis 1990 konnte nicht einfach fortgesetzt werden. Andererseits standen nun Wolkenbeobachtungen im Ablauf von drei Stunden zur Verfügung. Damit ließ sich der Einfluß von Änderungen in der Sonne auf das Wetter von Tag zu Tag verfolgen.

Svensmark hatte die Angaben von ISCCP-D1 für die Periode von drei Stunden im Internet gefunden. Aber die Datenmengen umfaßten Gigabite und ließen sich nicht mehr so einfach handhaben. Er ging daher von der kosmischen Strahlung aus und suchte nach ausgeprägten, kurzfristigen Schwankungen als Folge größerer Sonnenausbrüche. Der größte Ausbruch hatte sich im Juni 1991 ereignet. Damals fiel die kosmische Strahlung auf den niedrigsten Stand seit Beginn ihrer regelmäßigen Aufzeichnung vor rund 40 Jahren. Von Tag zu Tag änderte sich ihr Betrag in den Aufzeichnungen, die er von der Tokyoer Meßstation bezog.

Nun nahm sich Svensmark die Daten des Projekts ISCCP-D1 über die Wolkenbildung im Juni 1991 vor, um festzustellen, ob die geostationären Satelliten Auswirkungen der kosmischen Strahlen auf die Wolkendecke innerhalb von Tagen feststellen konnten. Die Ergebnisse waren eindeutig. Die Wolkendecke bildete sich binnen einer Woche nach Beginn der Sonnenaktivität um zwei Prozent zurück und baute sich, als die Sonne zur Ruhe kam und die kosmische Strahlung wieder einsetzte, in wenigen Tagen wieder auf.

Das Ereignis, eine Forbush Minderung, stand im Zusammenhang mit einem Schnellfeuer größerer Sonnenausbrüche. In dieser Hinsicht hatte Svensmark also die Forderung von Jean Claude Pecker aus Paris erfüllt, der eine Punkt für Punk-Übereinstimmung zwischen Sonnenausbrüchen und meteorologischen Veränderungen gefordert hatte. Ein Ausbruch auf der Sonne hatte an sich keine merkliche Wirkung auf die Wolkenbildung. Alles hing von Änderungen der kosmischen Strahlung aus den Tiefen der Galaxie ab, welche die Änderungen des Sonnenwindes hervorrufen.

Ein ähnlicher aber weniger ausgeprägter Abfall der kosmischen Strahlung ereignete sich im März 1991. Wieder beschaffte sich Svensmark die entsprechenden Wolkendaten und wieder ließ sich der Vorgang in der Sonne an den Wolken ablesen. Aufsätze in *Science* sollen kurz sein, daher fügten Svensmark und Friis-Christensen nur das Ereignis im Juni 1991 als einziges Beispiel für den kurzfristigen Einfluß der kosmischen Strahlung auf die Wolken ihrem Aufsatz bei. Er umfaßte auch die erfolgreiche Unterscheidung langfristiger Auswirkungen auf die Wolkenbildung nach den Breitengraden der Magnetsphäre.

Als Friis-Christensen den überarbeiteten Aufsatz mit einem Begleitschreiben, in dem er sich mit den Argumenten der Herausgeber auseinandersetzte, weggeschickt hatte, reiste er zum Treffen der Erderkundungsmission nach Granada ab, wo er über seine Erkenntnisse schweigen mußte. Das war eine entmutigende Erfahrung. Die Unterstützer anderer Projekte machten dadurch Punkte, daß sie bis in Einzelheiten ausführten, wie sie den Treibhauseffekt aufzuklären gedachten.

Ein wenig tröstete er sich damit, daß auch der Vorschlag von Meteorologen aus England, Deutschland, Belgien und Frankreich mit der Bezeichnung Grace Zweifel an den Annahmen des IPCC weckte und eine bessere Untersuchung der Wolken forderte. Die Vorstellung, daß die Magnetmessungen im Raum für das Klima Gewicht haben könnten, erntete deshalb Spott, weil ja jedermann zu wissen glaubte, daß die Sonne wenig damit zu tun hatte. Weil ihm verwehrt war, das Schlüsselwort „Wolken“ zu äußern, mußte Friis-Christensen die Mission zur Erkundung des Magnetfeldes absichtlich unter Preis verkaufen.

Die Flotte der Raumsonden zur Erkundung der Sonne-Erde-Wechselwirkung war nun fast vollständig. SOHO und Wind arbeiteten weit draußen auf der Sonnenseite der Erde, der japanische Geotail in ihrer Schattenseite. Im Sommer zuvor hatten die Russen ihre Mission Interball gestartet, bei der die ersten beiden Sondenpaare ebenfalls den Erdschatten untersuchten. Im Februar 1996 brachte die NASA die Sonde Polar in eine hohe Umlaufbahn über die Erdpole. Der wichtigste Beitrag stand aber noch aus, die vier Satelliten der Cluster Mission. Sie sollten den Ertrag anderer Sonden durch erste dreidimensionale Bilder vom kriechenden Verhalten elektrisch geladener Gase und ihrer Magnetfelder in unmittelbarer Nähe des magnetischen Schutzschildes der Erde ergänzen.

Das war Cluster! Ein Steuerfehler des Bordcomputers der Ariane 5 führte am 4. Juni 1996 zur Selbstzerstörung der Trägerrakete. Unter den Teilen, die über den Sümpfen von Kourou in französisch Guyana herabregneten, waren auch die der vier gleichen Sonden der Cluster Mission. Ihr Verlust warf die Anstrengungen der Physiker zurück, den Einfluß des Sonnenwinds auf die Erde zu klären.
N. Lecore/Gamma für ESA/CNES

Alle klatschten, als die Ariane 501 vom europäischen Raumflughafen Kourou in Französisch-Guyana abhob. 37 Sekunden lang sah es großartig aus. Sie war die erste einer neuen Generation von Trägerraketen, mit der Europa für künftige Raumfahrtunternehmen größere Nutzlasten ins All schaffen wollte. Sie unterschied sich deutlich von den früheren Generationen der Ariane.

Aber da, 3500 Meter über dem Boden, neigte sich die Flugbahn der Rakete zur Seite. Der aerodynamische Druck zerbrach die Ariane 5, und aus Sicherheitsgründen angebrachte Sprengvorrichtungen taten das ihre. Wie bei einer Feuerwerksrakete stoben die rauchenden Trümmer auseinander.

Außergewöhnlich war nur, daß der Fehler im Steuerungsprogramm des Bordcomputers und nicht in der Rakete selbst zu suchen war. Ingenieure rechnen damit, daß einer von zehn Raketenstarts mißlingt. Daher war der Verlust der Rakete zwar peinlich, aber kein besonderer Grund zum Jammern. Man würde das Programm verbessern und es noch einmal versuchen.

Nur die Wissenschaftler der Cluster Mission waren am 4. Juli den Tränen nahe. Ariane 501 hatte mit den vier Satelliten ihre mühevolle Arbeit von 10 Jahren an Bord. Über tausend Wissenschaftler warteten an ihren Arbeitsplätzen in Europa und den USA auf die Signale, die Cluster wenigstens 2 Jahre lang senden sollte. Nun blieben die Bildschirme schwarz und die Neulinge bangten um ihren Arbeitsplatz. Die zerstörten Satelliten lagen im tropischen Morast.

Eigil Friis-Christensen hatte als Delegierter der dänischen Regierung am Start teilgenommen. Er sollte nun bald voll mit Krisensitzungen der Solargruppe der ESA beschäftigt sein, die darüber beratschlagten, wie sie die Cluster Mission durch eine neue ersetzen konnten. Der Unglückstag traf die Physik der Sonne-Erde-Interaktion ebenso wie die Zusammenarbeit zwischen den Raumfahrtagenturen, deren Flotte vier unersetzliche Satelliten verloren hatte.

In der himmelblauen Mappe Friis-Christensens, welche die Agentur für die Ariane Cluster Mission bereitgestellt hatte, befand sich ein Abzug des Aufsatzes, der die offizielle Klimatologie ebenso gründlich sprengen konnte, wie es der Ariane 501 ergangen war. Er bewies, daß das Computerprogramm, das die Vorgehensweise der Menschheit in der Klimafrage lenkte, nicht stimmt, und konnte das Ansehen hochgeachteter Wissenschaftsfunktionäre ebenso zerbröselt in den Sumpf werfen, der entsteht, wenn sich Wissenschaft und Politik vermischen.

Am Tag nach der Explosion der Ariane veröffentlichte das IPCC seine jüngsten Ergebnisse als *Klimawandel 1995*. Die drei Bände, das Ergebnis großer Anstrengungen aller Beteiligter, erschienen gerade noch rechtzeitig zur Klimakonferenz in Genf im folgenden Monat. Obwohl vorher schon Ergebnisse durchgesickert waren, sorgten die Bände in London für einen kleinen Aufruhr.

Der Weltenergierat ließ Einwände gegen die Betonung im Wissenschaftsteil der Houghton Gruppe zu, in dem von „einem merklichen Einfluß des Menschen" auf das Klima die Rede war. Für den Rat bestritt Michael Jefferson, daß sich diesbezüglich schon ein Muster erkennen ließ. John Emsley sagte Ähnliches im Namen des Europäischen Forums für Wissenschaft und Umwelt. Zu dem Forum hatten sich aus Zweifel an der Treibhauserwärmung 54 unabhängige Wissenschaftler aus Europa und den USA zusammengeschlossen. Emsley sagte, daß die Rückschlüsse auf menschliche Einflüsse nicht durch die wissenschaftlichen Tatsachen des Berichts gedeckt seien.

Die wissenschaftliche Zeitschrift *Nature* nannte Houghtons energische Verteidigung der Arbeit seiner Gruppe „ein einzigartiges, sehr solides und richtungsweisendes Stück Arbeit, das der beste Wissenschaftler der Welt geschrieben hatte". Hier wurde kein Druck für einen Konsens ausgeübt, hieß es da, und die Politik habe nicht in die Botschaft hineingespielt, die den Politikern mitgegeben wurde.

„Wir wissen, das die Botschaften verwirrt werden, wenn Politik im Spiel ist", sagte Houghton. „Das läßt sich nicht vermeiden, ist aber nicht die Schuld der Wissenschaftler".

In Washington DC reagierte man lauter. Die Textanalyse der Weltklima-Koalition, der Interessenvertretung der Industrie fossiler Brennstoffe, ergab, daß Ben Santers Kapitel acht über den wissenschaftlichen Nachweis des Klimawandels nach der offiziellen Verabschiedung in Madrid Veränderungen vorgenommen worden waren. Ausgehend von dem Originaltext der Zusammenfassung für Politiker hatte Ben Santer das Kapitel so nachgebessert, daß es eindeutiger zu der Zusammenfassung paßte. Houghton behauptete, die skurrilen Behauptungen der Weltklima-Koalition entbehrten jeder Grundlage. Santer gestand dagegen Änderungen ein, die zum klareren Verständnis des wissenschaftlichen Textes nötig gewesen seien.

Dann wurde alles sehr häßlich, und die Wissenschaftler lernten, was für ein gefährliches Spiel die Klimapolitik tatsächlich ist. Der republikanische Vorsitzende des Unterausschusses für Energie und Umwelt im US-Repräsentantenhaus, Dana Rohrbacher, wollte jede weitere Unterstützung für die Erforschung des Klimawandels streichen. Er begann ein Kesseltreiben gegen Santer und verlangte eine umfassende Erklärung über die Finanzierung seiner Arbeit durch das US Energieministerium. Selbst Wissenschaftler, die Santers Schriftstück nicht mochten, begannen nach der Rede Rohrbachers beim Gedanken an die Zensur ihrer eigenen Forschungsarbeiten zu zittern.

Vom Unglück der Ariane in Kourou nach Kopenhagen zurückgekehrt erfuhr Friis-Christensen, daß *Science* auch den überarbeiteten Aufsatz abgelehnt hatte. Als Begründung forderte man, die Arbeit über über einen ganzen Sonnenzyklus hinweg fortzusetzen, bevor man irgendwelche Folgerungen zieht. Auch würden die Zusätze in der Neufassung des Aufsatzes die Höchstgrenze von drei Seiten, die für Science festgelegt ist, überschreiten. Der Herausgeber empfahl daher, eine ausführlichere Arbeit in einer anderen Zeitschrift zu veröffentlichen.

Svensmark und Friis-Christensen hatten die Zusätze gemacht, um der früheren Kritik zu genügen. Der zentrale Punkt des Aufsatzes verlangte weder viel Platz noch weitere Beobachtungen. Um zu zeigen, daß kosmische Strahlen zur Wolkenbildung beitragen, brauchte man nur zu zeigen, daß, wenn immer die kosmische Strahlung aus irgendwelchen Gründen schwankt, die Wolkenbildung dementsprechend folgt. Es war absurd, diese Entdeckung um mehrere Jahre hinauszuzögern, bis sich die Wolkenklimatologie in die Mitte der neunziger Jahre vorgearbeitet haben würde.

Die Ablehnung ihres Aufsatzes durch *Science* stellte die Dänen vor ein größeres Problem wissenschaftlichen Wohlverhaltens. Friis-Christensen war zu einer Versammlung von Wissenschaftlern der Raumfahrt nach Birmingham in England eingeladen worden und sollte über die Auswirkungen der Sonne auf das Klima berichten. Zur Einladung war es aufgrund seiner früheren Arbeit mit Knud Lassen über die Länge der Sonnenzyklen gekommen. Den Kollegen eine Entdeckung von ungewöhnlich weitreichender Bedeutung für ihre Arbeit vorzuenthalten, wäre töricht und entmutigend gewesen. Vielleicht spielte auch noch die Angst eine Rolle, jemand anderes könnte ihm mit der Ankündigung der Entdeckung zuvorkommen.

Konferenzen sind wie das Verteilen von Vorabdrucken, eine Grauzone wissenschaftlicher Veröffentlichung. Man konnte bei solchen Konferenzen sagen, was man wollte, und entsprechend Plakate aufhängen. Das Gewicht der Äußerungen richtete sich in der Regel weiterhin danach, wie lange es noch bis zur nächsten Veröffentlichung dauern würde. Es wäre besser gewesen, wenn der Vorabdruck des Aufsatzes von Svensmark und Friis-Christensen, der auf der Tagung in Birmingham verteilt werden sollte, den Vermerk „angenommen" getragen hätte. Aus diesem Grund bat Friis-Christensen den Herausgeber des *Journal of Atmospheric and Terrestrial Physics*, der schon seinen und Knud Lassens ersten Aufsatz veröffentlicht hatte, den Aufsatz beschleunigt begutachten zu lassen. Der wollte tun, was sich machen ließ.

Der neue Aufsatz wurde noch einmal umgekrempelt. Die Verfasser waren mit der U-förmigen Kurve über den Effekt der kosmischen Strahlung auf die Wolkenbildung in unterschiedlichen Breiten der Magnetsphäre noch nicht zufrieden. Sie ersetzten sie durch eine andere Kurve, die zeigte, daß der Zusammenhang zwischen Wolkenbildung und kosmischer Strahlung in höheren Breiten enger war, als in der Nähe des magnetischen Äquators. Der Hinweis auf die stärkere Bewölkung während längerer Sonnenzyklen konnte auf die überflüssige Frage nach den Gründen für die Unregelmäßigkeit dieser Zyklen ablenken. Das wollten sie vermeiden. Sie ließen auch das kurzfristige Ereignis von 1991 weg und zogen es vor, dafür einen anderen Aufsatz vorzubereiten, in dem es ausschließlich um die täglichen Einflüsse der kosmischen Strahlung auf die Wolken gehen sollte. Svensmark entwickelte eine neue Graphik, welche die Schwankungen der kosmischen Strahlung und die Wolkenausdehnung von 1980 bis 1996 nach den wichtigsten Satellitenaufzeichnungen verglich. Er hatte gut übereinstimmende Daten für die Wolken über dem südlichen Pazifik von Satelliten der US-Luftwaffe und Nimbus 7 und Daten von ISCCP-C2 und D2 aus dem Internationalen Satellitenprojekt der Wolkenklimatologie bekommen.

Mit Svensmarks Zustimmung entschied Friis-Christensen, ihre Entdeckungen, komme was wolle, in Birmingham mitzuteilen. Die Zeitschrift hatte bis dahin nicht reagiert, und so trug der Vorabdruck den Vermerk „eingereicht“. Der machte es Kritikern leicht zu sagen, die Arbeit ist von den Fachkollegen noch nicht angenommen worden. Das war eine unangenehme Situation. Hätte Friis-Christensen damals noch irgendeinen Zweifel an der Überzeugungskraft der Entdeckungen gehabt, würde er sie zurückgehalten haben.

Die Pressearbeit für das COSPAR Treffen leistete die Königliche Astronomische Gesellschaft in London. Sie hatte in der Einladung mit besonderem Interesse auf den Gegenstand des Vortrags von Friis-Christensen verwiesen. Man bat ihn auch, eine Presseerklärung für seinen Auftritt in Birmingham vorzubereiten. Im Grunde konnte jeder Journalist an dem Vortrag teilnehmen, daher gab es keinen Grund in der schriftlichen Erklärung die Hauptneuigkeit, die Friis-Christensen mitteilen wollte, zu verschweigen. Er faßte also in seiner Presseerklärung für das COSPAR Treffen seine Entdeckungen zusammen und versah sie mit einer Sperrfrist bis zum Zeitpunkt seiner Rede. Damit war die Offenlegung unvermeidlich.

Mitten aus dem Lager der Treibhaushypothese veröffentlichte der politisch in die Enge getriebene Ben Santer mit Kollegen in der Zeitschrift *Nature* einen Bericht mit dem Titel „Auf der Suche nach dem menschlichen Einfluß auf die thermische Struktur der Atmosphäre“. Er enthielt sieben weitere vom Computer erzeugte Kleckserein. Sie sollten Veränderungen in der oberen Atmosphäre aufgrund der errechneten menschlichen Einflußnahme darstellen. Neben CO_2 und Sulfat wurde auch noch der Abkühlungseffekt des Ozonlochs herangezogen, um die Darstellungen besser an die beobachteten Temperaturänderungen heranzudrücken. Es gab bei ähnlichen Berechnungen der sonnenbedingten Erwärmung keine Versuche, herauszubekommen, wie es um die Veränderungen in den oberen Luftschichten stand.

Die Bilder waren aber immer noch ärmlich, wenn man sie mit den tatsächlichen Messungen in den oberen Luftschichten verglich. Aber das zählte nicht. Die Verfasser füllten über eine Seite mit statistischen Listen, die zeigen sollten, daß sie schön übereinstimmten. Sie deuteten an, daß sich das (gemessene) Bild wenigstens in einigen Fällen nicht aus natürlichen Veränderungen in der Atmosphäre ergeben konnte. Es war schwierig den Erklärungen zu folgen. Doch der aufmerksame Leser konnte entdecken, daß die Änderungen, die zum Vergleich herangezogen wurden, nicht wirklich naheliegend waren.

Aber keine Bange! Die Zeitschrift *Nature* ließ einen der Hauptautoren aus Houghtons Gruppe Santers Aufsatz kommentieren. Neville Nicholls aus Australien verwies auf einige Ungereimtheiten in der Arbeit, um dann erfreut zu schließen, daß Santers Ergebnisse „den klarsten Beweis (lieferten), daß die Menschen das Weltklima beeinflußt hätten". *Natur* überschrieb den Kommentar: „Ein belastender Fingerabdruck".

Oben: Die Quelle des langsamen Sonnenwindes. Ein Gebilde, Helmfahne genannt, erstreckt sich von der Sonne (rechts im Bild, nicht mehr zu sehen) Millionen Kilometer in den Raum hinaus. Anhand der Emission von UV-Licht lassen sich geladene Wasserstoff- (oberes Bild) und Sauerstoffatome (unteres Bild) unterscheiden. Die Unterschiede zwischen den beiden Bildern des UV-Korona-Aufzeichnungsgerätes, UVCS an Bord von SOHO deutet den Mechanismus an, der die geladenen Teilchen in den Sonnenwind hineintreibt.

SOHO/ESA, NASA und UVCS Gruppe

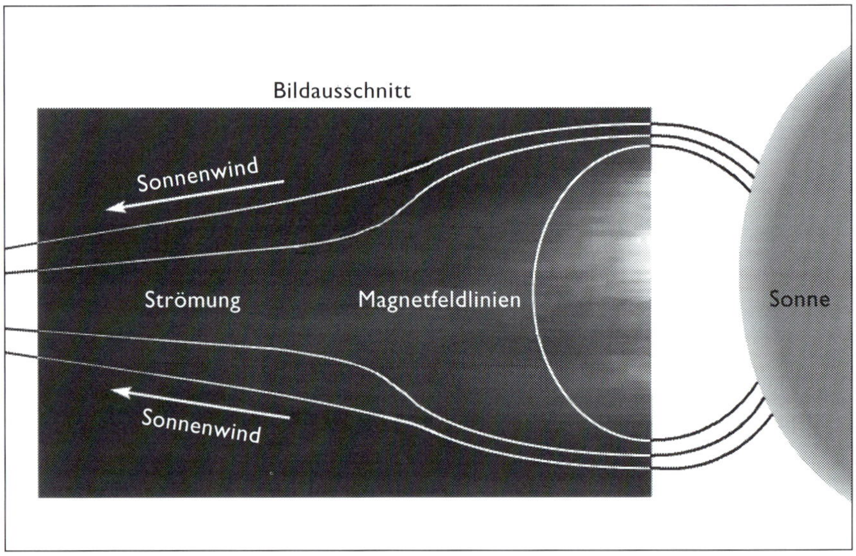

Unten: Überdehnung des Magnetfeldes der Sonne. Eine Interpretation der Helmfahne in den UV-Bildern zeigt den Sonnenwind über und unter der Helmfahne. Sie zerrt die Magnetfeldlinien wie eine Kaugummiblase nach außen. An der Spitze der Helmfahne berühren sich die Feldlinien fast. Das setzt sich nach außen fort. Die Feldlinien bleiben einander entgegengerichtet und werden nur von der dünnen Ebene getrennt, auf der sich weiter draußen die Planeten bewegen.

Nach J. Kohl

Kapitel 12

DER GNADENSTOSS

Im Juli 1996 trafen sich die Staaten, welche die Klimakonvention der UNO vor vier Jahren in Rio unterschrieben hatten, in Genf. Nun sollten die Vertragsbedingungen verschärft und verbindlich festgelegt werden, wie der Kohlendioxid (CO_2) Eintrag zu vermindern sei. Trotz aller Kampagnen wegen des Treibhauseffekts hatte die CO_2-Abgabe aus fossilen Brennstoffen zwischen 1990 und 1995 um 12 Prozent zugenommen. Wenige Industrienationen schienen die Versprechungen von Rio zu erfüllen und ihren CO_2-Ausstoß bis zum Jahr 2000 auf dem Niveau von 1990 zu halten. Die große Ausnahme war der Zerfall der Volkswirtschaften in Osteuropa und der Sowjetunion. Dort gingen die Emissionen um 20 bis 30 Prozent zurück.

Die Informationen des Weltenergierates zeigten den Delegierten in Genf, daß die mit 30 und 35 Prozent größte CO_2-Zunahme in den Entwicklungsländern Asiens und des Nahen Ostens erfolgt war. Diese waren in Rio keine Verpflichtung eingegangen und sahen in der Zumutung, ihre CO_2-Emissionen zu drosseln, die Verurteilung zu weiterer Armut.

„Es ist, als wolle man einem armen Fuhrmann, der 20 Jahre auf einen Wagen gespart hat, sagen, er soll seine Waren weiterhin mit dem Eselkarren ausliefern", hatte Abdul Bar al Gain aus Saudi-Arabien zu bedenken gegeben.

Der Allianz kleiner Inselstaaten hatte man versichert, sie würden bald vom ansteigenden Meeresspiegel überflutet werden. Sie drängten daher besonders auf eine für alle Staaten bindende Vereinbarung, den Ausstoß von Treibhausgasen bis zum Jahr 2005 um 20 Prozent zu senken. Das Netzwerk Klima-Aktion, ein Bündnis zwischen Greenpeace, dem World Wide Fund for Nature (WWF) und dem Rat zur Verteidigung der Naturressourcen war mit anderen Umweltschutzgruppen in Genf rührig und forderte ebenfalls, die Emissionen drastisch zu senken.

Eindeutig sprachen sich die Entwicklungsländer gegen Beschneidungen aus, die ihren Lebensunterhalt mit Ölexporten bestritten, und die Weltklima-Koalition als Interessenvertretung der Industrie des Westens. Die erste Woche verging mit Erklärungen. Sie war unproduktiv, weil jeder wußte, daß Entscheidungen erst gefällt werden, wenn sich die Minister zeigen.

Tausend Kilometer vom Palais der Nationen entfernt begann am 15. Juli in der im Grünen gelegenen Universität von Birmingham die große internationale Tagung über die Wissenschaften der Raumfahrt, die COSPAR 96. Viele ihrer Vorträge befaßten sich mit den vielen Raumsonden verschiedener Nationen, welche die Einwirkungen der Sonnen auf die Erde untersuchten. Noch ging in den Hallen der Geist der fehlgeschlagenen Cluster Mission um. Aber in diesem Sommer ergoß sich auch ein ungewöhnlich heftiger Sturzbach an Informationen von anderen, ganz neu ausgestatteten Sonden und sorgte für voreilige Überzeugungen, über das, was die Sonne unserem Planeten antut oder nicht antut.

In seiner Eröffnungsrede legte Martin Huber, der Vorsitzende der Wissenschaftsabteilung der Europäischen Raumfahrtbehörde (ESA) die Ergebnisse von SOHO, dem Flaggschiff der Mission dar. Wissenschaftler aus Europa und den USA, die an der Mission beteiligt waren, gingen auf die Einzelerfolge der 12 Fernrohre, Spektrometer, Teilchendetektoren an Bord von SOHO ein. Die Revolution für die Wissenschaft von der Sonne wäre vollständiger, wenn alle Vorgänge in der Sonne im Zusammenhang beobachtet und konzeptionell zusammengefaßt werden könnten, um die Sonne von den Kernreaktionen im Inneren bis zu ihren Aktivitäten in der Nachbarschaft der Erde und darüber hinaus zu erklären.

„SOHO nimmt die Wissenschaft der Sonne im Sturm", sagte Roger Bonnet, der Direktor der ESA, der nie ihren Einfluß auf das Klima bezweifelt hatte. „Am Ende der Mission können wir viel zuverlässiger über wichtige, aber rätselhafte Aspekte des Sonnenverhaltens sprechen, die unser Leben auf der Erde beeinflussen, sei es durch kurzfristige magnetische Stürme oder langdauernde Klimaveränderungen".

An diesem Tag legte Eigil Friis-Christensen, wie gebeten, Kopien seiner zweiseitigen Presseerklärung an den dafür vorgesehenen Platz im Pressezentrum der COSPAR. Sie trug die Überschrift „Die fehlende Verbindung in der Sonne-Klima-Beziehung" und den Hinweis auf eine Sperrfrist bis zum Zeitpunkt seiner Rede in drei Tagen. Die Entdeckung des Zusammenhangs zwischen kosmischer Strahlung und Wolken war an diesem Abend bei einem städtischen Empfang in Birmingham das Gesprächsthema der Wissenschaftler.

Heiß wurde es auf der Konferenz der Parteien in Genf – aber geistig. Patrick Michaels aus Charlottesville in Virginia gab eine Pressekonferenz. Er war einer der Gutachter des Wissenschaftsteils im IPCC Bericht, dessen Kritik abgewiesen worden war. Er legte vor der Öffentlichkeit dar, daß die Klimamodelle bei der Vorhersage des Klimawandels im 20. Jahrhundert versagt hätten, weil diese nicht mit den gemessenen Beobachtungen übereinstimmt.

„Man darf nicht die Beweise eines einzelnen Wissenschaftlers herausgreifen", entgegnete John Houghton auf Michaels Einwände.

„Das ist die beste Klimawissenschaft, welche die Welt anzubieten hat", sagte Bert Bolin und hielt die drei Bände seines Berichts hoch wie ein Gewichtheber. „Ich lege meine Reputation und Ehre dafür ein".

Die Regierungsvertreter in Genf sahen, wie sich die Konferenz festfuhr. China, ein Entwicklungsland, das sehr stark von Kohle abhängig ist, lehnte zusammen mit den elf Öl erzeugenden Staaten die Schlußfolgerungen von Bolins IPCC ab. Die USA, bei weitem der größte Verbraucher fossiler Brennstoffe, schwankte. Frankreich, Rußland und Japan waren zusammen mit einigen anderen Ländern über den Vorschlag unglücklich, und wollten keine verbindlichen Emissionsquoten für Treibhausgase, wie es den Ergebnissen von Bolins IPCC entsprochen hätte.

Die Ministerrunde brachte am 17. Juli den Höhepunkt. Die Minister waren für zwei Tage angereist, um in zügigen Verhandlungen eine endgültige Entscheidung herbeizuführen. Ihre Stimmen wurden schrill. Aber keine war so schrill wie die des britischen Umweltministers John Gummer.

„In allen Städten der Welt müssen Sirenen aufheulen", rief Gummer.

Er meinte, der Klimawandel sei für die Menschheit so verheerend wie der zweite Weltkrieg und forderte unter zahlreichen Maßnahmen auch das Verbot, Technologien, die als schmutzig gelten, in Entwicklungsländer zu exportieren. Den lautesten Applaus bekam er, als er auf die Australier mit den Worten einschlug, sie würden ihren Kohleexport nach Japan für wichtiger halten als die Zukunft ihrer Kinder.

Merylyn Hedger vom WWF sprach für all diejenigen, die dem englischen Minister beipflichteten: „Die Lobby der Brennstoffindustrie liegt total daneben!"

„Ohne Frage, die Erkenntnisse sind von höchster wissenschaftlicher Integrität", sagte Timothey Wirth, US-Untersekretär für Weltangelegenheiten, über die Arbeit von Bolins Panel. Damit kehrte sich die US-Delegation unvermittelt gegen die „Neinsager und Sonderinteressen", die den Klimawandel vertuschen wollen und stimmte Beschränkungen beim Ausstoß von Treibhausgasen zu.

„Wir glauben, die Umstände verpflichten uns, ein realistisches aber verbindliches Ziel festzulegen" sagte Wirth.

Damit verhinderten die Amerikaner die Bruchlandung der Genfer Konferenz. Sie nahmen die Chinesen und Araber zur Seite und öffneten mit ihnen einen Weg, um weiterreichende Maßnahmen – jedenfalls gegen die Industrienationen zu erörtern. Einige Journalisten nannten den plötzlichen Gesinnungswandel der Amerikaner eine U-Kurve. Es war aber eher politische Leisetreterei, um der Clinton Administration Schimpf zu ersparen, ohne sie zu mehr als zu weiteren Gesprächen zu verpflichten.

Die US-Delegation machte klar, daß drastische Senkungen vor dem Jahr 2005 nicht realistisch sind. Wenn der Klimawandel so schrecklich war, wie Bolins Panel es hinstellte, so brachte die Genfer Konferenz im Sommer 1996 den angeblich untergehenden Inselstaaten oder von Trockenheit bedrohten Getreideländern doch nicht ein Milligramm CO_2-Entlastung.

Die Sonne strahlte vom wolkenlosen Himmel und ein Hochdruckgebiet über Birmingham bescherte Genf einen angenehmen Sommertag. Das Pressebüro der COSPAR schickte die Presseerklärung der Dänen zusammen mit anderen an die Nachrichtenagentur Reuters. Wenn Journalisten nach irgendwelchen interessanten Neuigkeiten von der Konferenz fragten, verwies der Pressestab neben anderen Schnäppchen auch auf die Geschichte mit der sonnenbedingten Klimaerwärmung. Die Wissenschaftsredaktionen führender Zeitungen legten die Sonnenstory zur Seite, weil ja jeder wußte, daß es am Treibhausgas lag.

Nick Nuttall von der *London Times* interviewte Friis-Christensen und Svensmark. Er schrieb eine Geschichte, die mit sterbenden Sternen begann. Diese beeinflussen als Quelle der kosmischen Strahlung das Klima auf Erden. Nuttall bezog sich auf Friis-Christensen, der gesagt haben soll, daß die kosmische Strahlung die Atmosphäre ionisiere und die Bildung von Wassertröpfchen vermehre.

Die Presseerklärung über das bisher fehlende Glied in der Sonne-Klima-Beziehung hatte eine Sperrfrist bis zum 18. Juli 1996. Schon um Mitternacht Londoner Zeit nutzte die wichtigste Nachrichtensendung des BBC die Gunst der Stunde. Ihre Hauptmeldung war, daß die US-Regierung in Genf eingelenkt habe. Dem folgte eine Zusammenfassung der Ergebnisse eines „dänischen Wissenschaftlerteams". Der Reporter David Whitehouse erwähnte, daß sie noch umstritten seien, bemerkte aber auch, daß „sie unser Denken über den Klimawandel unterminieren könnten".

Der Bericht aus Birmingham erschien in der *Times* auf Seite 7 unter der Überschrift „Explodierende Sterne können Klimaerwärmung verursachen". Mit genau der gleichen Spaltenlänge berichtete der gleiche Nick Nuttall noch über Versteinerungen von Garnelen und stacheligen Würmern, die aus einem Vulkanausbruch vor 400 Millionen Jahren stammten.Die Konkurrenzzeitung in London, *The Guardian*, berichtete vom Birminghamer Treffen, daß die Raumsonde Galileo auf dem Jupiter Mond Io einen Schwefeldioxid Springbrunnen entdeckt habe. Hinweise auf eine sonnenbedingte Klimaerwärmung hätte die Leser des *Guardian* verwirren müssen. Erst Anfang der Woche hatte ein Leitartikel der Zeitung seinen Lesern versichert, daß die Treibhauserwärmung eine Tatsache sei, daß der Fluß Indus bis zum Jahr 2000 etwa 43 Prozent weniger Wasser führen werde, und daß der Widerstand der Brennstoffhersteller gegen Auflagen bei der CO_2-Freisetzung dem Taktieren der Tabakindustrie angesichts der Tatsache ähnele, daß Zigarettenrauchen Krebs auslöse.

Die Medien in Kopenhagen waren weniger ablehnend. Das Ganze war schließlich eine dänische Geschichte. Ein Bericht über die Entdeckungen von Friis-Christensen und Svensmark von Annette Hagerup und Jens Kjaergaard erschien als Hauptartikel auf der Titelseite der führenden Tageszeitung *Berlingske Tidende.* Als dann am Morgen die Sonne über Europa aufging, lenkten die Trümmer einer Boeing 747, die vor Long Island ins Meer gestürzt waren, die Aufmerksamkeit der Nachrichtenredakteure der Welt auf sich.

Nach ihrem Frühstück versammelten sich etwa hundert Wissenschaftler aus der Raumfahrt in der Vorlesungshalle für mechanisches Ingenieurwesen der Universität Birmingham, um Eigil Friis-Christensens Vortrag über den Klimawandel der Erde zu hören. Vor ihm sprach Janet Luhmann aus Berkley in Kalifornien über das Auftreffen des Sonnenwindes auf die Magnetsphäre der Erde. Sie sprach über Schlingen der Magnetlinien, die wir nur schwer verstehen können, und empfahl ihren Physikkollegen genauer darauf zu achten, welche Änderungen im Sonnenwind zu welcher Art von Reaktion führen.

Friis-Christensen hatte in dem straff geregelten Programm 20 Minuten zur Verfügung. Er sprach ruhig und klar und begann mit einem Hinweis auf das IPCC und sein Treibhausszenario. Im letzten halben Jahr sei jedoch ein Mechanismus entdeckt worden, durch den die Sonne auf das Klima einwirkt. Er würdigte dabei die Rolle von Henrik Svensmark, der unter den Zuhörern saß.

In einer Nebenbemerkung zu dem Thema, wie es ursprünglich in seiner Einladung gestanden hatte, erwähnte er, daß nach Satellitenmessungen die Lichtausstrahlung der Sonne um etwa 0,1 Prozent schwankt, und daß dies kaum ausreicht, um Klimaänderungen zu erklären. Aber es gab in der Sonnenaktivität andere, wirkliche Ursachen.

Karin Labitzke und Harry van Loon hatten über vier Sonnenzyklen hin Temperaturzunahmen in der Atmosphäre mit entsprechenden Zunahmen der Sonnenstrahlung in einen Zusammenhang gebracht und damit einen Hinweis auf die sich ändernde Sonnenaktivität gegeben. Klimatologen hatten das als zufällig zurückgewiesen.

Eine andere Quelle für den Sonneneinfluß deutet Veränderungen im aa Index der magnetischen Aktivitäten an, bemerkte Friis-Christensen. Der Index sei im 20. Jahrhundert gestiegen, als die Temperatur gestieg sei und sich die Sonnenzyklen verkürzt hätten - wie Friis-Christensen und Lassen früher schon erkannt hatten. Wieder wurde das zufällig genannt. Friis-Christensen erinnerte die Zuhörer daran, daß Mick Kelly und Tom Wigley die beste Übereinstimmung zwischen Temperaturentwicklung und Sonneneinwirkung ohne den Beitrag des Treibhauseffekts erzielt hatten. Auch dieses Ergebnis wurde „unrealistisch" genannt.

Michael Schlesinger und Navin Ramankutty von der Universität Illinois hatten dagegen die Verbindung zwischen Sonnenzyklus und Klima positiver gesehen. Sie berücksichtigten die Sonnenschwankungen der Vergangenheit und rechneten ihnen wenigstens die Hälfte der Erwärmung zu, die sich bei Verdopplung des CO_2

ergeben sollte. „Bezieht man den Sonneneinfluß mit ein, so verringert sich die Empfindlichkeit des Klimas um mindestens 50 Prozent" faßte Friis-Christensen die Ergebnisse von Schlesinger und Ramankutty zusammen.

Friis-Christensen bedauerte noch den Tod Edward Neys in der Woche zuvor und kam damit zu seiner eigentlichen Neuigkeit. Ney hatte schon 1959 eine mögliche Verbindung zwischen der kosmischen Strahlung und der Wolkendecke erwähnt. Schon schaute der Vorsitzende auf die Uhr und Friis-Christensen mußte rasch seine wichtigsten Schaubilder durchgehen. Eines stellte den Zusammenhang zwischen Wolkendecke und kosmischer Strahlung zwischen 1984 und 1990 dar. In die Zeit fiel der Höhepunkt der Strahlung und der Wolkenausdehnung des Jahres 1986. Ein anderes Bild zeigte das gleiche für 15 Tage im Juni 1991, als die Wolkendecke zurückging, weil die kosmische Strahlung wegen der Ausbrüche auf der Sonne plötzlich abgefallen war.

Schließlich zeigte Friis-Christensen, daß die Stärke, mit der die Wolkenbildung auf Veränderungen der kosmischen Strahlung antwortet, sich nach der Breite der Magnetsphäre richtet und dies den kausalen Zusammenhang bestätigt. Danach war die Redezeit um. Friis-Christensen mußte abbrechen, ohne die restlichen Kurven zeigen zu können. In den wenigen Minuten, die für Fragen und Antworten vorgesehen waren, zeigten die Anwesenden freundliche Zustimmung. Manche waren sogar begeistert. Aber das waren alles Physiker, die sich mit den Sonnenaktivitäten befaßt hatten. Auf die Frage, wie die Meteorologen auf seine Arbeit reagiert hätten, antwortete Friis-Christensen nach einer Pause: „Das will ich lieber nicht sagen".

„Wir könnten noch den ganzen Vormittag darüber reden" wandte der Vorsitzende angeregt ein. Er sollte selbst noch in einer anderen Sitzung einen Vortrag halten. So brach er die Diskussion ab und erteilte einem Japaner das Wort, der über den Ionendruck berichtete, den der Satellit Geotail erkundet hatte. Die Ereignisse in Birmingham waren für Friis-Christensen ein Tiefpunkt. Aus übergeordneter Sicht zog er mit der Ankündigung der Ergebnisse seiner Wolkenforschung einen Strich unter fünf Jahre wissenschaftliche Arbeit.

Die Dänische Zeitung *Information* folgte dem ausführlichen Bericht in *Berlingske Tidende* mit einem eigenen, sehr kritischen Artikel. Sie hatten dazu Bert Bolin in Genf nach seiner Meinung über die Arbeit von Friis-Christensen und Svensmark befragt. Der erzählte dem Reporter, daß die Arbeit von Friis-Christensen für die Klimafrage völlig unerheblich sei.

„Ich halte die Vorgehensweise dieser beiden für wissenschaftlich höchst naiv und unverantwortlich", sagte Bolin. Damit wählte der Meteorologieprofessor aus Stockholm starke Worte gegen den Physikprofessor aus Kopenhagen.

Auch Ben Santer in Livermore befragte man nach seiner Meinung. Er verwarf die Darlegung in Birmingham, weil sie Material vorgetragen habe, das von der Gemeinde der Wissenschaftler noch nicht abgesegnet worden sei.

„Ich bin besonders skeptisch Wissenschaftlern gegenüber, die glauben eine besondere Verbindung zu Gott zu haben", sagte Santer.

Der Streit wurde in der dänischen Presse ausgewalzt, wobei die meisten Zeitungen Svensmark und Friis-Christensen gewogen blieben. Selbst Svensmarks Frau wurde von einer Zeitung ausgefragt. Das ebbte ab, als der Däne Bjarne Rhis einige Tage später die Tour de France gewann.

Es war Sommer und die meisten Treibhauspropagandisten fuhren in Urlaub. Daher zog die Explosion nur langsam Kreise. Außerhalb von Dänemark hatte der Schweizer Claus Fröhlich die Geschichte dem Spiegel zugespielt.

Im September hatte Bert Bolin den Vorabdruck von Svensmark und Friis-Christensen schließlich gelesen. Nun wählte er für seine Bemerkungen einen anderen Ton als bei der ersten unvorsichtigen Reaktion, die *Information* abgedruckt hatte. Sie erschien in einem Artikel der schwedischen Zeitschrift *Ny Technik*, den Staffen Dahllöf über die dänische Entdeckung geschrieben hatte:

„Es ist erfreulich, eine so gesunde und ernsthafte wissenschaftliche Untersuchung zu sehen", hatte Bolin zu Dahllöf gesagt. „Sie unterscheidet sich darin von vielen anderen Zweifeln am Treibhauseffekt. Natürlich haben mich die großen Änderungen in der Wolkendecke überrascht, über die sie berichten... Ich kann erkennen, daß ihre Entdeckungen dafür eine befriedigende Erklärung liefern. Sie fällen kein Urteil über die Auswirkungen menschlicher Aktivitäten. Aber ohne Zweifel ist das eine ernsthafte wissenschaftliche Arbeit".

Die Treibhaushypothese, jedenfalls in ihrer offiziellen bedrohlichen Form, rang schon mit dem Tode, als Svensmark und Friis-Christensen ihr den Gnadenstoß verpaßten. Selbst wenn es die solare Erwärmungstheorie nicht gegeben hätte, lieferte jeder weitere Monat neue Beweise gegen den Anstieg der Erwärmung, den die weitere Zunahme des CO_2 und anderer Treibhausgase eigentlich verlangt hätte. Die Theorie hielt gerade noch so lange durch, bis die Diplomaten und Minister ihre Genfer Konferenz abgeschlossen hatten.

Der wissenschaftliche Teil von *Klimawandel 1995* wurde erst im Mai 1996 veröffentlicht. Er löste bei nicht beteiligten Fachleuten Verblüffung aus, wenn sie sich die Zeit nahmen, ihn zu lesen. Trotz aller Bemühungen der Verfasser enthielt er viele Widersprüche. Die Leser wurden noch mehr verschreckt, wenn sie sich die Mühe machten, und noch die Hinweise heranzogen, die der Bericht erwähnt, aber nicht berücksichtigt hatte. Der offensichtlichste Fall war der Hinweis auf die Entdeckung, daß Wolken Sonnenwärme absorbieren und die Atmosphäre erwärmen. Die Computermodelle, auf die sich der IPCC stützte, waren einfach falsch.

Nehmen wir uns noch einmal die weiter oben durchgegangenen Klärungsfragen vor. Jetzt, Ende 1996 können wir auf sie wie folgt antworten.

Über die Sonne

Bewirkt die Sonne Klimaänderungen auf der Erde, die Jahrzehnte und Jahrhunderte dauern?
Ja! Svensmarks und Friis-Christensens Entdeckungen über die Wolkendecke erklären, warum die Länge der Sonnenzyklen, die Friis-Christensen und Lassen als Anhaltspunkt für wechselnde Sonneneinflüsse empirisch nachgewiesen hatten, den Klimaänderungen bis zum Jahr 1500 entsprechen.

Ist die Physik der solaren Erwärmung überzeugend?
Ja! Und zwar noch mehr als 1989. Das launische Sonnenverhalten im 20. Jahrhundert hatte für die Erde physische Folgen.

Reichen Änderungen der Sonnenstrahlung aus, die Erderwärmung im 20. Jahrhundert zu erklären?
Nein! Aber sie tragen dazu bei.
Gibt es einen anderen hinreichenden Grund?
Ja! Die Wolkendecke schrumpft als Folge eines stärkeren Sonnenwindes, der die kosmische Strahlung von der Erde abhält.

Können Raumsonden zur Sonnenerkundung diese Mechanismen nachweisen?
Nein! Das gelang nur den Satelliten zur Erderkundung. Aber die Beobachtungen der Sonden Yohkoh, Ulysses, SOHO, Wind und anderer lieferten Hintergrundinformationen, um die Sonne-Erde-Beziehung neu abschätzen zu können. Zusätzlich ermöglichen sie weitere Vorhersagen.

Welche sonnenbedingte Entwicklung läßt sich für das Klima im 21. Jahrhundert vorhersagen?
Möglicherweise eine Abkühlung.

Über die Treibhauserwärmung

Tragen Treibhausgase zur Erderwärmung bei?
Nicht so, daß sich eine Wirkung feststellen ließe. Die solare Erwärmung läßt bei den im 20. Jahrhundert beobachteten Temperaturschwankungen dem zusätzlichen Treibhauseffekt wenig Spielraum.

Ist die Physik des Treibhauseffekts überzeugend?
Nein, jedenfalls viel weniger als noch 1989.

Versteht man die Wolkenbildung gut genug, um menschliche Wirkungen auf das Klima auszuschließen?
Möglicherweise nicht. Die erstaunlichen Entdeckungen, darunter die Absorption von Sonnenlicht durch die Wolken und die Wirkung kosmischer Strahlen legen der Meteorologie nahe, ihre Wissenschaft von Grund auf neu zu überdenken.

Sind die Vorhersagen der Computermodelle glaubwürdig?
Nein! Sie müssen neu entwickelt werden. Dabei müssen sie die Entdeckungen in Bezug auf die Wolken, den Staub und den Sonneneffekt, die zu nachhaltig sind, als daß man sie weiterhin übergehen könnte, berücksichtigen.

Können Satelliten zur Erderkundung einen Treibhauseffekt nachweisen?
Sie widerlegen ihn eher. Mikrowellenmessungen deuten für die Zeit von 1979 bis 1996 auf eine eher ausgeglichene Temperaturentwicklung der unteren Atmosphäre der Erde hin, obwohl der CO_2-Gehalt dort um gut 6 Prozent zugenommen hat.

Welche Vorhersage ergibt sich aus der Treibhaushypothese für das 21. Jahrhundert?
Offiziell wird von einer Erwärmung um 2 Grad bis zum Jahr 2100 gesprochen. Faßt man die Treibhaus- und Solardaten zusammen, ergibt sich für die Treibhauserwärmung im Vergleich zur Sonnenwirkung nur ein sehr geringer Spielraum. Praktisch heben sich der vom Menschen erzeugte zusätzliche Treibhauseffekt und die zusätzlich eingebrachten Aerosole gegenseitig auf. Sie können daher ebenso übergangen werden wie die Wirkung der Sonnenstrahlung allein, die das IPCC als zu gering eingeschätzt hatte. Aber in einer veränderten wissenschaftlichen Landschaft wäre eine offenere Gesinnung wünschenswert, die alle Aspekte des Systems Erde und seiner Veränderungen berücksichtigt.

Die Folgen für die Meteorologie und Klimatologie waren verheerend. Im Durchschnitt sind rund zwei Drittel der Erdoberfläche von Wolken bedeckt. Verändert sich die Wolkendecke um drei Prozent, so entspricht das zwei Prozent der

Erdoberfläche, also etwa der Größe Kanadas oder Europas bis hin zum Ural - und das allein wegen der Launen der Sonne.

Und davon hatten die Wetterfrösche keine Ahnung. Die kosmische Strahlung ändert sich während eines Sonnenzyklus um gut 20 Prozent, das betrifft drei Prozent der Wolkendecke. Die unveränderliche Strahlung von 80 Prozent hat vermutlich auch einen entsprechenden Einfluß auf die Wolkenbildung. Damit wäre die kosmische Strahlung insgesamt für gut ein Siebtel der Wolkendecke verantwortlich. Ohne die kosmische Strahlung könnte jeder Sonntag ein wolkenloser Sonnentag sein.

Den Einfluß der Sonne auf das Klima dadurch zu erklären, daß sie die Wolken verjagt, hatte aber einen beachtlichen Haken. Das IPCC hatte festgestellt, daß im 20. Jahrhundert die Wolkendecke vorwiegend zugenommen hat, während sie nach der Geschichte mit den kosmischen Strahlen eigentlich hätte schrumpfen sollen. Doch die langfristigen Angaben über die Wolken sind noch fragwürdig, weil sie aus unterschiedlichen Erhebungsverfahren stammten, was zu widersprüchlichen Ergebnissen führt. Dagegen deutet die Tatsache, daß die Temperaturunterschiede zwischen Tag und Nacht in Australien, Europa, Indien und Nordamerika abgenommen haben, eher auf eine Zunahme der Bewölkung hin.

Es gab neben den formalen Berichten der Meteorologen noch andere historische Daten über die Wolkendecke - zum Beispiel Aufzeichnungen der Astronomen, wann Wolken ihre Beobachtungen beeinträchtigt hatten. Satellitendaten über die Wolkendecke sind die zuverlässigste Quelle, sie reichen aber nur bis etwa 1960 zurück. Das dänische Team verfügte über anderthalb Arbeitskraft, aber Tausende wären für all die Forschungen nötig, welche die Sonnenthese noch benötigt.

Die Sonnenthese eröffnete eine neue, breitere Wissenschaftsfront, als sie die Treibhaushypothese aufgerissen hatte, weil zu den übrigen Verwicklungen des Systems Erde noch die Sonne und der Sonnenwind hinzukamen. Um zu erklären, wie die Sonne auf Klimaschwankungen einwirkt, sind viele Forschergruppen, Satelliten und Supercomputer nötig. Nur so lassen sich alle Bereiche und Implikationen abdecken. Im Tal der Sonnenforschung läßt sich ein neues Unternehmen nieder.

Zuerst müßten die Sonnenaktivitäten und die Sonne-Erde-Beziehung erforscht werden. Die bekannten, aber noch umstrittenen Änderungen in der Helligkeit der Sonne müssen zu den anderen Einflüssen noch hinzugerechnet werden. Dazu sind mögliche Effekte von seiten der in den Polarzonen eindringenden Teilchen aus der Sonne zu erfassen. Aber wahrscheinlich bleibt der Einfluß der kosmischen Strahlung auf die Wolkenbildung der wichtigste Klimafaktor und der aa Schutz durch den Sonnenwind ihr hauptsächlicher Widerpart.

Eine weitere wichtige Aufgabe ist, die kurzfristigen aa Änderungen des Magnetismus mit den Beobachtungen zu vergleichen, welche die internationale Flotte der Raumsonden von der Sonne und dem Sonnenwind liefern. Danach müssen Physiker die Eigenschaften des Sonnenwindes bestimmen, die den aa Schutz erzeugen und wieder abbauen, wenn sich die Launen der Sonne wieder legen. Sie müssen dazu alle besonderen Erscheinungen im Sonnenwind bis zu ihren Ursprüngen im magnetischen Knäuel im Inneren der Sonne zurückverfolgen.

Die Einflüsse auf die kosmische Strahlung, die Ulysses und andere Sonden studiert haben, müssen über weitere Sonnenzyklen verfolgt werden. Wenn die Sonne ihr Magnetfeld mit jedem Sonnenzyklus umpolt, verändert sich auch das Verhalten der kosmischen Strahlung. Im Sonnenminimum der achtziger Jahre, dem Zeitraum, den Svensmark im wesentlichen seinen Wolkenuntersuchungen zugrundegelegt hatte, waren die Magnetfelder der Sonne und der Erde entgegengesetzt gerichtet.

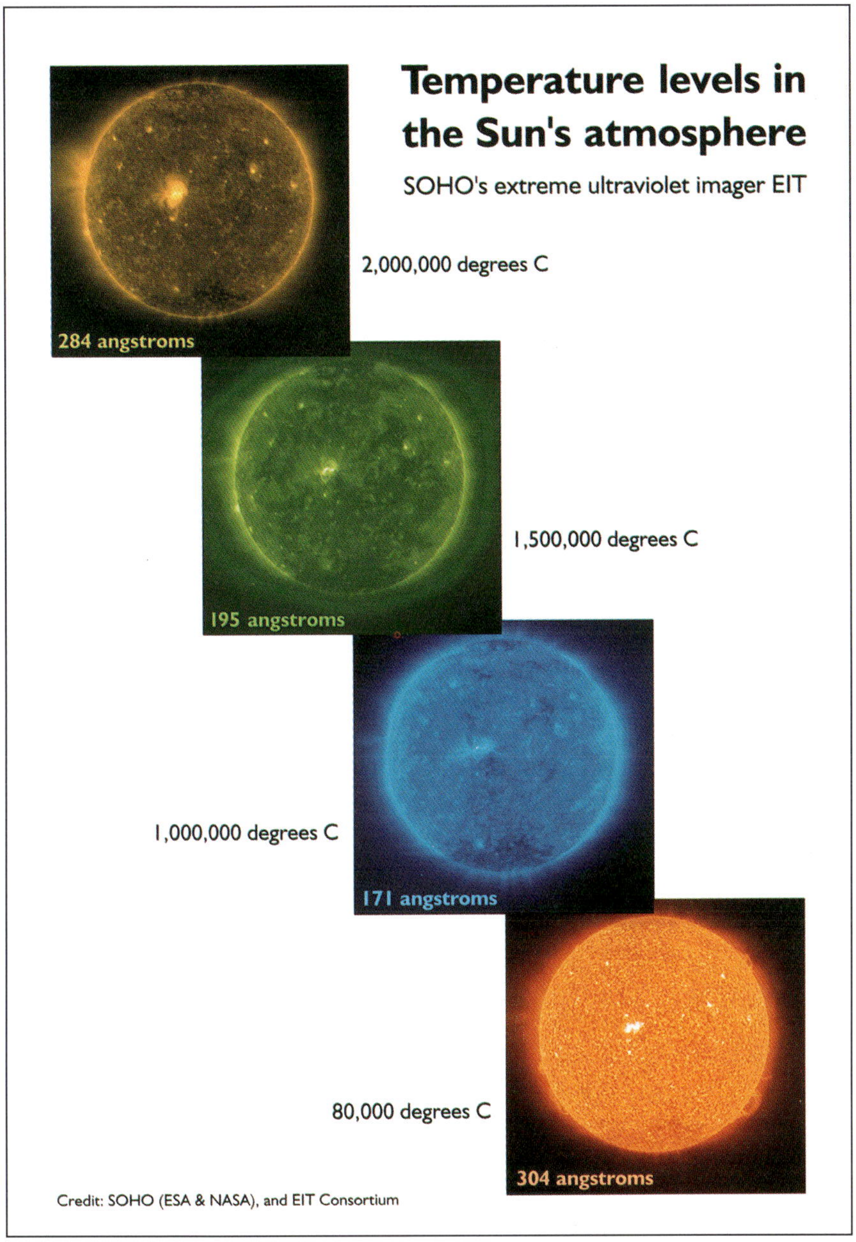

Die Temperaturleiter in der Sonnenatmosphäre. Die UV-Bildgeber der Raumsonde SOHO beobachten die Sonne in vier verschiedenen Wellenbereichen des UV-Lichtes, die von geladenen Atomen bei unterschiedlichen Temperaturen ausgestrahlt werden. Im allgemeinen liegen die wärmeren Bereiche höher in der Atmosphäre. Aber die Höhenunterschiede ändern sich auf der Sonne von Ort zu Ort. So wie sich die flackernde Sonnenaktivität von Schicht zu Schicht in der Atmosphäre durchsetzt, heizt sie diese auf und treibt den Sonnenwind in den Raum. Regelmäßige Beobachtungen der Sonne sind erforderlich, um die Änderungen auf der Erde zu verstehen.

SOHO/ESA, NASA und die EIT Gruppe

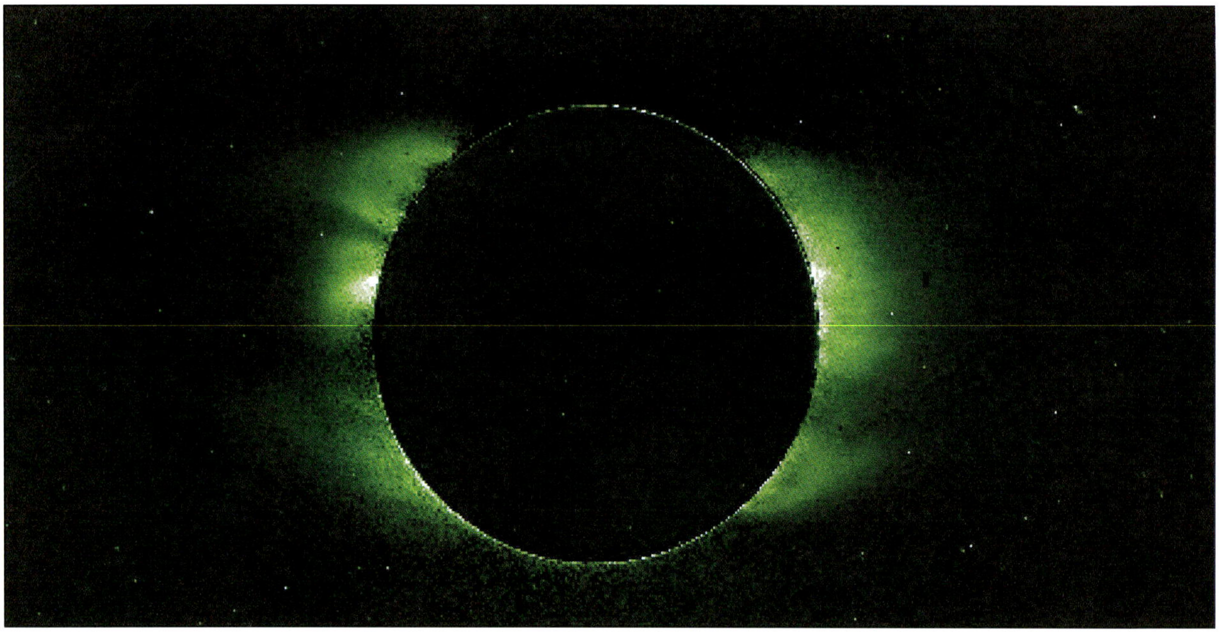

Ankündigung einer Sonneneruption. Am 31. Januar 1996 entdeckte das Gerät zur Korona-Beobachtung auf der Sonde SOHO namens LASCO in der unteren Atmosphäre nahe der Sonnenoberfläche mehr magnetische Schlingen. Am 3. Februar schoß die magnetische Gewalt große Gasmassen in das Sonnensystem.
SOHO/ESA, NASA und die LASCO Gruppe

Die wichtigste, positiv geladene, kosmische Strahlung gelangt durch das weit ausgedehnte Magnetfeld im Äquatorbereich der Sonne von außen in das Sonnensystem hinein und erreicht zuerst die äußeren Planeten. In dieser Konfiguration kann die Sonnenaktivität und der aa Schutz die kosmische Strahlung besser abstoßen als in der Mitte der neunziger Jahre. Denn nachdem sich das Magnetfeld der Sonne umgepolt hat, erreicht die kosmische Strahlung die Sonne über die Pole und wird von dort auf der Sonnenseite zu den Planeten geschleudert. Die nähere Untersuchung der Umpolung des Sonnenmagnetfelds könnte sehr wohl beim Einfluß der Sonne auf das Wetter einen Zyklus von 22 Jahren ergeben.

Die gesamte Paleoklimatologie, die sich mit vergangenen Klimaentwicklungen befaßt, muß angesichts der solaren Vorgänge und ihrer Auswirkungen auf die Sonne neu überprüft werden. Alle fehlgeschlagenen Versuche, die Wetter- und Klimaänderungen mit dem Elf-Jahres-Zyklus der Sonnenflecken oder anderen Zyklen in Einklang zu bringen, müssen neu ausgewertet werden, um neue Zusammenhänge zu entdecken. Und selbst im kurzfristigen Bereich müssen die Computerberechnungen der täglichen Wettervorhersagen auf die Menge der jeweiligen kosmischen Strahlung eingehen.

Die Meteorologen müssen sich zuerst die Physik der Wolken neu vornehmen. Auch Henrick Svensmark hatte darauf zuerst seine Aufmerksamkeit richten müssen. Die Ereignisse vom Juni 1991 erwecken den Eindruck, daß kosmische Strahlen etwa einen Tag brauchen, um Wolken zu brüten. Zunächst rang Svensmark schwer mit dem theoretischen Verständnis der mikrophysikalischen Vorgänge, die zwischen den von der kosmischen Strahlung zerschlagenen, geladenen Atomen, Elektronen und den Staubteilchen, Wassertropfen und Eiskristallen ablaufen. Um mehr Beobachtungsmaterial über kurzfristige Änderungen der kosmischen Strahlung zu bekommen, beobachtete er, wie die Wolken aufklaren und sich neu bilden.

In der Zwischenzeit ging der Verfasser dieses Buches ängstlich mit sich zu Rate, ob er den dänischen Physikern glauben konnte. Er fand zuerst bestätigt, daß kalte und warme Jahre im 20. Jahrhundert so wechselten, wie es der Zu- und Abnahme der kosmischen Strahlung entsprach, die sich aus dem Niederschlag von radioaktivem Beryllium in den Eisschichten ablesen läßt. Als er selbst grobe Kurven zum

Vergleich zwischen der durchschnittlichen Temperaturentwicklung und der kosmischen Strahlung zeichnete, geriet er 24 Stunden lang in Panik. Er glaubte für einige Jahre eine größere Treibhauserwärmung festgestellt zu haben. Die Temperaturen waren zu hoch, um zur kosmischen Strahlung zu passen. Er überprüfte seine Daten, spitzte seinen Bleistift und zeichnete selbst genauere Kurven.

Während der Jahre 1954 bis 1994 paßten die Durchschnittstemperaturen über Land, die das IPCC veröffentlicht hatte, unmittelbar zu der Menge kosmischer Strahlen, wie sie John Simpson und seine Kollegen aus Chicago regelmäßig ermittelt hatten. In diese Periode fiel auch eine der beiden deutlichen Erwärmungsphasen des Jahrhunderts. In den Kurven des Verfassers zeigte sich also die Übereinstimmung zwischen den Temperaturänderungen und den Schwankungen der kosmischen Strahlung. Normalerweise liegen die Daten in einem Bereich von 0,2 Grad beieinander. Aber etwa ein Jahr von dreien spielte verrückt und war zwischen 0,2 bis 0,6 Grad wärmer als es die kosmische Strahlung allein erlaubt hätte.

Eines der abweichenden Jahre war das Jahr 1973. In diesem Jahr war der Verfasser mit einem Produzenten des BBC zu den Galapagos Inseln gefahren, um eine Fernsehsendung über molekulare Entwicklung vorzubereiten. Er erinnerte sich, behutsam über die flaumig weißen Leichen junger Seestörche hinweggestiegen zu sein, die wegen der ungewöhnlich hohen Luft- und Wassertemperaturen dieses El Niño Jahres verhungert waren. Die Erwärmung des Stillen Ozeans durch einen El Niño Effekt, konnte also die Durchschnittstemperatur beeinflußt haben. Er überprüfte nun die anderen abweichenden Jahre und stellte fest, daß beinahe in jedes ein El Niño Ereignis fiel. Nun war er mit der Geschichte von den kosmischen Strahlen einverstanden.

Bestätigen ließ sich die Geschichte auch, wenn die Temperaturen zu niedrig ausgefallen waren. Das war meistens die Folge von Vulkanausbrüchen. In die Zeit von 1954 bis 1994 fielen vier größere Ausbrüche: 1956 der Bezymianny in Kamschatka, 1964 der Agung auf Bali, 1982 der El Chichón in Mexiko und 1991 der Pinatubo auf den Philippinen. Nach dem Ausbruch des Bezymianny und El Chichón blieb die Temperatur um 0,2 bis 0,4 hinter den Erwartungen zurück. Die Ausbrüche von Agung und Pinatubo fielen in Jahre mit deutlich steigender kosmischer Strahlung, trotzdem stieg die Temperatur wieder wegen eines El Niño.

Die dänische Entdeckung machte es möglich, die Veränderungen von Jahrzehnt zu Jahrzehnt und von Jahrhundert zu Jahrhundert richtig einzuordnen, was zuvor nicht gelungen war. Eindrucksvolle Beispiele lieferten die Jahre 1979 bis 1984. Während der Jahre 1979/80 hielt die globale Temperatur mit den abnehmenden kosmischen Strahlen Schritt.

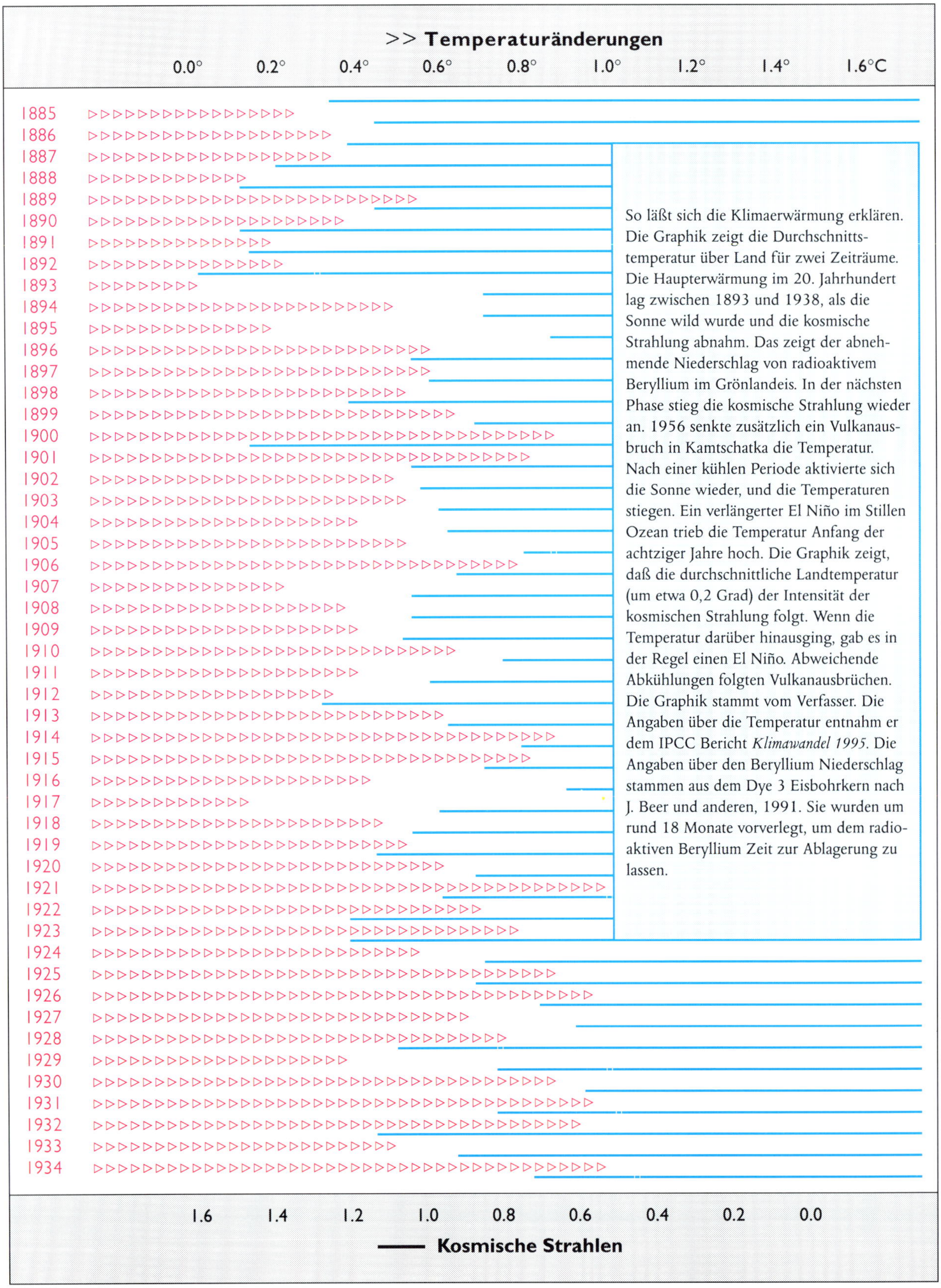

So läßt sich die Klimaerwärmung erklären. Die Graphik zeigt die Durchschnittstemperatur über Land für zwei Zeiträume. Die Haupterwärmung im 20. Jahrhundert lag zwischen 1893 und 1938, als die Sonne wild wurde und die kosmische Strahlung abnahm. Das zeigt der abnehmende Niederschlag von radioaktivem Beryllium im Grönlandeis. In der nächsten Phase stieg die kosmische Strahlung wieder an. 1956 senkte zusätzlich ein Vulkanausbruch in Kamtschatka die Temperatur. Nach einer kühlen Periode aktivierte sich die Sonne wieder, und die Temperaturen stiegen. Ein verlängerter El Niño im Stillen Ozean trieb die Temperatur Anfang der achtziger Jahre hoch. Die Graphik zeigt, daß die durchschnittliche Landtemperatur (um etwa 0,2 Grad) der Intensität der kosmischen Strahlung folgt. Wenn die Temperatur darüber hinausging, gab es in der Regel einen El Niño. Abweichende Abkühlungen folgten Vulkanausbrüchen. Die Graphik stammt vom Verfasser. Die Angaben über die Temperatur entnahm er dem IPCC Bericht *Klimawandel 1995*. Die Angaben über den Beryllium Niederschlag stammen aus dem Dye 3 Eisbohrkern nach J. Beer und anderen, 1991. Sie wurden um rund 18 Monate vorverlegt, um dem radioaktiven Beryllium Zeit zur Ablagerung zu lassen.

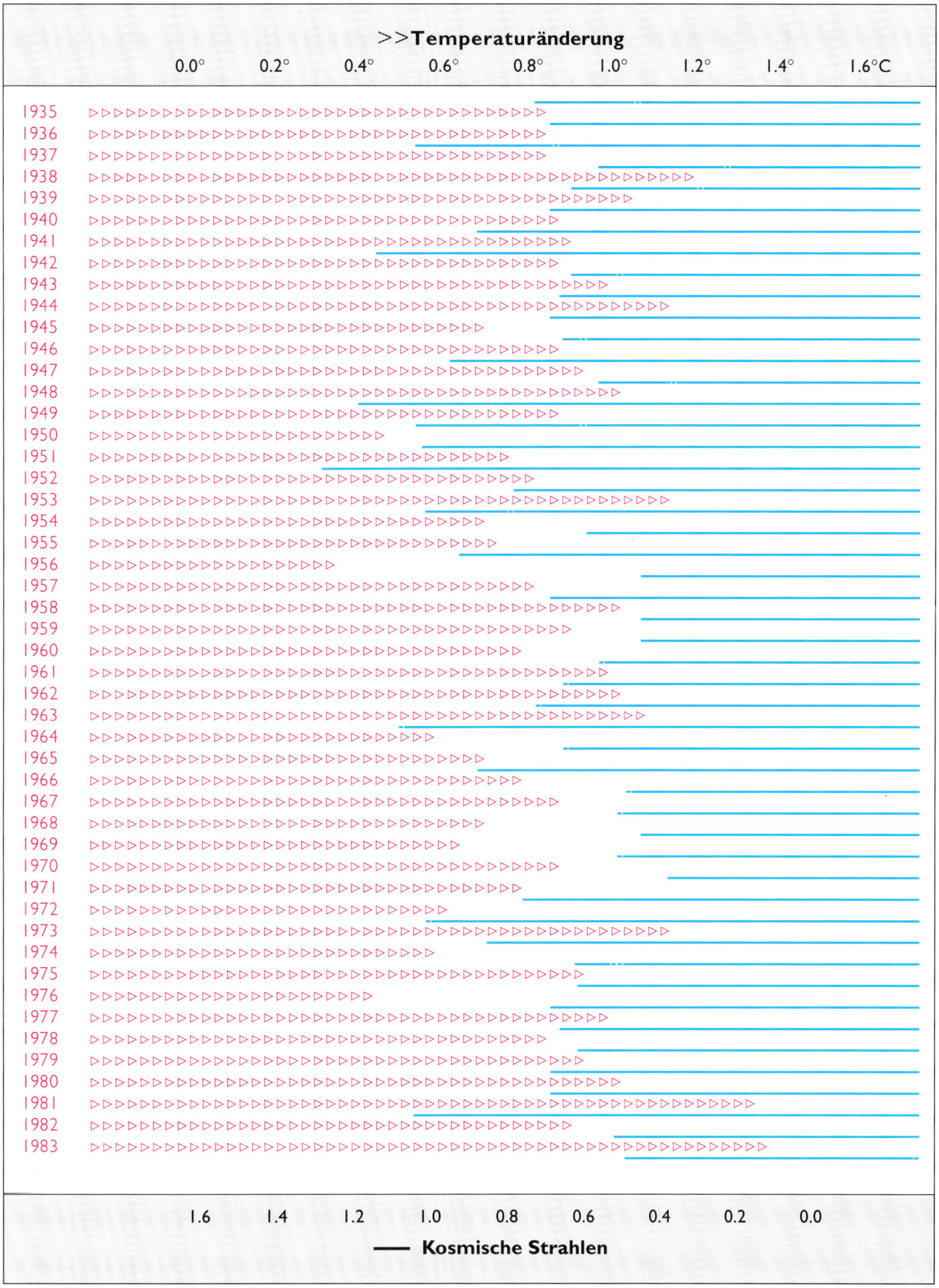
>>Temperaturänderung
0.0°
0.2°
0.4°
0.6°
0.8°
1.0°
1.2°
1.4°
1.6°C
1935
1936
1937
1938
1939
1940
1941
1942
1943
1944
1945
1946
1947
1948
1949
1950
1951
1952
1953
1954
1955
1956
1957
1958
1959
1960
1961
1962
1963
1964
1965
1966
1967
1968
1969
1970
1971
1972
1973
1974
1975
1976
1977
1978
1979
1980
1981
1982
1983
1.6
1.4
1.2
1.0
0.8
0.6
0.4
0.2
0.0
Kosmische Strahlen

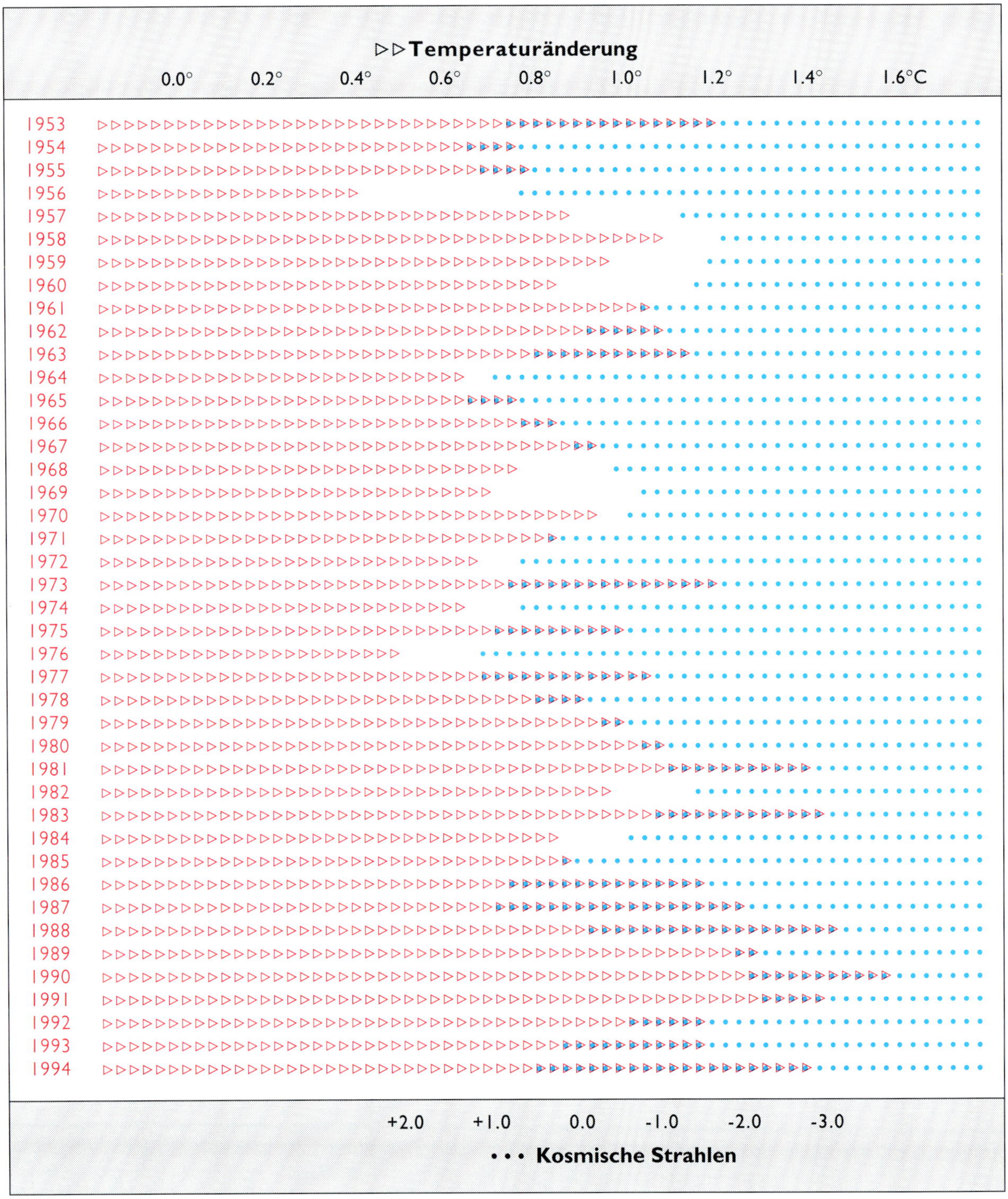

Die jüngste Erwärmung. Seit 1953 gibt es direkte Angaben über die kosmische Strahlung. Wenn ihre Intensität abnimmt, sich im Bild also nach rechts zurückzieht, nimmt die globale Lufterwärmung über Land entsprechend zu. In den meisten Jahren entsprach sie so der kosmischen Strahlung. Zu Einbrüchen kam es 1953 und 1982 wegen der Vulkanausbrüche. El Niño Erwärmungen im Stillen Ozean verursachten dagegen in den Jahren 1973, 1983 und 1987/88 Hitzewellen. Für 1989 und 1991 erklärt eine ungewöhnlich lange Serie von El Niño Ereignissen die Erwärmungen, die über die Auswirkung der stärkeren Sonnenaktivität und der niedrigeren kosmischen Strahlung hinausgehen.

Die Graphik stammt vom Verfasser, die Temperaturdaten aus dem IPCC Bericht Klimawandel 1995, die Angaben über die kosmische Strahlung von Climax, Colorado und der Universität Chicago

1981/83 ereignete sich ein besonders starker El Niño und ließ die Temperatur steigen. Im Jahr 1982 schlug allerdings die Auswirkung des El Chichón Ausbruchs durch und ließ es kühler werden. Nach der Abweichungen kehrte sich die Temperaturentwicklung 1984 wieder um. Sie sank nun wegen der steigenden kosmischen Strahlung in dem Maß, in dem sich die Sonnenflecken ihrem Minimum um die Mitte der achtziger Jahre näherten.

An dieser vorläufigen Zusammenstellung, die der Verfasser zur persönlichen Klärung vorgenommen hatte, zeigt sich, daß die Klimatologie beginnt, eine exakte Wissenschaft zu werden. Alle Fälle, in denen die Durchschnittstemperatur der Luft über Lande um mehr als 0,2 Grad davon abwich, was die kosmische Strahlung erwarten ließ, hatten den El Niño als wichtigste weitere Einflußgröße. Die besonders hohen Temperaturen der frühen neunziger Jahre ergaben sich aus der Verbindung zwischen ungewöhnlich niedriger kosmischer Strahlung und der am längsten hingezogenen Reihe von El Niño Ereignissen in diesem Jahrhundert.

Etwas ähnliches war Anfang der vierziger Jahre geschehen (vgl. die Graphik auf den Seiten zuvor). Der Niederschlag von radioaktivem Beryllium, der die Messung der kosmischen Strahlung ersetzen muß, viel so niedrig aus, daß er die ungewöhnlich hohe Temperatur nicht erklären konnte. Die Sonne fegte zwar die kosmische Strahlung viel kräftiger weg, als noch um 1890. Das erklärt die Erwärmung um nahezu 0,6 Grad in den ersten Jahrzehnten des Jahrhunderts. Die Spitzen aber, die 0,2 bis 0,4 Grad darüber hinaus reichten, ergaben sich aus dem langen El Niño der Jahre 1939 bis 1943.

Eine umfassende Darstellung der Temperaturentwicklung eines jeden Jahres sollte alle diese Faktoren einbeziehen. Abgesehen von ihrem Einfluß auf die kosmische Strahlung und damit auf die Wolken verändert die Sonne noch ihre Helligkeit. Nach Berechnungen von Peter Foukal aus Cambridge, Massachusetts und Judith Lean aus Washington DC schien die Sonne in den Jahren 1980 bis 1982, während des Sonnenmaximums besonders hell. Das mag zur besonderen Erwärmung im Jahr 1981 beigetragen haben. Die vielen warmen Jahre seit 1990 haben die Ozeane allmählich stärker erwärmt. Das könnte der Grund dafür sein, daß es trotz der Abkühlung durch die zunehmenden Aerosole aus menschlicher Produktion länger warm blieb.

Die jährlichen Temperaturberichte in der Erwärmungszeit zwischen 1960 und 1990 lassen für einen zusätzlichen Treibhauseffekt keinen Raum. Der IPCC benötigt, nachdem er die Abkühlung durch Staub eingerechnet hat, noch immer 0,4 Grad. Diese 0,4 Grad fassen außerdem noch die See- und Landtemperaturen zusammen, die gemeinsam geringeren Schwankungen unterliegen als die Landtemperaturen alleine, auf die sich unsere Graphiken beziehen. Aus dem geringen Zurückbleiben der Temperatur um das Jahr 1959 (bezogen auf die Erwartungen nach der kosmischen Strahlung) und einer geringen zusätzlichen Erwärmung um 1990 ergibt sich, wenn man die Daten großzügig interpretiert, für den Treibhauseffekt vielleicht noch ein Erwärmungstrend von 0,2 Grad in über dreißig Jahren.

Diesen Anstieg müßte der Treibhauseffekt, wenn es ihn wirklich geben sollte, mit der verstärkten Sonnenstrahlung teilen, die das Panel für die Jahre 1960 bis 1990 selbst auf 0,1 Grad veranschlagt hat. Davon wäre dann auch noch die nachwärmende Wirkung der Ozeane abzuziehen. Somit bleiben für den zusätzlichen Treibhauseffekt dieser dreißig Jahre zwischen 0 und 0,1 Grad. Wenn es den Treibhauseffekt überhaupt gibt, dann ist er deutlich geringer als die 0,6 Grad, die das IPCC im Hinblick auf die Klima-Konvention von Rio den Treibhausgasen zuschreiben will.

Brennt die Sonne noch? Fast ganz den Einwirkungen der kosmischen Strahlen entzogen, unter der 1200 m Felsendecke des Grand Sasso in Italien, entdeckte das Experiment Gallex, an dem sich viele Nationen beteiligten, geisterhafte Teilchen, Neutrinos, die aus dem inneren Kern der Sonne stammen sollen. Einige dieser Neutrinos reagieren mit dem Galliumchlorid in den großen Tanks zu Germanium-Atomen. Weil es aber nicht soviele Neutrinos gab, wie man erwartet hatte, fragten sich einige Theoretiker, ob die Sonne auch die Häufigkeit ihrer nuklearen Reaktionen ändert. Grundlegende Unklarheiten über das Sonnenverhalten lassen Schlimmes für die Möglichkeit erahnen, aus dem Sonnenverhalten Klimavorhersagen ableiten zu wollen.
T. Kirsten, MPI Heidelberg

Soweit es die Klimamodellierer allein betraf, hatten die keine Bedenken, den Vorschlägen von Svensmark und Friis-Christensen entsprechend die Änderung der Bewölkung wegen der kosmischen Strahlung in ihre Modelle aufzunehmen und zu sehen, welche „natürliche" Schwankungen sich ergeben. Das mußte zu großen Unterschieden für die einzelnen Klimazonen führen, weil der Erdmagnetismus die kosmische Strahlung in den Tropen stärker zurückdrängte als in höheren Breiten.

Die Klimamodellierer wären vielleicht auch neugierig gewesen, was aus dem Treibhauseffekt geworden war und hätten dabei drei weitreichende Möglichkeiten bedacht. Einmal konnte die Luftverschmutzung den Treibhauseffekt besonders durch Sulfate unterdrückt haben, wie es Svensmark und Friis-Christensen seit längerem vermutet und wenigstens ein Computermodell angedeutet hatten. In diesem Fall blieb der gängigen Treibhaushypothese ein gewisser Spielraum. Sulfatemissionen und andere Formen der Luftverschmutzung hatte man verboten, um zum Beispiel dem Sauren Regen zu begegnen. Wenn das Wirkung zeigte, dann könnte der Treibhauseffekt unter der Abkühlung durch Sulfate wieder hervorkommen und der klimatische Holocaust war - könnte man annehmen - nur um einige Jahrzehnte verschoben.

Als zweite Möglichkeit konnte der Treibhauseffekt durch andere natürliche Regelprozesse so gering ausfallen, daß er insgesamt nur den Bruchteil eines Grades ausmachte. Richard Lindzen von Cambridge Massachusetts ist von Anfang an davon ausgegangen, daß der Wasserdampf, der nach Vorstellung der Klimamodellierer die Wirkung von CO_2 verstärkt, in Wirklichkeit gerade andersherum der Erwärmung entgegenarbeitet.

Die letzte Möglichkeit das Ausbleiben des Treibhauseffekts zu erklären, war auch die radikalste. Bisher hieß es, der Anstieg von CO_2 führe zur Erwärmung. Könnte nicht die Erwärmung das CO_2 ansteigen lassen? Daß die Annahme nicht absurd war, zeigte das Auf und Ab von CO_2 während der letzten Eiszeit. Die einzigen vom Menschen verursachten Verbrennungen waren damals spärliche Holzfeuer. Eine australische Bohrung in der Antarktis zeigte, daß während der kleinen Eiszeit Ende des 16. Jahrhunderts das CO_2 um 10 Teile pro Million abgenommen hat.

CO_2 hat während der Abkühlung nach dem Pinatubo Ausbruch in der Luft nur noch gering zugenommen. Das ist ein Hinweis aus unseren Tagen, daß sich CO_2 naturgemäß so verhält. Aber selbst damit läßt sich ein zusätzlicher Treibhauseffekt durch CO_2 nicht ausschließen. Die Natur könnte auf diese Weise die sonnenbedingte Erwärmung verstärken.

Mit längerfristigen Klimavoraussagen für die Erde ist es nun erst einmal vorbei. Das wäre nur mit Vorhersagen von Änderungen auf der Sonne möglich. Dazu ist es aber noch zu früh, weil viele ihrer Mechanismen noch nicht verstanden werden. Eine vorsichtige Meinung war, daß die Sonne am Ende des Jahrhunderts ungewöhnlich viel aktiver geworden war und daher die kosmische Strahlung stärker weggefegt hatte als in früheren Jahrhunderten. Aber der aa Schutz hatte nicht zugenommen. Man hätte wetten können, daß die Sonne ruhiger wird und es mit zusätzlichen Wolken wieder kälter werden läßt.

Ein Wettkönig hatte das bereits, bevor die Dänen die Wirkung der kosmischen Strahlen auf die Wolken aufgedeckt hatten, so gesehen. Piers Corbyn von der Firma Wetteraktion bewahrte noch immer das Geheimnis seiner Sonnen-Wetter-Technik, mit der er gegen die längerfristigen Vorhersagen des Meteorologischen Amtes in England angetreten war. Er ließ nur seinem Spott über die Treibhauserwärmung in John Emsleys Buch *Die Klimadiskussion* 1996 freien Lauf.

„Es scheint, als komme der natürliche (wir sagen sonnenbedingte) Erwärmungs-

„Jäger im Schnee". Als Peter Breugel der Ältere dieses Bild 1565 malte, neigte sich das Erdklima der kleinen Eiszeit zu. Zu dieser Zeit gebildete radioaktive Beryllium- und Kohlenstoffisotope hatten einen kurzen Anstieg kosmischer Strahlung inmitten eines allgemeinen Erwärmungstrends im 16. Jahrhundert angedeutet.

Kunsthistorisches Museum, Wien / The Bridgeman Art Library

prozeß an sein Ende", schrieb Corbyn, „daher dürften sich die Treibhausvorhersagen in immer dramatischeren Fehlern verrennen".

Man befragte Corbyn auch nach seiner Meinung zu der dänischen Entdeckung über die Wirkung kosmischer Strahlen auf die Wolken. Er hatte bereits Friis-Christensens und Lassens frühere Entdeckung über die Länge des Sonnenzyklus als wertvollen Hinweis auf den Grad der Sonnenaktivität begrüßt und wertete die neuen Ergebnisse als zusätzliche Erkenntnisse über die physikalischen Mechanismen. Sie paßten auch zu Brian Tinsleys Idee aus dem Jahr 1994 über elektrische Aufladung der Luft durch kosmische Strahlung. Aber für Corbyn war die direkte Einwirkung der kosmischen Strahlen auf die Wolkenbildung nur eine unter verschiedenen Möglichkeiten der Sonne, auf Wetter und Klima einzuwirken.

„Da gibt es mehr als das", sagte er. „Wir sehen annähernd zyklische Vorgänge der Sonnenaktivität nicht nur in Verbindung mit der Intensität kosmischer Strahlung aus der Galaxie, sondern auch bei den Protonen von der Sonne und ihren UV-Strahlen, die auf die Ozonschicht und die Ausrichtung des Erdmagnetismus einwirken. Selbst die Neigung der Mondumlaufbahn unterbricht den Sonnenwind".

Die Idee, daß eine neue kleine Eiszeit noch einige Jahrzehnte auf sich warten lassen wird, unterstützen Hinweise aus vier Sonnenminima um die Jahre 1320, 1440, 1690 und 1890.

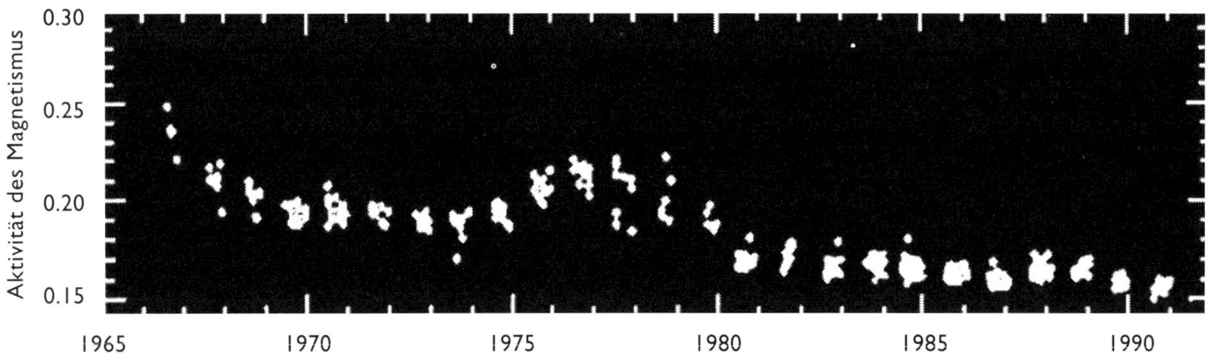

Plötzliche Beruhigung der Sonne. Der Magnetismus des sonnenähnlichen Sterns Piscium 54 im Sternbild der Fische durchläuft wie die Sonne Zyklen von 11 Jahren. Plötzlich hörte seine magnetische Aktivität auf. Astronomen vermuten, daß etwas ähnliches mit der Sonne während des Maunder Minimums Ende des 17. Jahrhunderts geschehen sein könnte, als es auf der Erde sehr kalt wurde.
Nach Baliunas und R. Jastrow, 1993

Rechnet man den durchschnittlichen Abstand von 140 Jahren zwischen ihnen einfach weiter, dann müßte das nächste Ereignis dieser Art im Jahr 2030 eintreten. Als Spezialist für Sonnenzyklen kündigte Charles Sonett aus Tuscon in Arizona einen neuen Höhepunkt der Sonnenaktivität für das Jahr 2030 an. Danach würde die sonnenbedingte Erwärmung bis in die Mitte des nächsten Jahrhunderts anhalten.

Die Beobachtung sonnenähnlicher Sterne auf Mount Wilson liefert dagegen bedrohliche Hinweise auf einen Kälteeinbruch. Wenn man zehn sonnenähnliche Sterne 25 Jahre lang beobachtet, dann ist das so, als beobachtet man einen 250 Jahre lang. In einer solchen Datenumgebung berichtet Mount Wilson über 35 Jahre minimalster magnetischer Aktivität auf Piscum 54 und über einen insgesamt trägen Tau Ceti. Aufgrund solcher astronomischer Hinweise könnte eine kleine Eiszeit jederzeit plötzlich wieder eintreten.

1980 schaltete Piscum 54 seine magnetische Aktivität ab, ohne daß vorher ein Wechsel in seinem Rhythmus erkennbar gewesen wäre. Bevor das Maunder Minimum die Erde mitten im 17. Jahrhundert in das Tief der kleinen Eiszeit stürzte, dauerte der letzte Sonnenzyklus nach Lassens Berechnung etwa 10 Jahre, genau so wie die Zyklen Ende des 20. Jahrhunderts.

Änderungen auf der Erde, welche nun auch die Sonne einbeziehen, dürften Bodenstationen und Satelliten zu größerer Wachsamkeit mahnen. Die Natur war bisher nie die freundliche Mutter der Gaia Phantastereien, und das Klima konnte tödliche Überraschungen bereithalten. Um sich Angst zu machen, braucht man nur die abrupten Klimaumbrüche anzusehen, von denen das Grönlandeis berichtet.

Dort war es zu mehr oder weniger plötzlichen Kälteeinbrüchen gekommen, weil sich Eis und Ozeanströme neu geordnet hatten. Eis, das von der Antarktis wegtreibt, könnte öfters in Küstengegenden gelangen und sich dort plötzlicher und verheerender auswirken als der allmähliche Anstieg des Meeresspiegels, für den das IPCC wirbt. Irgendein größerer Meteorit könnte einfallen und soviel Staub aufwirbeln, daß es mittags dunkel bleibt. Größere Vulkanausbrüche auf der Erde können für einen vulkanischen Winter sorgen, und Geophysiker beobachten mit Sorge, wie sich vor Japan die Insel Iwojima erhebt. Dort könnte sich für die Erde der nächste große Knall zusammenbrauen.

Abgesehen von der Sonne hat sich auch die Stellung und die Umlaufbahn der Erde zur Sonne seit dem Ende der letzten Eiszeit verändert. Die Sonne steht nun niedriger über dem nordatlantischen Sommerhimmel und ist weiter weg, geradeso wie zur Zeit, als die Eiszeit entstand. Große Eisbedeckungen über Millionen Jahre hinweg waren für die Erde ganz normal und sind es noch. Die warme Zwischenzeit der letzten 10.000 Jahre ist eher ungewöhnlich. Al Gores geschmacklose Redensart über den heißen Sommer im Jahr 1988 „Kristallnacht zum Holocaust der

Klimaerwärmung" könnte man umschreiben und besser sagen: „Erinnert euch an 1988, so schön wird es in 120.000 Jahren nicht mehr werden".

Die moralischen Folgerungen für die Politik sind so einfach, wie sie mittelmäßigen Regierungen ungelegen kommen. Sie lauten so, wie Joseph vor langer Zeit einmal dem Pharao geraten hat: Die Erde ist ein gefährlicher Lebensraum, haltet eure Scheunen gefüllt.

Wolkenhirte. Die Raumsonde Meteosat hat nach und nach die Wolkenklimatologie mit Daten bereichert. Die hatten dazu beigetragen, die Wirkungen der kosmischen Strahlen zu entdecken. Der erste Meteosat startete 1977 und war von der ESA entwickelt worden, um den Bereich der Erde zwischen Afrika und Europa zu beobachten. Hier sieht man wie der sechste Meteosat in Cannes in Frankreich vor dem Start inspiziert wird.

ESA

Rückblick

WAS IST SCHIEF GELAUFEN?

Die Klimakatastrophe wurde dem einfachen Bürger von der Schulter genommen. Er kann sich darüber freuen, daß der Erwärmungskrieg viel schneller endete als der Kalte. Vielleicht fallen nun die Grundstückspreise in Alaska und Sibirien. Hotels, die gut von den Treffen ganzer Rudel von Treibhausbeamten und ihren Beratern leben konnten, müssen sich nach neuen Kunden umschauen. Aber nun gibt es auch keinen Grund mehr, daß die reichen Nationen den armen vorschreiben, sie müßten um des Planeten willen arm bleiben. Der Araber kann seinen Esel gegen einen Lastwagen austauschen, ohne daß sich deshalb der Himmel entzündet.

Einfache Leute werden das Treibhausgeschäft großzügig als ein weiteres Beispiel für die neurotische Begabung von Menschen abtun, sich über die falschen Dinge aufzuregen. Den Menschen bleiben genug ausgezeichnete Gründe, sparsam mit fossilen Brennstoffen umzugehen, und mehr Bäume zu pflanzen, als ihnen gerade einfällt. Und sie können getrost und ohne die Androhung einer Klimastrafe den Vorteil genießen, daß die Pflanzen bei mehr CO_2 schneller wachsen.

Die Umweltschutzbewegung hat die Klimakatastrophe zum Mittelpunkt ihrer Aktivitäten gemacht. Davon muß sie sich erholen. Während sie mit Genugtuung ihren Erfolg mit dem Internationalen Abkommen zum Schutz der Ozonschicht genießt und ihr die Kampagne zur Erhaltung der Artenvielfalt bleibt, muß sie sich im Falle der Klimakatastrophe dem Verdacht leichtfertiger Wichtigtuerei stellen. Horrorgeschichten ohne hinreichenden, wissenschaftlichen Grund schaden ihrer Sache. Sie sollte von ihrem eigenen Wahlspruch: 'Global denken, lokal handeln" lernen, und berücksichtigen, daß viele Menschen und andere Lebewesen darunter gelitten haben, daß namhafte Fremde ihnen den Lebensraum madig gemacht haben.

Auch die Journalisten sollten mit sich ins Reine kommen, weil sie ihre Leser jahrelang mit dem Treibhauseffekt an der Nase herumgeführt haben. Sie müssen wieder lernen, zwischen wissenschaftlichen Beweisen und bloßer Meinung zu unterscheiden. Sie sollten sich vor allem darüber klar werden, warum sie es den Klimabeamten und Umweltgruppen erlaubt hatten, sich ihrer zu bedienen. Wissenschaftler müssen mit ihren Regierungen wieder in Verhandlungen treten, um aus dem Müll der Treibhaushypothese wieder gute Erkundungsprogramme über globale Veränderungen auszugraben. Auch sollten sie bescheidener werden und wieder von der Natur lernen. Neben der unmittelbaren Aufgabe, einen großen Forschungsbereich neu einzurichten, tritt die Notwendigkeit, das angeschlagene Bild der Wissenschaft in den Augen der Steuerzahler wieder herzustellen.

Für Historiker, Philosophen und die politischen Wissenschaften dürfte die Treibhausgeschichte zum Lehrbeispiel für die Frage werden, wie und wodurch die Wissenschaft auf Abwege geraten konnte.

Aber die Ausgangsfrage ist falsch gestellt, denn die eigentliche Physik hat sich ja nicht geirrt. Im Gegenteil, sie erfüllte dank einiger Leute in Kopenhagen, die in ihrer Freizeit am Heimcomputer arbeiteten, ihre Aufgabe und trennte wie gewohnt und in nachahmenswertem Tempo die Spreu vom Weizen.

Dem Irrtum erlag eine kleine, radikale Minderheit, die sich anmaßte, im Namen aller ernsthaften Wissenschaft zu sprechen. Ihnen gelang es einige Jahre lang, die Aufmerksamkeit der Regierungen zu beherrschen. Supercomputer waren ihre spiritistischen Pendel, Umweltschützer und Medien ihre willfährigen Marktschreier. Ein ganzer Schwarm unglücklicher Biologen, Geographen, Sozialwissenschaftler und anderer glaubte an die Computer und hängte seine Karrieren an zweitrangige Science-Fiction-Geschichten, wie zum Beispiel die These von der Ausbreitung der Malaria als Folge der Klimakatastrophe.

Wie konnte das geschehen? Jede Wissenschaftlergeneration hat Individuen, die mit Ministern verkehren oder ihr Spezialwissen dadurch glorifizieren, daß sie Politik predigen. Sie zwingen ihre Zeitgenossen immer wieder aufs Neue, die harte Wirklichkeit zu lernen, daß Wissenschaft und Politik sich nicht vermischen sollten, wenn es nicht wieder zu so schrecklichen Exzessen kommen soll, die Genetiker zu Zwangsarbeit verurteilen oder die Welt hochgehen lassen.

Grenzüberschreitende Wissenschaft war immer unbeherrscht und zerstörte Heiligtümer. In den Momenten, wenn die Natur ihre Botschaft flüstert, muß die Wissenschaft für Politik und Vorurteile taub sein. Das war ihre unwiderstehliche Stärke. In den vier Jahrhunderten, seitdem Galilei die ersten Sonnenflecken skizzierte, führte das Murmeln der Natur den Menschen von kosmischen Engeln bis zum Urknall und vom Abacus bis zum Mikrochip.

Sofern die Natur nicht selbst die Meinungen der Treibhausbrigade, die zunächst sehr überzeugend wirkten, bestätigte, konnten sie nicht auf eine lange Regierungszeit hoffen. Sie zu hinterfragen war das Geschäft einer viel größeren, wenn auch weniger gut organisierten Gruppe. Sie reichte von Archäologen, die etwas vom Klimaaltertum und der Radiokarbon-Methode verstanden, zu den Physikern der Sonnenaktivität, die soviele ungeklärte Geheimnisse der Sonne mit sich herumschleppten. Über weit mächtigere Mittel und eine große Entdeckungskapazität verfügten die Wissenschaftler der Raumfahrt.

Auf personaler Ebene glich der Kampf der dänischen Physiker dem von David und Goliath. In diesem Fall hatte Goliath keine Chance, weil es sich bei der Schleuder um Raumfahrzeuge handelte. Diese gebündelte Technologie war so gebaut, daß sie im harten Umfeld des Alls bestehen konnte. Sie reichte in den Kosten an die Großcomputer der Klimamodellierer heran. Der Unterschied ist, daß Computer blind sind, Raumsonden aber empfindlichere Sensoren haben als selbst menschliche Augen oder Nasen.

Man konnte sie nicht die Erde, die Sonne, das Sonnensystem oder das Universum vier Jahrzehnte lang auskundschaften lassen, ohne durch Überraschungen entlohnt zu werden. Als Henrik Svensmark sich aus dem Internet die Daten des Internationalen Satellitenprojekts für Wolkenklimatologie holte, griff er in einen winzigen Teil des Wissens, das die Routinearbeit vieler Wissenschaftler und Ingenieure der Raumfahrt aus vielen Ländern zusammengetragen hatte. Die Geschichte handelt, kurz gesagt davon, wie kleine kluge Roboter im Raum die Menschheit von einem Irrtum befreiten, den Supercomputer verstärkt hatten.

Wenn die Physik gut in Schuß geblieben ist, so läßt sich das nicht von der Umsetzung der Wissenschaft für öffentliche Belange behaupten. Die Treibhaushypothese wurde angesichts vieler Gegenbeweise von Wissenschaftlern vieler Nationen aufrechterhalten. Sie haben den Bericht des IPCC bestätigt. Die Arbeit des IPCC wurde mit der Politik der Klimakonvention befrachtet, die es anregen und vorantreiben sollte. Dadurch mußte jede Änderung der wissenschaftlichen Annahmen zu politischen Verwicklungen führen.

Im normalen Diskurs würde niemand den Treibhausschwärmern ihre Fehler vorwerfen. Selbst Newton und Einstein machten große Fehler. Wissenschaft lebt davon, daß Hypothesen eifrig verfolgt werden, um zu sehen, wohin sie führen. Das Übel begann, als die Wissenschaft andere Autoritäten für sich in Anspruch nahm. Das paßt nicht zur Wissenschaft.

Am fragwürdigsten war wohl die Rolle britischer Wissenschaftler und des britischen Meteorologischen Amtes in Bracknell, wo, um John Houghstons eigene Worte zu gebrauchen, die wissenschaftliche Einschätzung „orchestriert" worden war. Er bekam dafür besondere Zuwendungen, weil die britische Regierung darauf so versessen war. Sie hatte nämlich das Engagement für die Klimakatastrophe zum zentralen Punkt ihrer Außenpolitik gemacht.

Die Mobilisierung von Wissenschaft im Dienst der Nation hatte in England eine ehrenwerte Tradition. Im Zweiten Weltkrieg hatten sich Wissenschaftler der Not der Nation mit Energie und Initiative angenommen. Sie entwickelten Computer, mit denen man Geheimcodes brechen konnte, Radarpeilgeräte, Penizillin, das Konzept für Atomwaffen und viele weniger auffällige Dinge, die zum Sieg beigetragen haben.

Im Frieden dienten auch zahlreiche von der Regierung unterstützte Forschungsprogramme dem nationalen Bedürfnis zur Verteidigung, der technologischen Erneuerung, dem Gesundheitswesen, der Landwirtschaft und dem Umweltschutz. Das Treibhausprojekt paßt nicht in diese Kategorie Arbeit für den Frieden. Im Dienst der Außenpolitik beschränkte sich die Wissenschaft in der Regel auf die Chiffrierung oder auf Forschungsaufgaben der Entwicklungshilfe. Ende der achtziger Jahre wurden Fragen der Atmosphäre aufgegriffen, um dem Vereinigten Königreich einen Platz am Tisch der Umweltdiplomatie zu sichern. Das kehrte frühere Wissenschaftsprogramme in ihr Gegenteil um.

Dem Natural Environment Research Council (Rat für natürliche Umweltforschung) waren die Mittel ausgegangen, als Anfang der achtziger Jahre die Finanzierung der Wissenschaft in Großbritannien in eine Dauerkrise geraten war. Damals bekamen die Forscher zu hören, sie sollten auf dem Markt miteinander konkurrieren. In Oxford haben verärgerte Wissenschaftler gemeutert, als man dem Premierminister akademische Ehren angedeihen lassen wollte. Mit der Treibhausinitiative wurde die Klimaforschung großzügig finanziert und bekam der Rat für natürliche Umweltforschung wieder Geld. Die Regierung richtete einen Topf ein, aus dem weltweite Umweltforschungen auch anderer Agenturen bezahlt wurden. Die britischen Wissenschaftler waren dafür so dankbar, wie ein geschlagenes Hündchen für ein freundliches Tätscheln. Jetzt gab es wieder Geld, wenn auch nur aus dem Haushalt anderer Forscher. Voraussetzung war, daß man bei der Treibhaushypothese mitspielte.

Was folgte, war eine Parodie auf die Mobilisierung britischer Wissenschaftler im Zweiten Weltkrieg. Nach 50 Jahren sollte die Welt noch einmal gerettet werden, diesmal im diplomatischen Krieg gegen die Kohle- und Ölerzeuger. Wieder galt es, die Amerikaner mit hineinzuziehen. Wenn nun die Politik sagte, die Frontkämpfer in Nadelstreifen brauchen beängstigende Statistiken über die Klimakatastrophe, dann lieferten britische Wissenschaftler das, malten sie grün an und erprobten sie im Sandkasten von Bracknell.

Eine der letzten und wichtigsten Fragen über die besondere britische Rolle in der Treibhausdiplomatie und der sie unterstützenden Wissenschaft ist, warum die britische Regierung so scharf dahinterher war. Wie erklärt sich, daß Premierministerin Margaret Thatcher plötzlich so grün wurde? Als sie im September 1988 ihre neue Politik vor der Royal Society darlegte, mögen einige Zuhörer den Eindruck gewonnen haben, sie habe sich von einem der schärfsten Politiker der Welt zu einer jener vielen besorgten Großmütter gemausert. Das freilich war ein skurriles Fehlurteil.

Die Rede vor der Royal Society war ein Schritt in einem Projekt, das sie seit zwei Jahren verfolgte und das schon weit gediehen war. Im politischen Hinterhof, in Europa gab es endlosen Ärger wegen der britischen Verschmutzung von Trinkwasser, der Küsten und der Luft. Andererseits paßte die Idee, daß auch die anderen Nationen ihre CO_2-Emissionen beschneiden sollten, England ausgesprochen gut, weil hier ohnehin die nationale Kohleindustrie aufgeben werden mußte und der Premierminister statt dessen auf die Kernenergie setzte.

Thatcher wollte der Europäischen Kommission die Umweltinitiative dadurch abnehmen, daß sie aus der Klimakatastrophe eine Weltangelegenheit machte, bei der die Briten nicht nur mit am Tisch saßen, sondern den Vorsitz führten. Die französische und niederländische Regierung wollte eine europäische Politik in Sachen Treibhausgase entwickeln. Dem setzte der britische Umweltminister sein Veto entgegen. Stattdessen freuten sich die Vereinten Nationen und ihre Sonderagenturen darüber, daß die Briten in dieser ungewöhnlichen Sache überaktiv wurden und ihre Bemühung unterstützten einen Weltapparat, das IPCC zu gründen.

In ihren Erinnerungen gibt Baronin Thatcher eine eher einseitige Darstellung ihrer Politik. Die Umweltschützer benutzten die Klimakatastrophe, um damit Kapitalismus, Wachstum und Industrie anzugreifen. Daher wollte sie sich in der Umweltdebatte Geltung verschaffen, „um eine ausgeglichenere Vorgehensweise zu sichern". Aber gegen grünen Sozialismus kann nur die Wissenschaft helfen.

Sonja Boehmer-Christiansen, eine Politikwissenschaftlerin aus Grighton in England untersuchte die Rolle der Briten in der regierungsübergreifenden Aktion näher als wir es hier können. Es ist eine spaßige Ironie, daß ihre Arbeit als ein Seitenzweig der britischen Forschung zum Klimawandel finanziert wurde. In einer Rede vor einer Konferenz über internationale Beziehungen faßte sie ihre Erkenntnisse nicht zimperlich zusammen.

„Großbritannien sicherte sich seinen Platz, indem es den berüchtigten wissenschaftlichen Konsens im IPCC zustandebrachte", sagte sie. Der Trick war eine „Vereinbarung zwischen wissenschaftlichen Einrichtungen, die untereinander weitgehend um die knappen Forschungsgelder wetteiferten".

Zur Treibhauspolitik gibt es zahlreiche Nebenfragen. Warum zum Beispiel folgten die Amerikaner den Briten trotz der Proteste angesehener Meteorologen in den USA? Doch in erster Linie gilt es für die britische Wissenschaft, die seit den Tagen Newtons als Quelle neuer Entdeckungen berühmt ist, in den Trümmern ihrer Politik und ihres Ansehens die Glaubwürdigkeit wieder zu finden und ihre Beziehung zum Nationalstaat neu zu ordnen. Was für ein Niedergang war das, meine Landsleute!

Wenn man eine Lehre aus der Angelegenheit ziehen will, dann in erster Linie wohl die, daß es notwendig ist, die akademische Forschung in ihrem Elfenbeinturm zu belassen. Der war ihr oft von Leuten vorgeworfen worden, die meinen, alle vom Staat finanzierte Wissenschaft solle absehbaren Nutzen bringen. Aber der Elfenbeinturm ist vielleicht, was hoch originelle Entdeckungen betrifft, das nützlichste Gebäude in der Stadt der Wissenschaften. Er ist wahrscheinlich auch die sicherste Quelle für politisch nicht verfälschte Erkenntnisse, auf die sich wie das Militär auf den Nachrichtendienst die Verantwortlichen bei höchst riskanten Operationen müssen verlassen können.

Fachleute in der Politik haben als Wahrsager, Astrologen und Opferbeschauer eine lange Tradition, aber in der modernen Gesellschaft muß ihre Rolle eingegrenzt werden. Beratende Experten drücken nur ihre persönliche Meinung aus und können nicht für die Wissenschaft schlechthin sprechen. Schreiten die Entdeckungen voran, so ersetzen sie weitverbreitete Meinungen durch neue. Für die Mehrheit ist es ganz normal, hinter der Zeit herzulaufen, nicht so für die hoch geehrten Weisen. Wissenschaftler und Politiker müssen neu begreifen, daß Konsens kein für die Wissenschaft taugliches Konzept ist. Als Nazi-Wissenschaftler ihre Solidarität gegen die jüdische Relativitätstheorie in dem Buch *Hundert gegen Einstein* bezeugten, murmelte der haarige Bursche, einer würde schon ausreichen. Er meinte, ein Gegenbeweis, den nur einer der Solidarischen aus der Natur beschaffen würde, könnte die Theorie schon zerstören, an die aber keine noch so große Prahlerei heranreicht.

Die Ernsthaftigkeit und intellektuelle Überzeugung von John Houghton und seiner Gruppe in Bracknell steht hier nicht zur Debatte. Ihr Motiv, die Welt zu retten, und ihr Glaube an den Treibhauseffekt waren vielleicht sogar echt. Aber solche Tugenden zählen in der Wissenschaft nicht. In ihr können Leute aus allen politischen Richtungen mit jeder moralischen Absicht Entdeckungen machen. Aus persönlicher Erfahrung brachte das der Immunologe Peter Medawar einmal auf den Punkt:

> „Ich kann jedem Wissenschaftler, wie alt er auch sei, keinen besseren Rat geben“, schrieb Medawar, „als den: Die Kraft der Überzeugung, daß eine Hypothese richtig sei, ist kein tragfähiger Grund, ob sie es ist oder nicht“.

Demnach sind Politiker und Forschungsverwalter schlecht beraten, wenn sie von Wissenschaftlern in einer Situation allgemeiner Unsicherheit auf Biegen und Brechen Ergebnisse eintreiben wollen. Das ist, als wollte man das Universum unter den Willen eines Lilliputaners beugen. Wenn sich die Natur spröde stellt und Wissenschaftler sagen, sie brauchen mehr Zeit, dann meinen sie es auch so. Keine Quälerei kann zu sinnvollen Ergebnissen führen, bevor die Arbeit vollbracht ist. Um politischer Ziele willen zu früh verbreitete Informationen sind so unzuverlässig wie ein Papierflugzeug.

Was nun unsere zerbrechliche Erde anbelangt, so ist die gute Nachricht: Die Wissenschaft hat seit 1960 beim Verständnis des Klimawandels und vieler anderer Aspekte des globalen Wandels, des natürlichen oder des vom Menschen verursachten, große Fortschritte gemacht. Aber wir sind noch weit davon entfernt, sinnvolle Vorhersagen machen zu können; vielleicht ist es auch gar nicht möglich. Was die Politiker nun auch immer über die Launen der Sonne zu hören bekommen, sie tun gut daran, nicht wieder voreilig einen Vertrag abzuschließen, vielleicht, um als Abwehrmaßnahme gegen eine mögliche Abkühlung mehr Treibhausgase in die Luft zu blasen.

Was die Helden aus Dänemark in unserer Geschichte betrifft, so sind die einsamen Jahre im Ozean der Treibhausstürme vorbei. Erinnern wir uns an die Überzeugungsleiter von Desmond Bernal! Danach werden die Gegner sich zunächst winden und sagen, die Erkenntnisse sind ja gar nicht so neu. Schließlich werden sie behaupten, im Grunde immer schon vermutet zu haben, daß kosmische Strahlen Wolken hervorrufen. Und leichtfertiges Volk wird ihnen das sogar abnehmen.

Doch wen kümmert das? Unsere Wikinger des Sonneneinflusses auf das Erdklima haben ihr Thule erreicht, das nur denen offensteht, welche die menschliche Erkenntnis ein Stückchen weitergebracht haben. Das einzige Urteil, das auf Dauer zählt, spricht hier die Nachwelt.

HINWEISE

werden nach der Seite und einem Schlüsselbegriff angegeben.

Folgende Abkürzungen werden für die Veröffentlichungen des Intergovernmental Panel on Climate Change (IPCC) verwendet.

Klimawandel 1990.	J.T. Houghton, G.J. Jenkins & J.J. Ephraums (eds) *Climate Change: The IPCC Scientific Assessment,* Cambridge University Press, Cambridge, UK, 1990
Klimawandel 1992	J.T. Houghton, B.A. Callander & S.K. Varney (eds) *Climate Change* 1992: *The Supplementary Report to the IPCC Scientific Assessment,* Cambridge University Press, Cambridge, UK, 1992
Klimawandel 1994	J.T. Houghton, L.G. Meira Filho, J. Bruce, Hoesung Lee, B.A. Callander, E. Haites, N. Harris & K. Maskell (eds) *Climate Change 1994: Radiative forcing of Climate Change and an Evaluation of the IPCC IS92 Emission Scenarios,* Cambridge University Press, Cambridge, UK, 1994
Klimawandel 1995.	J.T. Houghton, L.G. Meira Filho, B.A. Callander, N. Harris, A. Kattenberg & K. Maskell (eds) *Climate Change 1995: The Science of Climate Change,* Cambridge University Press, Cambridge, UK, 1996

9	Örsted und Elektromagnetismus: M. Pihl, "The first spark of electrotechnics,' Sonderdruck des Dänischen Außenministeriums
10	Galilei und die Sonnenflecken: *Istoria e Dimostrazione delle Macchie Solari,* 1613; zitiert nach J.J. Fahie, *Galileo, His Life and Work,* Murray, London, 1903
11	Cassini über fehlende Sonnenflecken: zitiert nach R.W. Noyes, *The Sun, Our Star,* Harvard University Press, Cambridge, Massachusetts, 1982
11	Herschel über Sonnenflecken und Wetter: *Philosophical Transactions of the Royal Society, vol.* 91, S. 265-83, 1801
11	Herschel über Infrarotlicht: *Philosophical Transactions of the Royal Society,* vol. 90, S. 255-83, 1800
12	Thomson (Kelvin) und die Lebensdauer der Sonne: J. Burchfield, *Lord Kelvin and the Age of the Earth,* Macmillan, London, 1975
15	Biermann über den Sonnenwind: L. Biermann, *Zeitschrift für Astrophysik,* Vol. 29, S. 274 ff., 1951
15	Parker über Sonnenwind: E.N. Parker, *Interplanetary Dynamical Processes, Interscience,* New York, 1963
17	Lichtmeßgeräte im Weltraum: nach C. Fröhlich et al. In: C.P. Sonett et al. (eds) *The Sun in Time,* University of Arizona, Tucson, 1991, S. 11-29
18	Graphik, Schwankungen des Sonnenlichts: nach R.C. Willson & H.S. Hudson, *Nature,* Vol. 351, S. 42, 1991
20	Forbush über Schwankungen der kosmischen Strahlung: S.E. Forbush, *Journal of Geophysical Research,* Vol. 59, S. 525 ff., 1954
21-2	Sonne-Erde-Ereignisse im März 1989: Daten und Kommentar nach dem Vorlesungstext von J.H. Allen, US National Geophysical Data Center, Boulder, Colorado
26	Zwei unerschrockene Meteorologen: K. Labitzke & H. van Loon, *Journal of Atmospheric and Terrestrial Physics,* Vol. 50, S. 197-206, 1988
29	Hitze im Jahr 1988: J. Hansen, zitiert in John Gribbin, *Hothouse Earth,* Bantam Books, New York, 1989
29-30	Ein skeptischer Meteorologe (und die nächsten 6 Paragraphen): R.S. Lindzen, 'Global Warming: The Origin and Nature of Alleged Scientific Consensus,' Sonderdruck, MIT, 1992
30	'Ich habe mich verlassen': M. Thatcher, *The Downing Street Years,* Harper Collins, London, 1993 S. 638-641; Zitat auf S. 640
31	Der britische Premierminister versichert: S.A. Boehmer-Christiansen, 'Britain and the Intergovernmental Panel on Climate Change: Promoting Global Research or Managing National Politics?' Vortrag vor der British International Studies Association, York, Dezember 1994
31	' um klar zu verstehen': J.T. Houghton, *Global Warming: The Complete Briefing,* Lion Books, Oxford, 1994, S. 126
32	'Nicht nur Wissen': B. Bolin, 'Greenhouse Gases and Global Change', in N. Calder (ed.) *Scientific Europe,* Foundation Scientific Europe, Maastricht, 1990, S. 160

34 Das Maunder Minimum: J.A. Eddy, *Science,* Vol. 192, S. 1189-1202, 1976

36 Die Klimawissenschaft kam einen Schritt weiter: N. Calder, *Nature,* Vol. 252, S. 216-218, 1974; J.D. Hays et al., *Science,* Vol. 194, S. 1121-1132, 1976

37 Graphik über die Eiszeit: nach N.J. Shackleton & N.D. Opdyke, *Quaternary Research,* vol. 3, S.39-55, 1983, bearbeitet von J. Imbrie and J.Z. Imbric; N. Calder, *Nature,* Vol. 252, S. 216-218, 1974

38 Fourier, Arrhenius und die Geschichte des Treibhauseffekts: vgl. J.T. Houghton, *Global Warming: The Complete Briefing,* Lion Books, Oxford, 1994, S. 21-22

39 Graphik über Kohlendioxid: nach *Klimawandel 1990* S. 9, fig. 1.4, und C.D. Keeling et al., *AGU Geophysical Monographs,* Vol. 55, S. 165-236, 1989.

41 Ein früherer Präsident der Nationalen Akademie der Wissenschaften in den USA, Fred Seitz (ed.) *Scientific Perspectives on the Greenhouse Problem,* George C. Marshall Institute, Washington DC, 1989

43 Vegetation vom Weltraum aus: N. Calder, *Spaceship Earth,* Viking, London, S. 95-128, 1991

43 Berechnungen eines amerikanischen Fachmanns: S.M. Fearnside, 1982

44. Ergebnisse der Mikrowellensonden: N. Nicholls et al. in *Klimawandel 1995,* besonders. S. 147-8

44 Sonnen-Erde-Ereignisse im August und October 1989: Daten und Kommentar nach dem Vortragstext von J.H. Allen, US National Geophysical Data Center, Boulder, Colorado

47 'Ich wurde veranlaßt zu glauben': J.T. Houghton, *Global Warming: The Complete Briefing,* Lion Books, Oxford, 1994, S. 7-8.

47 'Wir haben einen Reparaturauftrag': M. Thatcher nach J.T. Houghton, *Global Warming: The Complete Briefing,* Lion Books, Oxford, 1994, S. 134

47-8 *Klimawandel 1990*

48 Graphik zum Treibhauseffekt: *Klimawandel 1990,* S.XXII, fig. 8

48 'eine maßgebliche Erklärung': *Klimawandel 1990,* S. V

49 'Ich mache mir Sorgen': H. Tennekes, *Weather,* Vol. 45, S. 67-8, 1990

49 'Einen geistreichen Roman': Voltaire, *Lettres Philosophiques,* 1734

49 Karten über den Monsun: aus *Klimawandel 1990,* S. 145

50 'Ein eindeutiger Nachweis': *Klimawandel 1990,* S. XXIX

50 Wasserdampf: R.S. Lindzen, 'Global Warming: The Origin and Nature of Alleged Scientific Consensus,' Sonderdruck des MIT, 1992, S. 2

51 Experimente zum Strahlungsbudget der Erde: V. Ramanathan et al., *Science,* Vol. 243, S. 57-63, 1989

52 Zur Thermostat Hypothese: V. Ramanathan & W Collins, *Nature,* Vol. 351, S. 27-32, 1991

52 'Obwohl Wolken im allgemeinen kühlen': U. Cubasch & R.D.Cess, 'Processes and Modelling,' in *Klimawandel 1990,* S. 79

52 GRIP Project: Unterredung mit S.J. Johnsen 1996

54-6 Länge des Sonnenzyklus: E. Friis-Christensen & K. Lassen, *Science,* Vol. 254, S. 698—700, 1991

54 Graphik über den Temperaturanstieg: *Klimawandel 1990,* S. 206, fig. 7.6 (a) nach S.D. Jones, *Journal of Climatology,* vol. 1, S. 654-660, 1988

55 Graphik zur sonnenbedingten Erwärmung: nach E. Friis-Christensen & K. Lassen, *Science,* Vol. 254, S. 698-700, 1991

55 Es hat ihn erwischt: G.C. Reid, *Nature,* Vol. 329, S. 142-143, 1987

56 Verhältnisse der Schneeschmelze: N. Nicholls et al. in *Klimawandel 1995,* S. 157

56 Ein unorthodoxer Meteorologe: R Corbyn, Interview in *The Guardian,* London, 27. Juni 1996; aufgrund eines Gesprächs im Jahr 1996

59 Ulysses Mission: Sonderausgabe von, *Astronomy and Astrophysics Supplement Series* Vol. 92, No. 2, S. 207-440, 1992

59 'Wie können Sie erwarten': R. Marsden, im Gespräch 1994

60 'Stellen Sie sich vor, sie sitzen': J.A. Simpson, in Gesprächen der Jahre 1994 und 1996

60-4 Schwankungen beim Radiokarbon-Gehalt: H.E. Seuss in *Radiocarbon Dating and the Methods of Low Level Counting,* IAEA, Vienna, 1967; C. Renfrew, *Before Civilization,* Cape, London, 1973; C.R Sonett, *Meteoritics,* vol. 20, S. 383-94, 1985; C.W. Pearson et al., *Radiocarbon,* Vol. 25(2) S. 911-34, 1986; R.E. Damon & C.R Sonett, in C.P. Sonett et al. (eds) *The Sun in Time,* University of Arizona, Tucson, 1991, S. 360-88

62 Graphik mit Radiokarbon-Kurven: nach J. Kleini et al. *Radiocarbon, Vol.* 22, S. 950-961, 198o; übernommen von R.E. Damon & C.R Sonett, in C.P. Sonett et al. (eds) *The Sun in Time,* University of Arizona, Tucson, 1991, S. 360-388

64 Aufsatz: E. Friis-Christensen & K. Lassen, *Science,* Vol. 254, S. 698-700, 1991

64-5 'Das Problem heute': J. Leggett, *Air Scare,* Heinemann Educational Books, Oxford, 1991 , S.15

66 'Wir wissen noch nicht': D. Gough, im Gespräch 1992

67 Phobos Experiment: C. Fröhlich et al. in G. Berthomieu & M. Cribier (eds) *Inside the Sun,* Kluwer, Dordrecht, 1990, S. 279-88

67 Gough gab vor, in die Sonne hineinsehen zu können, D. Gough, Sonderdruck seiner Rede vor der National Academy of Science, 1991

69 'Wir können Veränderungen in Verbindung bringen': C. Fröhlich, im Gespräch 1994

70 'Cluster wird beseitigen': R. Schmidt, im Gespräch 1994

71 'Eine der Schwierigkeiten': R.M. Bonnet, *Les Horizons chimeriques,* Dunod, Paris, 1992, S. 255

71-2 Sonne-Erde-Ereignis im Juni 1991: Daten und Kommentare nach dem Vortrag von J.H. Allen, US National Geophysical Data Center, Boulder, Colorado

72 Graphik über die Temperaturen nach dem Pinatubo Ausbruch: nach *Klimawandel 1995,* Technical Summary, S. 33

72 Temperaturen nach dem Pinatubo Ausbruch: WL. Gates et al. in *Klimawandel 1995*, besonders S. 257-58

73 Verhalten des Kohlendioxids nach dem Pinatubo Ausbruch: D. Schimel et al. in *Klimawandel 1995*, CSP. S. 80-2

75-8 Yohkoh: Z. Svestka & Y. Uchida, *The Yohkoh (Solar-A) Mission,* Kluwer, Dordrecht, 1991; L. Culhane, R. Bentley and A. Phillips, Gespräche zwischen 1992 und 1996

78 -9 Aufsatz: E. Friis-Christensen & K. Lassen, *Science,* Vol. 254, S. 698-700, 1991

79- 82 Verbesserter Bericht: *Klimawandel 1992,*

80 Ein bedeutender Kristallograph: J.D. Bernal, im Gespräch 1958

80 Kelly and Wigley versuchen zu vermischen: R. M. Kelly & T.M.L. Wiglcy, *Nature,* Vol. 360, S. 328-330, 1992

81 Der schweizer Raumfahrt-Wissenschaftler: C. Fröhlich, *Journal of Geophysical Research,* Vol. 92, S. 796-800,1987

81-2 IPCC über Friis-Christensen & Lassen: *Klimawandel 1992,* besonders S. 14, S.16, S. 64-5 and S. 162-3

82 Houghtons Schlüsse über die Sonne: J.T. Houghton, *Global Warming: The Complete Briefing,* Lion Books, Oxford, 1994, S. 87

82 Vorbehalte gegenüber den Gutachtern: *Klimawandel 1992,* S. 183

82-3 Ulysses passiert Jupiter: mehrere Autoren, *Science,* Vol. 257, besonders. S. 1496-1557, 1992; R.G. Marsden, im Gespräch 1994

83-4 Revelle schreibt mit an einem Aufsatz (und die folgenden 4 Abschnitte): R.S. Lindzen, 'Global Warming: The Origin and Nature of Alleged Scientific Consensus,' Sonderdruck, MIT 1992: Revelle und White werden S. 6 zitiert; Lindzen's angeblicher Rückzug, S. 6-7; 'Der Druck war oft wirksam,' S. 5-6; 'Die bemerkenswerte Zentralität,' S. 7

85 'Das wurde oft kommentiert': J.T. Houghton, *Global Warming: The Complete Briefing,* Lion Books, Oxford, 1994, S. 132-3

85 GRIP: S.J, Johnsen, im Gespräch 1996

86 Geotail: A. Nishida Rede vor der COSPAR 96, Birmingham 1996

89-90 Hurrikan Andrew, die Daten von C. Flavin & O. Tunali, *Climate of Hope,* Worldwatch Paper 130, Worldwatch Institute, Washington DC, 1996

90 Houghton über Andrew und andere Wirbelstürme: J.T. Houghton, *Global Warming: The Complete Briefing,* Lion Books, Oxford, 1994, S. 11-13 und S. 86-7

91 Sonderstudie über Tropische Zyklone: L. Bengtsson et al., Tellus, Vol. 47A, S. 175-96, 1995

91 Beobachtungen der realen Welt: N. Nicholls et al. in *Klimawandel 1995,* besonders. S. 169-170.

91 Sonnenaktivität im Nov. 1992: was Yohkoh betrifft, A. Phillips, im Gespräch 1996; was Ulysses betrifft, E. Smith im Gespräch 1996

92 Das Schiff Vickers (und die folgenden 8 Absätze): V. Ramanathan et al., *Science,* Vol. 267, S. 499-502, 1995; und V. Ramanathan, im Gespräch 1996

93 In Tasmanien, Colorado, Wisconsin und Alaska: R.D. Cess et al., *Science,*Vol. 267, S. 496-8, 1995

94 'Jetzt scheint es an der Zeit zu sein': Teya Ryan, zitiert nach R.S. Lindzen, 'Global Warming: The Origin and Nature of Alleged Scientific Consensus,' Sonderdruck MIT, 1992, S. 10, Anmerkung 6

94 'Der Treibhauseffekt kann Einbildung sein!': Exposé für eine Fernsehserie über die Sonne, Henk van Mierlo: Production, The Hague, N. Calder: Text

95 Institutsbroschüre für die Öffentlichkeit: *Weather, Climate and Oceans,* Danish Meteorological Institute, Copenhagen, ohne Jahr

96 Ein Beiprodukt des Ereignisses: W Karlén et al., *The Earth's Climate - Natural Variations and Human*

Influence, Elforsk AB, Stockholm, 1993; 'The model calculations' S. 38-9

96 Der Babysatellit: Broschüre 'A Danish microsatellite with a high scientific profile', Copenhagen, ohne Jahr

97 Beispiel aus China: S. Hameed & G. Gong, *Geophysical Research Letters,* Vol. 21, S. 2693 -2696, 1994; die Antwort der Dänen in K. Lassen & E. Friis-Christensen, *Journal of Atmospheric and Terrestrial Physics,* Vol. 57, S. 838-845, 1995

98 Einer der führenden Autoren: J.M. Melillo et al., *Nature,* Vol. 363, S. 234-240, 1993

99 Graphik zum Frühjahr in China: nach K. Lassen & E. Friis-Christensen, *Journal of Atmospheric and Terrestrial Physics,* Vol. 57, S. 838-45, 1995

99 'Es ist nur eine vorläufige Analyse': D. Kicklighter, im Gespräch 1993

99-100 Einige amerikanischen Astronomen taten ihr Bestes: S.Baliunas & R. Jastrow, Vorabdruck für *Energy,* 1993

100 'Das Ergebnis liegt nahe': Baliunas & Jastrow S. 10

105 Am Observatorium von Armagh: C.J. Butler & D.J. Johnston, *Journal of Atmospheric and Terrestrial Physics,* Vol. 58, S. 1657-1672, 1996

108 'Wir müssen nach einer eins zu eins Beziehung gucken': J.C. Pecker beim Treffen der Royal Society/British Academy über Sonne und Klima, 1989

108 Die untere Atmosphäre in der Polarregion: C.J.E. Schuurmans, 'Influence of solar flare particles on the general circulation of the atmosphere,' *Nature,* 1965

108-9 Ein wissenschaftlicher Aufsatz von vor 30 Jahren: E.P. Ney, *Nature,* Vol. 183, S. 451, 1959

109 'Ulysses sagt uns': R. Marsden, im Gespräch 1994

110 Ulysses, Graphik zum Sonnenwind: nach *International Heliospheric Study Newsletter* No. 10. Juni 1996

110 'Unser Instrument findet': J. Geiss, im Gespräch 1994

110 'Und nun die Raumsonde': A. Balogh, im Gespräch 1994

111 Der neue Aufsatz: K. Lassen & E. Friis-Christensen, *Journal of Atmospheric and Terrestrial Physics,* Vol. 57, S. 838-845, 1995

111-12 Um Friis-Christensen zu ärgern: B.A. Tinsley, EOS, Vol. 75 (32), S. 369 and 374, 1994

112 'Sorge über den Klimawandel der Erde': Der gleiche Text im Video Vorspann von Ulysses (1994), SOHO (1995) and Cluster (1995): European Space Agency, Paris: hergestellt von Derek Nelson, Text von N. Calder

112-14 Ulysses Südpolumkreisung: Arbeitstreffen der ESA/ESTEC, Noordwijk, Niederlande, Sept. 1994

114 'als wäre ein Mann in der Sonne': A. Balogh, im Gespräch 1994

114 'Wir kamen zum Südpol': A. Balogh, im Gespräch 1994

115 Ein Duzend erster Plätze rund um die Welt: aufgelistet in *Klimawandel 1995*, S. 298-9

115 Robert Charlson führte aus: R.J. Charlson et al., *Science,* Vol. 255, S. 423-30, 1992

115-16 Das französische Team entdeckte: H. Le Treut et al., 1995, zitiert nach A. Kattenberg et al. in *Klimawandel 1995,* S. 293

116 'Ich bin überzeugt': H. Le Treut, im Gespräch 1996

116-17 Ein ungewöhnlich langer El Niño: D. Phillips (ed.) *The Global Climate System Review,* 5. Edition for 1991-3, World Meteorological Organization No. 819, Geneva, 1995, besonders S. 9-20

119 In Elsinore: W Shakespeare, *Hamlet,* Akt III, Szene 2

119 Wolken sollte man nicht konstruieren: U. Cubasch & R.D. Cess, in *Klimawandel 1990,* S. 79

119 'Bestimmung der Abhängigkeit von Wolken': R. Dickinson et al. in *Klimawandel 1995* , S. 197

119 *Klimawandel 1995*

119 Über die Wolken: V. Ramanathan et al., *Science,* Vol. 267, S. 499-502, 1995; R.D. Cess et al., *Science,* Vol. 267, S. 496-8, 1995

119 Weniger als 2 Monate später: R Pilewskie und F. Valero, *Science,* Vol. 267, S. 1626-1629, 1995

120 'Das ist grundlegend': V. Ramaswamy von GFDL, zitiert nach R.A. Kerr, *Science,* Vol. 267, S. 454, 1995

120 'Der Beweis für die Behauptung ist dünn': R.E. Dickinson et al. in *Klimawandel 1995.* S. 208

121 Hurrikane vor der US Küste: N. Nicholis et al. in *Klimawandel 1995,* S. 169-170

121 'Wir entdecken am Boden einen Trend zur Abkühlung': J.D. Kahl et al., *Nature,* Vol. 361, S. 335-337, 1993

121 'Keine allgemeine Erwärmung in der Arktis': N. Nicholls et al. in *Klimawandel 1995*, S. I46

122 *Klimawandel 1995* revidiert die beste Abschätzung: *Klimawandel 1995*, Zusammenfassung für Politiker, S. 5-6

122 2 Grad plus sind zu erreichen: *Klimawandel 1990,* Zusammenfassung für Politiker, S. XXII, fig. 9

122 Ein Zwischenbericht mit Namen *Klimawandel 1994* ausführliche Literaturangabe oben

123 Karten über Treibhauserwärmung: *Klimawandel 1995,* S. 307

123 'Hauptunsicherheiten': B.D. Santer et al. *Klimawandel 1995,* S. 423

125 Die Untersuchung war beeindruckend genug: R. D. Ditlevsen et al., *Nature,* vol. 379, S. 810-812, 1996

126-7 Ulysses über dem Nordpol, Redebeiträgen der COSPAR 96, Birmingham, Juli 1996

129-30 Eine Chance für Corbyn: S. Corbyn, Postervortrag bei der European Conference on Applications of Meteorology, Toulouse, September 1995, verteilt von Weather Action Faxcall

130 Der BBC Produzent: Chris Wells, 'Sunshine with Scattered Showers', BBC1, 4 Juli 1996

132 'Irgendwo müssen die Mittel herkommen': D. Pearce zitiert nach E. Masood, *Nature,* Vol. 378, S. 429, 1995

137 Ein meteorologisches Aufgebot: V. Ramanathan, F.P.J. Valero & R.D. Cess, GEWEX (Global Energy and Water Cycle Experiment) Newsletter, Februar 1996

137 Eine große kühlende Staubwolke: X. Li et al., *Nature,* Vol 380, S. 416-419

137-42 Alles hängt am Kapitel 8: B.D. Santer et al., Chapter 8, 'Detection of Climate Change and Attribution of Causes' in *Klimawandel 1995,* S. 407-443

137-8 Ein unfreundliches Eingreifen: Pat. Michaels et al. *Journal of the Franklin Institute,* Vol. 331 A, S. 123-33, 1994

138 'Die das Klimasystem am realistischsten beschreiben': *Klimawandel 1990* Einleitung, S. XXXVIII

138 'Es gibt da einige ernste Probleme': B.D. Santer et al. *Klimawandel 1995,* S. 427

139 Karten über Treibhauserwärmung aus *Klimawandel 1995,* S. 38 and 27

141 Graphik über Erwärmung in höherer Höhe: *Klimawandel 1995,* S. 28

41 'Die beste und wissenschaftlich sauberste Wortwahl': J.T. Houghton, *Nature,* Vol. 382, S. 665, 1996

141 'Die Möglichkeit zu Quantifizieren': *Klimawandel 1995,* Zusammenfassung für Politiker, S. 5

142 'Unsere Beobachtungen legen nahe': B. Bolin et al. in *Klimawandel 1995,* Vorwort, S. XI

142 'Jetzt ist es offiziell': *Science,* Vol. 270, S. 1565, 1995

142 'Wir kommen nun zu einer schwierigen Frage': B.D. Santer et al. in *Klimawandel 1995,* S. 439

147 Graphik über kosmische Strahlen und den Schutz: nach H. Svensmark & E. Friis-Christensen, *Journal of Atmospheric and Terrestrial Physics,* 1996 noch im Druck

147 Eine Gruppe Russen: M.I. Pudovkin et al., *Journal of Atmospheric and Terrestrial Physics,* Vol. 57, S. 1349-1355, 1995

148 Eine 20 Jahre alte Annahme: R. Dickinson, *Bulletin of the American Meteorological Society,* Vol. 56(12), S. 1240-8, 1975

148 Neuerdings andere Wissenschaftler: A.K. Barlow & J. Latham, *Quarterly Journal of the Royal Meteorological Society,* Vol. 109, S. 763-770, 1983

148 Die Größe der Wirkung auf die Wolken: Svensmark & Friis-Christensen beziehen sich auf G. Ohring & S.F. Clapp, *Journal of Atmospheric Science,* Vol. 37, S. 447-454, 1980; V. Ramanathan et al., *Science,* Vol. 243, S. 57- 63, 1989; and R Ardanuy et al., *Journal of Geophysical Research* Vol. 9, S. 1-2, 1991

149 Zusammenfassung der jüngsten Ergebnisse: R.A. Kerr, *Science,* Vol. 271, S. 1360-1361, 1996

151 GRIP Ergebnisse: S.J. Johnsen, im Gespräch 1996

151 Frühere Untersuchungen der Eisbohrkerne aus Grönland: W.B. Hibler & S.J. Johnsen, *Nature,* Vol. 280, S. 481-483, 1979

152 Das Buch vereinigte zwei Duzend Kritiken: J. Emsley (ed.) *Die Klimadiskussion,* The European Science and Environment Forum, London, 1996 (auf Englisch und Deutsch)

152 Viele normale Bürger: *Climate System Monitoring Monthly Bulletins,* Januar-April 1996, World Climate Research Programme, Genf, 1996

153 Eine neue Technik namens Helioseismische Tomographie: T.L. Duvall et. al., *Nature,* Vol. 379, S. 235-237, 1996

153 Die ersten Ergebnisse des GONG-Netzes: mehrere Autoren, *Science,* Vol. 272, S. 1281-1309, 1996

154- 61 SOHO: Gespräche in den Jahren 1994 bis 1996 mit dem Projekt Manager E Felici, mit Projekt Wissenschaftlern V. Domingo, A. Poland and B. Fleck, und Forschern J.-L. Bertaux, R. Bochsler, G.E. Brueckner, J.-P. Delaboudinière, C. Fröhlich, A.H. Gabriel, R. Harrison, D. Hovestadt, J.L. Kohl, H. Kunow, S. Scherrer, J.J. Torsti and K. Wilhel; dazu ESA Presse Konferenz über die SOHO Ergebnisse, Paris, Mai 1996

163 Ein Bericht über ein vergangenes Ereignis: K. O'Brien et at. in C.P. Sonett et al. (eds) *The Sun in Time,* University of Arizona, Tucson, 1991, S. 317-359

164 Graphik über die aa Zunahme: nach K. Lassen & E. Friis-Christensen, *Scientific Report,* 93-100, Danish Meteorological Institute, 1993

164 Amerikanische Wissenschaftler haben vorgeschlagen: J. Feynman & N.U. Crooker, *Nature,* Vol. 275, S. 626, 1978; M. Stuiver & RD. Quay, *Science,* Vol. 207, S. 11-18, 1980

165 Wissenschaftler in der Schweiz and Frankreich: J. Beer et al. in C.P. Sonett et al. (eds) *The Sun in Time,* University of Arizona, Tucson, 1991, S. 343-359; Gespräch mit G.M. Raisbeck 1996

166 'Ein umstrittenes Thema': *Magnetometry Mission,* ESA, Noordwijk, SP-1196 (5), S. 26, 1996

168 Eine Mission namens Grace: *Earth Radiation Mission,* ESA, Noordwijk, SP-1196 (3), 1996

170 Bemerkungen von M. Jefferson, J. Emsley and J.T. Houghton nach E. Masood, *Nature,* Vol. 381, S. 455, 1996

170-l Textanalyse der Global Climate Coalition und Kommentare von B.D. Santer and J.T. Houghton nach E. Masood, *Nature,* Vol. 381, S. 546, 1996; die Erklärung J.T. Houghton, *Nature,*Vol. 382, S. 665, 1996

171 Der Vorsitzende der Republikaner: Über D. Rohrbachers Vorgehen berichtet C. Macilwain, *Nature,* Vol. 382, S. 195, 1996

172 Die neue Studie: H. Svensmark & E. Friis-Christensen, *Journal of Atmospheric and Solar- Terrestrial Physics,* 1996 noch im Druck

172 Aus dem Herzen des Treibhauslagers: B. Santer et al., *Nature,* Vol. 382, S. 39-46, 1996

173 Kümmere dich nicht, sagt die Natur. N. Nicholls, *Nature,* Vol. 382, S. 27-28, 1996

174 Strömungsdiagramm nach der Zeichnung von J. Kohl, persönliche Mitteilung 1996

175 Information des World Energy Council: E. Masood, *Nature,* Vol. 382, S. 103, 1996

175 'Wie man einem armen Händler sagt': Abdul Bar al Gain, zitiert in *Nature,* 1995

175 Die Allianz der kleinen Inselstaaten und andere Gruppen: in C. Flavin & 0. Tunali, *Climate of Hope,* Worldwatch Paper 130, Worldwatch Institute, Washington DC, 1996

176 'SOHO nimmt die Sonnenwissenschaft im Sturm': R.M. Bonnet nach ESA Information Note, Juli 1996

176 'Du sollst nicht herausgreifen': J.T. Houghton zitiert von S. Brown, *The Guardian,* London, 17. Juli 1996

176 'Es ist die beste Wissenschaft': B. Bolin zitiert von P. Brown, *The Guardian,* London, I7. Juli 1996

177 'Die Sirenen müssen heulen' und anderes: J. Gummer zitiert von P. Brown, *The Guardian,* London, 18. Juli 1996

177 ' Die Öl und Kohle Interessenvertreter': M. Hedger zitiert von P. Brown, *The Guardian,* London, 18. Juli 1996

177 'Es ist keine Frage': T. Wirth zitiert von P. Brown, *The Guardian,* London, 18. Juli 1996

177 'Wir glauben die Umstände': T. Wirth zitiert von P. Capella, *The Times,* London, 18. Juli 1996

178 Früher in der Woche: Editorial, 'Taming the Climate', in *The Guardian,* 15. Juli 1996. 'Gegenwärtige Projektionen zeigen, daß bis zum Jahr 2000 die durchschnittliche Wassermenge des Indus in Pakistan um 43 Prozent fällt, die des Niger in Afrika um 31 Prozent.' Wahrscheinlich wurde aus Versehen 2000 statt 2100 geschrieben.

179 Temperaturzunahme in der Atmosphäre: K. Labitzke & H. van Loon, *Journal of Climatology,* Vol, 5, S. 290 ff, 1992; auch J.D. Haigh, *Science,* Vol. 272, S. 981-984 dort weitere Hinweise

179 Friis-Christensen erinnert seine Zuhörer: P. M. Kelly & T. M. L. Wigley, *Nature,* Vol. 36o, S. 328-330, 1992

179 Andererseits: M. Schlesinger & N. Ramankutty, *Nature,* Vol. 360, S. 330-333, 1992

180 'Ich finde die Bewegung': B. Bolin zitiert von *Information,* Copenhagen, 19. Juli 1996

180 'Ich bin besonders skeptisch': B.D. Santer zitiert nach *Information,* Copenhagen, 19. Juli 1996

180 'Es tut gut zu sehen': B. Bolin nach S. Dahllöf, *Ny Teknik,* Stockholm, 5. September 1996

182 Zunahme der beobachteten Wolkendecke: N. Nicholis et al. in *Klimawandel 1995,* S. 162-163 und S. 169

189 Nach Berechnungen: R Foukal & J. Lean, *Science,* Vol. 247, S. 56-558, 1990

189 0.6 Grad erwartet: *Klimawandel 90,* S. XX, fig. 6

190 Lindzen hat gedacht: R.S. Lindzen,'Global Warming: The Origin and Nature of Alleged Scientific Consensus,' Sonderdruck des MIT, 1992, S. 2

190 Eine australische Bohrung in der Antarktis: P. Jones, *Nature,* Vol. 381, 376-379, 1996

190 'Es scheint nun': P. Corbyn in J. Emsley (ed.) *Die Klimadiskussion,* The European Science and Environment Forum, London, 1996, S. 75

191 'Da ist viel mehr dran': S. Corbyn, im Gespräch 1996

192 Ein Spezialist für Sonnenzyklen: S. Damon & C.P. Sonett in C.R Sonett et al. (eds) *The Sun in Time,* University of Arizona, Tucson, 1990, besonders. S. 384-386

197 Die Wissenschaftliche Einschätzung war orchestriert: J.T. Houghton, *Global Warming. The Complete Briefing,* Lion Books, Oxford, 1994, S. 132-3

197 Die Kampagne um die Atmosphäre in den achtziger Jahren: S.A. Boehmer-Christiansen, in mehreren Veröffentlichungen ist die Quelle für das meiste, was nun folgt. Besonders ihr Aufsatz *'Britain and the Intergovernrnental Panel on Climate Change: Promoting Global Research or Managing National Politics?'* Vortrag vor der British International Studies Association, York, Dezember 1994

198 Eine einseitigere Darstellung: M. Thatcher, *The Downing Street Years,* Harper Collins, London, 1993, S. 639-641

198 'England erreicht sein Ziel': S.A. Boehmer-Christiansen wie oben, British International Studies Association, York, Dezember 1994

199 'Ich kann keinem Wissenschaftler..': S.B. Medawar, *Advice to a Young Scientist,* Harper & Row, New York, 1979, S. 39

ZUR WEITEREN LEKTÜRE

Über Sonne, Sonnenwind und die Auswirkungen auf die Erde:
Robert W Noyes, *The Sun, Our Star,* Harvard University Press, Cambridge, Massachusetts, 1982
Herbert Friedman, *Sun and Earth,* Scientific American Books, New York, 1986

Ein jüngeres, aber mehr technisch gehaltenes Buch über die Sonne:
Kenneth J.H. Phillips, *Guide to the Sun,* Cambridge University Press, Cambridge, UK, 1992
Über die Raumsonden Ulysses, SOHO und den unglücklichen Cluster.
Nigel Calder, *Beyond this World: Scientific Missions of the European Space Agency,* BR-112, ESA, Paris, 1995

Über Klimawandel im allgemeinen:
H.H. Lamb, *Weather, Climate and Human Affairs,* Routledge, London, 1988

Über die Klimakatastrophe und ihre Szenarien:
John Houghton, *Global Warming: The Complete Briefing,* Lion Books, Oxford, 1994

Kritik an der Klimakatastrophe und ihren Szenarien:
John Emsley (ed.), Die Klimadiskussion,*Bericht des Europäischen Forums für Wissenchaft und Umwelt* (European Science and Environment Forum) Dr. Böttiger Verlag-GmbH ,Wiesbaden 1996.

Helmut Metzner (ed.), Treibhauskontroverse und Ozon-Problem, Symposium der Europäischen Akademie für Umweltfragen, Dr. Böttiger Verlags-GmbH, Wiesbaden, 1996

Gerd R. Weber, Treibhauseffekt - Klimakatastrophe oder Medienpsychose? Dr. Böttiger Verlags- GmbH, Wiesbaden, 1992

INDEX

aa Index,163-5, 179, 183-4, 190
Agentur für das Programm der Solar-Terrestrischen Physik (Interagency Solar Terrestrial Physics Programms), 15, 86, 176
Ägypten, Antike, 61-2, 65
Allianz der Kleinen Inselstaaten (AOSIS), 175
Andersen, H.C., 9, 121
Archäologie, 50, 60, 62, 63, 196
Ariane 5 (Rakete), 68, 128, 169-71
Armagh Observatorium, 1O5, 1O9, 129, 152
Arrhenius, S., 38-9
Astronauten, 75, 77, 82
Atlantis Space Shuttle, 44

Bailey, M- 105
Baliunas, S., 99-101, 152
Balogh, A., 110, 113-14
Bamsi-Yazdi, K., 130
Bar al Gain, A., 175
Barkstrom, B., 52
Bate, R., 152
Becquerel, H., 12
Bengtsson, L., 91
Bernal, J.D., 80, 200
Biermann, L., 15
BISON (helioseismisches Netz), 67, 153
Bjerknes, J., 117
Blitze, 112, 119, 124
Blitze, 112, 119, 124
Boehmer-Christiansen, S., 152, 198
Bolin, B., 31-2, 38-40, 47, 79, 95, 122, 131-2, 141-2, 176-7, 179-80
Bonnet, RM., 70, 176
Bristlecone Kiefer, 61-3
Brueckner, G.E., 161
Bush, G., 197
Butler, C.J., 105-6, 109, 129, 152

Carrington, R., 77
Cassini, G., 11
Cess, RD., 51, 93
Challenger Space Shuttle, 60
Chaos Theorie, 124, 1 30, 131
Charlson, R. J., 115
Climax, Observatorium für kosmsiche Strahlen, 133, 144
Cluster (Raumsonde), 68, 70, 86, 112, 127-8, 154, 169-70, 176
Corbyn, P., 56, 129, 130, 152, 190-1
COSPAR 96 Treffen in Birmingham, 171, 175-6, 177-9
Crab-Nebel (Galaxie), 118-19
Croll, J., 36
Crutzen, P., 131

Dahllöf, S., 180
Dänisches Meteorologisches Institut, 22, 25, 27, 95, 106, 124-5, 129, 143
Darwin, C., 12, 24
Davis See, 23, 25-7, 53-5
Delaboudiniere, J-P., 161
Descartes, R., 49
Duvall, T.L., 153

Eddy, J.A., 34, 36
Einstein, A., 68, 199
Eisbohrkerne, 52, 85, 125, 151, 192
Eiszeit, 34 8,106,192
El Niño, 36, 38, 52, 87, 92, 116-17, 185, 189
Emsley, J., 152, 170, 191
Erde, Strahlungsbudget, 51, 148
Erdgipfel (Rio, 1992), 79, 84-5, 122, 175, 189, 193
ERS-2, (Raumsonde), 131
ERS-I, (Raumsonde), 28, 71, 87,88
Europäische Kommission, 52, 105-6, 109, 112, 124, 129, 198
Europäische Raumfahrt Agentur (ESA), 59-60, 68, 70, 94, 97, 112, 128-9, 154, 166
Europäisches Forum für Wissenschaft und Umwelt (ESEF), 151-2, 170
Explorer 1 (Raumschiff), 16

Falicov, L. 124
FCKW, FluorChlorKohlenWasserstoff, 18, 43, 79
Forbush Minderung (wenig kosmische Strahlen), 20-1, 108, 168
Forbush, S.E., 20
Fossile Brennstoffe, 14, 18,30,32,39, 73, 79, 115, 170, 175, 176 8, 195
Foukal, P., 189
Fourier, J.B.J., 38
Friis-Christensen, E., 22, 25-7, 53-6, 64, 78-82, 94-l02, 105-12, 115, 124-5, 128-9, 132, 134-5, 142-9, 152, 163, 165-72, 176, 177-81, 191
Fröhlich, C., 67, 69, 81, 160, 180

Galapagos Inseln, 185
Galileo (Raumschiff), 44, 168
Galileo Galilei, 10, 12
Gasausbrüche der Korona, 58, 76-8, 91, 108, 127, 161-2
Geiss, J., 110
Genf, Klima Konferenz (1996), 137, 170, 172, 175, 176-8, 179, 180
Geotail (Raumsonde), 14, 86, 102, 114,169, 179
Gewitter, 39, 77, 112
GMS (Raumsonde), 145
GOES (Raumsonde), 89,145
Golf Strom, 23, 85, 92,151
GONG (helioseismisches Netz), 67-8, 153,159
Gong, G., 97-8
Gore, A., 29, 192
Gough, D.O., 65-8
Grace (vorgeschlagene Raumsonde),168
GRIP (Eisbohrkernprojekt), 52, 85, 86, 151
Grönland, 22-3, 25-7, 32, 52, 63, 85, 125, 140, 151, 165
Gummer, J.S., 177
Hagerup, A, 178
Hameed, S., 97-8
Hansen, J., 29
Harrison, E., 51
Harrison, M., 130
Harrison, R.A., 156
Hedger, M., 177
Helios (Raumsonde), 16
Helioseismologie, 67-70, 153-4, 158-61
Heliosphäre, 15-17, 20-1, 42, 59, 60, 64, 77, 83, 106, 119, 126-7, 157
Helmbusch, 174
Herschel, W., 11,38
Hochwasser, 32, 48, 65, 90, 117
Houghton, J.T. (Sir), 29, 31, 40, 47-9, 64, 79, 82, 84, 90, 122, 137, 140-2, 176, 197, 199
Hoyle, E (Sir), 152
Huber, M., 176
Humboldt, A. von, 25
Hungersnot, 34, 38, 43, 105
Hunt, J., 130
Hurrikan, Florida, 88-91
Hurrikane, 38, 88-91, 120-1

Interball (Raummission), 86,169
International Satellitenprojekt Wolkenklimatologie (ISCCP), 143-5, 168, 172

Internationaler Rat der Wissenschaftsvereinigungen (International Council of Scientific Unions), 30
Internationales Programm Geosphäre-Biosphäre, 30, 98
Internet, 133, 142-4, 167-8, 196
IPCC (Intergovernmental Panel on Climate Change = Regierungsübergreifendes Schiedsgericht für Klimawandel), 31, 40, 47, 50, 52, 54, 79, 81, 92, 93, 95-6, 101,116, 120-2,131, 137, 149, 170, 176, 180, 182, 189, 197-8
IRIS (helioseismisches Netz), 67
ISEE (Raumsonde), 70

Jahresringe, Bäume, 60-3, 105, siehe auch: Radioaktiver Kohlenstoff, Methode
Jastrow, R., 99-100
Jefferson, M., 170
Johnsen, S.J., 151
Jones, P.D., 54
Jupiter (Planet), 10, 44, 59, 72, 82, 83, 114, 127, 151, 178

Kahl, J.D., 121
Kanton Treffen (IPCC, 1992), 81-2, 84, 93, 135
Karlen, W., 152
Kelly, P.M., 80-1, 179
Kelvin, Lord, 11-12
Kerr, R.A., 149
Kicklighter, D., 99
Kiehl, J., 93
Kjaergaard, J., 178
Kleine Eiszeit, 34, 36, 38, 41, 81,191-2
Klimaerwärmung durch die Sonne, 27, 45, 55, 64, 78, 79, 80-2, 93, 95-6, 97, 99, 101, 102, 106, 112, 115, 125-6, 129, 147-8, 152, 164, 167, 177-8, 180-2, 185-9, 190, 192
Klimaerwärmung, 23, 29, 30, 32, 40-1, 45, 48, 52, 54, 64, 78, 80, 94, 96, 100,102-3, 105, 115, 120, 122, 131, 149, 151-2, 160, 163, 167, 179, 181-2, 185-90, 198; siehe auch: Treibhauseffekt, Solare Erwärmung
Klimageschichte, 32-8
Klimamodelle, 31,39, 40, 45, 48-51, 91, 102, 111, 115-16, 120, 138-40, 190
Klimawandel, Konvention (Climate Change Convention), 47, 79, 84-5, 96, 122, 137-8, 140, 175-8, 189, 193, 197
Klimawandel, Panel, siehe: IPCC
Kohlendioxid, biologische Effekte, 14, 98-9
Kohlendioxid, Emissionen, 18, 22, 29, 30-2, 41, 43, 47, 95-6, 122, 131, 175, 177, 198
Kohlendioxid, klimatische Effekte, siehe Treibhauseffekt
Kohlendioxid, Messungen, 39, 52, 56, 73, 78, 83, 182, 190
Kometen, 11, 15, 60, 162
Korona, Gasausbrüche, 58, 76-8, 91, 108, 127, 161-2
Korona, Löcher, 77, 11O, 155
Korotierende Interaktionszone, 91, 114, 127, 157
Kosmische Strahlen, 19, 21, 36, 44-5, 60-4, 72, 106-9, 113-4, 118-9, 124, 127, 184, 189; siehe auch: Wolken, Reaktion auf kosmische Strahlen
Kuylenstierna, J., 152

Labitzke, K., 26, 179
Lassen, K., 22, 25-7, 53-6, 64, 78-82, 94, 102, 105, 110-15, 123, 125, 134-5, 146, 149, 152, 171-2, 179, 181, 190-2
Le Treut, H., 115-16
Lean, J., 149,189
Leggett, J., 64-5
Libby, W., 60, 62
Lindzen, R.S., 29, 30, 50-1, 83-4, 94, 190
Loon, H. van, 26, 64, 179
Luhmann, J., 178

Madrid Treffen (IPCC, 1995), 122, 135, 141, 171
Magnetfeld der Erde, 14-17, 19, 21, 25, 44, 60, 78, 86, 96-7, 108, 114, 152, 163-5, 169, 178
Magnetfeld, zyklische Schwankungen bei Sternen, 99-100
Magnetimus, Früherkennung aufgrund, 77-8, 86
Magnetometrie (vorgeschlagene Mission),166-8
Magnetsphäre, 16-17, 21, 25, 70, 178
MARECS (Stellit), 72
Marsden, R., 59, 109
Mauna Loa (CO_2-Meßstation), 39
Maunder Minimum, 34-6, 98, 100, 165, 192
Maunder, W., 36
Medawar, P.B. (Sir), 199
Meer, Temperatur der Oberflächengewässer, 28, 52, 90, 117, 121
Meer, Treibeis, 27, 32, 78
Meeresspiegel, 32, 42, 122, 192
Meira Filho, L.G., 122, 142
Melillo, J.M., 98-9
Meteorologisches Amt, UK, 18, 29, 31, 40, 47, 130, 197
Meteosat (Wettersatellit), 42-3, 84, 89, 127, 145, 194
Michaels, P.J., 137-8, 176
Mikrowellen, Temperatur Schallwellen, 44, 182
Milankovitch Effekt, 36-7, 38
Molina, M., 131
Monsun, 32, 46, 49
Mooreichen, 63, 1O5
NASA (Nat. Aeronautics and Space Adm.), 15, 17, 21, 29, 31, 42, 43, 44, 51, 59-60, 68, 70, 97, 114, 128, 143-4, 154, 169, 178
Nationale Akademie der Wissenschaften, US, 30
Nationaler Forschungsrat (Nat. Research Council) US, 29
Nationaler Rat zur Verteidigung der Rohstoffe (Nat. Resources Defence Council), 175
Nebelkammer, 125-6
Neutronen, 20, 44, 60, 134
Newton, I., 49, 164, 199
Ney, E.R, 108-9,179
Nicholls, N., 173
Nikolsky, G., 152
Nimbus (Raumsonde), 17, 31, 43, 143
NOAA (Raumsonde), 43-4, 51, 145
NOAA, (Nationales Amt für Ozean und Atmosphäre = Nat. Oceanic and Atmospheric Administration), 17, 140
Nobeyama Radio Observatorium, 12-14 nuclear power, 30,198 Nuttall, N., 177,178

Ørsted (Raumsonde), 96-7, 110-11, 128, 163, 165-6
Ørsted, H.C., 9
Ozon, Wirkungen der Sonne auf das, 130, 191
Ozonloch, 43-4, 79, 131, 136

Parker, E.N., 15, 114
Pearce, D., 132
Pecker, J-C., 108, 168
Phobos (Raumsonde), 67, 69, 160
Pilewskie, P., 119
Pinatubo, Vulkan, 71-3, 185, 190
Pioneer (Raumsonde), 15-16, 20
Polar (Raumsonde), 24, 169
Polarlichter, 14, 16, 18, 19, 22-6, 29, 78, 86, 97, 106-09, 111,.128, 183
Protonen, 19, 20, 44, 77, 130, 152, 191
Pudovkin, M.I., 148, 167

Radioaktiver Kohlenstoff, Methode,

36, 45, 60-4, 80, 105-6, 152, 165, 196
Radioaktives Beryllium, 165, 185-7, 189
Radiowellen, Ausstrahlung von der Sonne, 12-14, 114, 179, 191
Ramanathan, V., 52, 92-3, 119-20
Ramankutty, N., 179
Redford, R., 30
Reid, G., 55
Revelle, R., 38-9, 83
Rio-Konferenz, siehe: Erdgipfel
Rohrbacher, D., 171
Röntgenstrahlung aus der Sonne, 17, 21, 59, 68, 75-7, 91, 109, 130, 155
Rossow, W. B., 144-5, 148
Rowland, S., 131
Rückkopplungen im Klimasystem, 50-1, 102,
Ryan, T., 94

Sabine, E., 25
SAC-C (Raumsonde), 97
Sahara, Wüste, 32, 38, 43
Santer, B.D., 138, 140-42, 170-3, 180
Santorin, Eruption, 32
Saturn (Planet), 151
Scherrer, R., 158-9
Schlesinger, M., 179
Schmidt, R., 70
Schneider, C., 30
Schuurmans, C., 108
Schwabe, H., 35
Schwefel, Verschmutzung, 79, 102, 115-16, 122, 124, 138, 140, 148, 172, 178, 190
Schwerkraftwellen, 160-1
Seitz, E., 41
Shakespeare, W., 119
Simpson, J.A., 60, 91, 113, 134, 185
Skylab (Raumstation), 68, 75
SOHO (Raumsonde), 68-70, 112, 154-61, 169, 176, 181
Solar Max (SMM) (Raumsonde), 17, 22
Solar-A (Raumsonde), siehe: Yohkoh
Sonett, C.R., 63, 192
Sonne, Magnetfeld, 66, 67, 77, 109, 112-14, 126-7, 153, 156, 159, 161, 174, 184
Sonnen-Oszillationen, siehe Helioseismologie
Sonnen-Wetter-Technik, 56-7, 129-30
Sonnenausbrüche, 14, 21, 59, 65, 72, 74-8, 86, 91, 108-9, 130, 152, 168
Sonnenbeobachtung vom Raum aus, 68
Sonnenfinsternis, 8, 9
Sonnenflecken, 10-11, 21, 25, 27, 35, 53, 71, 109
Sonnenlicht, Helligkeit, 18, 36, 42, 67, 69, 81-2, 99-101, 102, 149, 160, 178, 183, 189
Sonnenverehrung, 12, 14, 101
Sonnenwind, 15-16, 18, 20-1, 25, 60, 70, 78, 83, 91, 110, 156-7, 174
Sonnenzyklen, 17-18, 20, 26-7, 34, 65, 68, 106, 127, 144, 149, 151, 163-4, 179, 182, 184, 192
Sonnenzyklen, Länge der, 54-6, 63-4, 78, 81, 93, 95, 97-8, 99, 100-1, 102, 105, 111, 124-5, 149, 152, 164-5, 171, 181, 191
Sterne, explodierende, 20, 118-9
Sterne, magnetisches Verhalten, 100, 192
Stewart, B., 25
Stonehenge, UK, 53
Strahlungsenergie, siehe: Sonnenlicht, Helligkeit
Streep, M., 30
Streisand, B., 30
Suess, H.E., 61-3
Super-Kamiokande, Neutrinos-Observatorium, 152
Svensmark, H., 124-6, 129, 132-5, 142-9, 163, 165-72, 177-81, 185, 190, 196

Teilchen, energiereiche, von der Sonne, 44, 108
Tennekes, H., 49
Thatcher, M.H. (Baroness), 30, 47, 198
Themis (Teleskop), 153
Thermostat-Hypothesis, 52, 92, 124
Thomson, W., 11-12
Tickell, C. (Sir), 30
Tinsley, B.A., 112, 130, 191
Tiros-N, (Satellit), 152
Treibhauseffekt, Hypothese, 18, 22, 29-32, 38-45, 48, 50, 52, 56, 64, 78, 79-80, 81, 85, 90, 92, 94-6, 98, 101, 102-3, 112,115-6, 119, 120-4, 129, 132, 137-9, 141, 152, 162, 168, 170, 175, 177, 178, 180, 180-2, 189-91, 195, 197-8, 199
Treibhauseffekt, natürlicher, 11, 38, 50
Trockenheit, 32, 43, 48, 56, 65, 90, 117, 177

Ulysses (Raumsonde), 59-60, 64, 68, 70, 72, 82-3, 91, 102, 104, 109-10, 112-14, 126-7, 134, 181
UN-Umweltprogramme, 31
US-Luftwaffe, Satellit DMS, 134, 143-4, 145
UV-Licht aus der Sonne, 14, 43, 68, 130, 152, 155-7, 161, 191

Valero, ERJ., 119
Vickers, Forschungsschiff, 91-2
Voltaire, 49
Voyager (Raumschiff), 15-16
Vulkanausbrüche, 32, 56, 71-3, 185, 190, 192

Wald, Rodung, 18, 39, 122
Wallace, A.R., 124
Wärmebecken im Stillen Ozean, 92, 93, 117, 119
Wasserdampf, 50, 120, 127
Welt-Meteorologische Organisation (WMO), 31, 116
Weltenergierat, 170, 175
Weltklima Datenerhebungs- und Beobachtungsprogramm (World Climate Data and Monitoring Programme), 116-17
Weltklima Forschungsprogramme, 144
Weltklima-Koalition (Global Climate Coalition), 170-1
White, R., 83
Whitehouse, D., 178
Wigley, T.M.L., 80-1, 96, 179
Wilson, C.T.R., 125
Wind (Raumsonde), 114, 169
Wirth, T., 177
Wolken, Daten, 39, 42, 43, 134, 143-7, 164, 167-8, 182
Wolken, in den Computermodellen, 39-40, 45, 51, 102, 119-20, 124
Wolken, Reaktion auf Klimawandel, 39, 40, 45, 51-2, 82, 102, 124
Wolken, Reaktion auf kosmische Strahlen, 109, 112, 125-6, 130, 133-4, 142-9, 152, 163-5, 166-8, 171, 176, 177, 179, 181, 182-9, 190-1, 200
Wolken, Reaktion auf Verschmutzung, 32, 51, 115-6, 124
Wolken, Wirkung auf Sonnenlicht, 41, 92-3, 119-20, 124, 180
World Wide Web, 134
WWF (World Wide Fund for Nature) 175

Yangtze, Tal, Frühlingsbeginn, 97-8, 111
Yohkoh (Solar-A) (Raumsonde), 14, 75, 77, 91, 86, 91, 102, 109, 154-5, 161, 181